山东省"十四五"职业教育规划教材
职业教育机电类专业系列教材

单片机原理及接口技术项目化教程

程绪长 李 梅 刘 邹 主 编
林影丽 朱本超 张筱绮 张志丰 副主编
侯玉叶 主 审

电子工业出版社
Publishing House of Electronics Industry
北京·BEIJING

内 容 简 介

本书采用项目化方式编写，精选单片机应用领域具有代表性的 11 个典型产品作为本书的教学项目，每个项目由若干任务组成，以具体任务为载体介绍单片机的内部结构、中断系统、定时/计数器、串行通信、单片机的扩展技术及 C51 编程语言等内容。通过对典型产品的设计、仿真、调试，让读者掌握单片机的硬件结构、常用外围电路的设计方法和 C51 语言编程方法。

本书可作为应用型本科和高职院校应用电子技术、电气自动化技术、机电一体化技术、无人机、汽车电子等专业的单片机课程的教材，也可作为单片机培训班的培训教材，以及电子工程技术人员的参考工具书。

未经许可，不得以任何方式复制或抄袭本书之部分或全部内容。
版权所有，侵权必究。

图书在版编目（CIP）数据

单片机原理及接口技术项目化教程 / 程绪长，李梅，刘邹主编. —北京：电子工业出版社，2021.1（2025.1 重印）
ISBN 978-7-121-40200-5

Ⅰ.①单… Ⅱ.①程… ②李… ③刘… Ⅲ.①单片微型计算机—基础理论—高等学校—教材 ②单片微型计算机—接口技术—高等学校—教材 Ⅳ.①TP368.1

中国版本图书馆 CIP 数据核字（2020）第 247984 号

责任编辑：李　静　　　　　　　　特约编辑：田学清
印　　刷：固安县铭成印刷有限公司
装　　订：固安县铭成印刷有限公司
出版发行：电子工业出版社
　　　　　北京市海淀区万寿路 173 信箱　邮编：100036
开　　本：787×1092　1/16　印张：16.75　字数：429 千字
版　　次：2021 年 1 月第 1 版
印　　次：2025 年 1 月第 8 次印刷
定　　价：53.80 元

凡所购买电子工业出版社图书有缺损问题，请向购买书店调换。若书店售缺，请与本社发行部联系，联系及邮购电话：（010）88254888，88258888。
质量投诉请发邮件至 zlts@phei.com.cn，盗版侵权举报请发邮件至 dbqq@phei.com.cn。
本书咨询联系方式：（010）88254604，lijing@phei.com.cn。

前　言

  2015 年的政府工作报告明确了制造业以自动化、智能化为发展方向。新形势下，智能制造类企业对机电类、自动化类毕业生的电气控制技能，尤其是对以单片机为控制器的自动化系统的设计能力提出了更高的要求。如何在较短的时间内掌握单片机相关知识、具备设计开发单片机应用系统的能力、实现与单片机工作岗位的无缝对接？本编写团队经过企业、市场调研，结合多年的单片机教学经验，创新教学模式，改革教学内容，编写了基于 Proteus+Keil 仿真的单片机原理及接口技术项目化教程。

  本书采用项目化方式编写，精选单片机应用领域具有代表性的 11 个典型产品（流水灯、定时提醒器、计数器、LED 广告字显示屏、简易计算器、温度控制系统、简易数字电压表、波形发生器、叫号排队系统、简易终端数据上传系统、IC 卡水表）作为本书的教学项目，每个项目由若干任务组成，以具体任务为载体介绍单片机的内部结构、中断系统、定时/计数器、串行通信、单片机的扩展技术及 C51 编程语言等内容。

  本书从内容与方法、教与学、做与练等方面，多角度、全方位地体现了高职教育的教学特色，主要的特点包括以下几个方面：

  （1）以项目任务为导向，由任务引入相关知识，通过任务设计、仿真、调试习得开发单片机控制系统的技能，体现了做中学、学中练的教学思路；

  （2）项目设计具有针对性、系统性，贴近职业岗位需求，所有项目均通过 Proteus 仿真验证，其 C51 语言程序可移植到工程项目中；

  （3）突出实践能力培养，本书可用于学生的理论与实训教学，每个项目均可用于课程设计和毕业设计。

  本书参考学时为 56~66 学时。为了方便教学，本书配有电子教学课件、C 语言源程序代码、项目仿真文件、仿真视频等教学资源，有需要的读者可通过扫描书中的二维码查看或登录相关网站下载教学资源。

  本书由山东理工职业学院、山东电子职业技术学院、山东信息职业技术学院、临沂科技职业学院和郑州电力职业技术学院多位老师共同编写完成。具体分工如下：山东理工职业学院程绪长任本书第一主编，对本书的编写思路与大纲进行总体策划，指导全书的编写，对全书统稿，设计制作课程资源，并编写项目一。山东理工职业学院李梅协助统稿，编写项目二。临沂科技职业学院刘邹编写所有项目的控制程序，并完成仿真调试。山东电子职业技术学院林影丽编写项目三与项目四，山东理工职业学院朱本超编写项目五与项目六，山东信息职业技术学院张筱绮编写项目七与项目八，郑州电力职业技术学院张志丰编写项目九与项目十，山东理工职业学院侯玉叶负责全书主审工作,并编写了项目十一。

本书在编写过程中查阅了大量的同类教材及文献资料,在此对这些教材及文献资料的作者表示衷心的感谢!

由于编者水平有限,书中疏漏和不妥之处在所难免,恳请读者批评指正,提出宝贵意见,以便不断改进。

编　者

2020 年 6 月

源程序及仿真文件

电子课件

目 录

项目一　流水灯的设计 ·· 1

　　任务一　认识单片机 ··· 1
　　任务二　认识单片机的开发和仿真环境 ··· 12
　　任务三　单片机最小系统电路设计 ··· 26
　　任务四　LED 与单片机的接口电路设计 ··· 29
　　任务五　流水灯的软件设计 ··· 36

项目二　定时提醒器的设计 ·· 54

　　任务一　LED 数码管与单片机的接口电路设计 ·· 54
　　任务二　独立按键与单片机的接口电路设计 ·· 65
　　任务三　定时提醒器的整体设计 ·· 74

项目三　计数器的设计 ·· 87

　　任务一　计数器硬件电路设计 ·· 87
　　任务二　计数器软件设计 ··· 91

项目四　LED 广告字显示屏的设计 ··· 103

　　任务一　LED 点阵显示屏与单片机的接口电路设计 ··· 103
　　任务二　LED 广告字显示屏软件设计 ·· 111

项目五　简易计算器的设计 ··· 118

　　任务一　LCD1602 与单片机的接口电路设计 ··· 118
　　任务二　矩阵键盘与单片机的接口电路设计 ·· 133
　　任务三　简易计算器的整体设计 ·· 141

项目六　温度控制系统的设计 ··· 148

　　任务一　LCD12864 与单片机的接口电路设计 ··· 148
　　任务二　DS18B20 与单片机的接口电路设计 ··· 161
　　任务三　温度控制系统的整体设计 ··· 173

项目七　简易数字电压表的设计 ··· 182

　　任务一　A/D 转换器与单片机的接口电路设计 ·· 182

　　　　任务二　简易数字电压表的软件设计 ·· 187

项目八　波形发生器的设计 ·· 193
　　　　任务一　D/A 转换器与单片机的接口电路设计 ·· 193
　　　　任务二　波形发生器的整体设计 ·· 200

项目九　叫号排队系统的设计 ·· 206
　　　　任务一　单片机通信电路设计 ·· 206
　　　　任务二　叫号排队系统的软件设计 ·· 211

项目十　简易终端数据上传系统的设计 ·· 223
　　　　任务一　单片机与 PC 的通信电路设计 ·· 223
　　　　任务二　简易终端数据上传系统的软件设计 ·· 228

项目十一　IC 卡水表的设计 ·· 238
　　　　任务一　片外 EEPROM 与单片机的接口电路设计 ···································· 238
　　　　任务二　IC 卡水表的整体设计 ·· 249

附录 A　Proteus 常用元器件 ·· 255

附录 B　常用的 C51 库函数 ·· 257

参考文献 ··· 259

项目一
流水灯的设计

扫一扫看流水灯仿真视频

项目说明

使用 8051 单片机控制如图 1.1 所示的 8 只发光二极管（LED）D1～D8 组成的流水灯，首先点亮 D1，延时一定时间后熄灭，再点亮 D2，如此顺序点亮每个 LED，直到点亮 D8，再从头开始，如此循环，产生一种动态显示的流水灯效果。

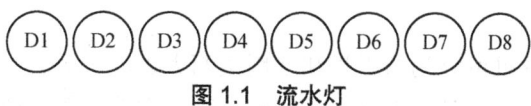

图 1.1 流水灯

通过对流水灯的设计与仿真调试，让读者学习 51 单片机的定义、内部结构、存储器及外部引脚的功能等硬件知识；学习 C51 的数据类型、常量与变量、运算符和表达式、语句及函数等 51 单片机编程语言——C 语言的基础知识；学习单片机的开发及仿真环境；学习单片机复位及时钟电路的设计方法；学习单片机与 LED 的接口电路的设计及编程控制方法。

流水灯的设计项目由认识单片机、认识单片机的开发和仿真环境、单片机最小系统电路设计、LED 与单片机的接口电路设计和流水灯的设计五个任务组成。

任务一 认识单片机

任务要求

知识目标：
熟悉单片机的定义、分类及常用 51 单片机的型号；
熟悉单片机内部结构及各部分的主要作用；
熟悉单片机存储器的组织结构；
掌握单片机 40 个引脚的名称及作用。

扫一扫看项目一任务一视频资源

知识储备——什么是单片机

一、单片机的定义

单片微型计算机（Single Chip Microcomputer），简称单片机，它将 CPU、存储器、定时/

计数器、输入/输出（I/O）接口电路、中断系统、串行通信接口等主要计算机部件集成在一块大规模集成电路芯片上，构成一个完整的微型计算机。单片机的结构与指令功能都是按工业控制要求设计的，故又称为微控制器（Micro-Controller Unit，MCU）。

单片机具有结构简单、控制功能强、可靠性高、体积小、价格低等优点，广泛应用于工业自动化、仪器仪表、家用电器、电子玩具、信息和通信产品、军事装备等领域。

图 1.2 为单片机实物图，左图为贴片封装，右图为双列直插封装。

图 1.2　单片机实物图

二、单片机的分类

单片机种类繁多，型号各异，可从不同角度对单片机进行分类。

1. 按通用性分类

按通用性分类，单片机可分为通用型和专用型两大类。

通用型单片机的主要特点是：内部资源比较丰富、性能全面、通用性强，可满足多种应用要求。通用型单片机用途广泛，可配置不同的接口电路，设计不同的控制程序，实现不同的控制功能。

专用型单片机是针对某一种产品或某一种控制应用专门设计的单片机。专用型单片机用途比较单一，出厂时程序已固化好，不能再修改。

2. 按总线结构分类

按总线结构分类，单片机可分为总线型和非总线型两大类。

总线型单片机一般设有地址总线、数据总线和控制总线，总线对应的引脚可用来并行扩展外围器件。

非总线型单片机无并行地址总线、并行数据总线和控制总线引脚，不能并行扩展外围器件。非总线型单片机将需要的外围器件及外设接口集成在单片机内，省去原用于并行扩展的地址总线、数据总线和控制总线，减少了芯片引脚，减小了芯片体积，需要时可通过串行口扩展。

由于串行扩展技术的发展，以及片外 Flash ROM 的应用，非总线型单片机逐渐成为单片机发展的主流方向。

3. 按应用领域分类

按应用领域分类，单片机可分为家电类、工控类、通信类、个人信息终端类等。家电类单片机多为专用型，其特点是：封装小、价格低、外围器件和外设接口集成度高。

4. 按 CPU 字长分类

CPU 的数据总线宽度称为 CPU 字长。按 CPU 字长分类，单片机分为 4 位单片机、8 位单片机、16 位单片机和 32 位单片机。

4 位单片机每次只能处理 4 位数据，指令系统简单，运算功能单一，主要用于控制单一的小型电子类产品，如鼠标、电池充电器、电子玩具等。

8位单片机一次可以处理1字节数据，指令系统比较完善，寻址能力强，外围配套电路齐全，功能丰富，通用性强，广泛应用于工业生产过程的自动检测和控制通信、智能终端教育及家用电器控制等领域。本书所研究的单片机为8位单片机。

16位单片机的操作速度及数据吞吐能力与8位单片机相比有较大提高。目前，应用较多的有TI的MSP430系列单片机、凌阳的SPCE061A系列单片机、Motorola的68HC16系列单片机、Intel的MCS-96/196系列单片机等。

32位单片机使用32位的微处理器作为CPU，寻址能力在GB级以上，指令执行速度快，运算能力强，支持高级语言和实时多任务。目前，常用的32位单片机是ARM内核的单片机，主要有飞利浦的LPC2000系列、三星的S3C/S3F/S3P系列等。32位单片机主要应用在智能机器人、图像处理、网络服务器等领域。

三、51单片机

1. MSC-51系列单片机

MSC-51系列单片机是由Intel公司推出的以8051为内核的一系列单片机的总称。这一系列单片机包括很多品种，如8031、8051、8751、8032、8052、8752等，其中8051是最早、最典型的产品，该系列其他单片机都是在8051的基础上，通过对功能进行增、减、改变而得到的，所以8051单片机是这一系列单片机的内核。

MCS-51系列单片机应用早，影响大，已成为工业标准。Intel生产出MCS-51系列单片机后，将MCS-51核心技术授权给其他半导体器件公司，这些公司生产的单片机都普遍使用8051内核技术，并在8051这个基本型单片机基础上增加资源、改进功能，使其片上资源越来越丰富、功能越来越强大、速度越来越快，即所谓的"增强型51单片机"。8051内核单片机的指令系统基本兼容，绝大多数引脚也兼容，基本可以互换使用。人们称8051内核单片机为"51系列单片机"（简称51单片机），只要学会其中一种，便会使用所有的51单片机。本书以8051这个基本型51单片机为研究对象，介绍单片机的硬件结构、工作原理及应用系统设计。

MCS-51系列单片机分类如表1.1所示，型号中不带"C"的单片机采用的是HMOS工艺，具有高速度、高密度的特点。型号中带"C"的单片机（统称80C51单片机）采用的是CHMOS工艺，具有高速度、高密度、低功耗的特点，即80C51单片机是一种低功耗单片机。51子系列单片机型号的末位数字为"1"，属于基本型产品，片内ROM为4KB（8031和80C31除外）。52子系列单片机型号的末位数字为"2"，是增强型产品，片内ROM为8KB（8032和80C32除外），有6个中断源，3个定时/计数器。Intel已于2006年停止生产所有型号的单片机。

表1.1 MCS-51系列单片机分类

系列	型号	片内存储器		片外存储器		I/O口		中断源（个）	定时/计数器（个）
		ROM	RAM	RAM	ROM	并行（个×位）	串行（个）		
51子系列	8031，80C31	无	128B	64KB	64KB	4×8	1	5	2
	8051，80C51	4KB ROM							
	8751，87C51	4KB EPROM							
	8951，89C51	4KB EEPROM							

续表

系列	型号	片内存储器		片外存储器		I/O 口		中断源（个）	定时/计数器（个）
		ROM	RAM	RAM	ROM	并行（个×位）	串行（个）		
52 子系列	8032，80C32	无	256B					6	3
	8052，80C52	8KB ROM							
	8752，87C52	8KB EPROM							
	8952，89C52	8KB EEPROM							

2. 其他 8051 内核单片机

使用 8051 内核技术的单片机还有 Atmel 公司 AT89 系列单片机、STC（中国深圳宏晶科技）公司的单片机、飞利浦公司的 8 位单片机等。本书所使用的 8051 单片机为 Atmel 公司的 AT89 系列单片机。

表 1.2 为 Atmel 公司 51 单片机部分机型列表，型号中带有"S"符号的单片机可以支持 ISP（在线编程）。AT89C2051 与 AT89C4051 都是 20 脚封装，与其他型号的 51 单片机相比，这两种单片机去掉了 P0 口和 P2 口，且功能得到了改进，为非总线型 51 单片机。

表 1.2 AT89 系列单片机部分机型列表

型号	Flash（KB）	ISP	RAM（B）	定时/计数器（个）	中断源（个）	I/O 口（个）
AT89C51	4	NO	128	2	5	32
AT89C52	8	NO	256	3	6	32
AT89C2051	2	NO	128	2	5	15
AT89C4051	4	NO	128	2	5	15
AT89S51	4	YES	128	2	5	32
AT89S52	8	YES	256	3	6	32
AT89S2051	2	YES	256	2	5	15
AT89S4051	4	YES	256	2	5	15

STC 单片机有 89、90、10、11、12、15 几大系列，每个系列都有自己的特点。89 系列可以和 AT89 系列完全兼容。90 系列是基于 89 系列的改进型产品系列。10 系列和 11 系列有 PWM、4 态 I/O 口、EEPROM 等，但没有 A/D 转换器。目前 12 系列是主流产品，型号后面有"AD"的单片机内部集成了 A/D 转换器。15 系列是 STC 公司最新推出的产品，内部集成了高精度的 R/C 时钟，可以不需要接外部晶振（晶体振荡器）。STC 单片机的速度是传统 51 单片机的 8～12 倍。

四、其他 8 位内核单片机

1. AVR 单片机

AVR 单片机是 Atmel 公司的主要单片机。AVR 单片机分成三档：ATtiny 系列、AT90S 系列、ATmega 系列，分别对应 AVR 中的低档、中档和高档单片机。所有的 AVR 单片机都支持 ISP。AVR 单片机在运算速度、片上资源等方面要优于 51 单片机。

2. PIC 单片机

PIC 单片机是 Microchip 公司的主要单片机，有 PIC10 系列、PIC12 系列、PIC16 系列、PIC18 系列。

3. Motorola 单片机

Motorola 是世界上著名的单片机厂商，其生产的 8 位单片机有 M68HC05 系列、M68HC08 系列，8 位增强型 M68HC11 系列、M68HC12 系列。

知识储备——单片机内部结构

图 1.3 为 8051 单片机内部结构框图，由 CPU、程序存储器 ROM、数据存储器 RAM、并行 I/O 口、串行口、定时/计数器、中断系统、时钟电路、总线控制部分组成，各部分之间通过内部总线相连。

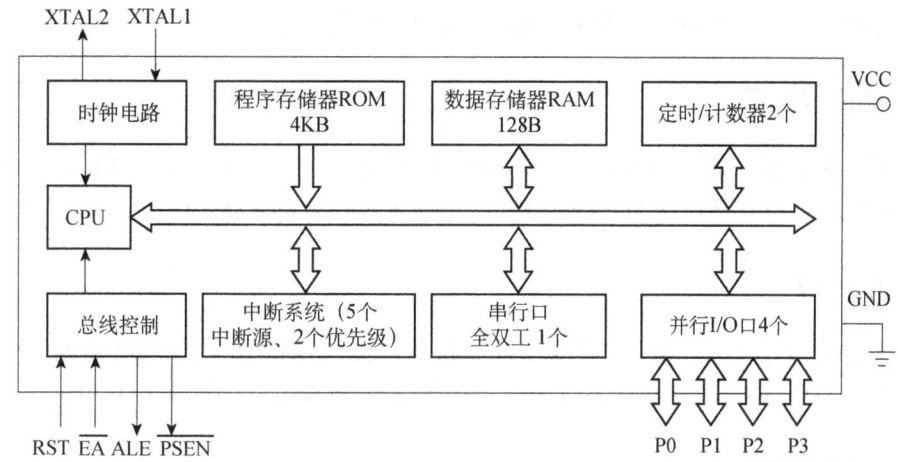

图 1.3 8051 单片机内部结构框图

8051 单片机采用哈佛结构，即将程序和数据存储在不同的存储空间中，程序存储器和数据存储器是两个独立的存储器，每个存储器独立编址、独立访问。

一、中央处理器（CPU）

CPU 是单片机的控制核心，由运算器和控制器组成。运算器的主要功能是对数据进行各种运算，包括加、减、乘、除等基本算术运算，与、或、非等基本逻辑运算，以及数据的比较、移位等。控制器的主要功能是控制和协调整个单片机的工作。

二、数据存储器（RAM）

数据存储器即随机存取存储器（Random Access Memory，RAM），它可以随时读写，而且速度很快。8051 单片机内部共有 128 个（增强型 8051 单片机为 256 个以上）RAM 单元。RAM 用于暂存中间数据，断电后数据丢失。

三、程序存储器（ROM）

程序存储器即只读存储器（Read Only Memory，ROM），断电后数据不丢失。根据编程方式的不同，ROM 可分为以下 5 种：

（1）掩膜工艺 ROM。用户程序由芯片厂家写入。Intel 8051 单片机 ROM 为掩膜工艺 ROM。

（2）紫外线擦除可改写 ROM（EPROM）。用户程序通过写入装置写入，通过紫外线照射擦除。Intel 8751 单片机 ROM 为 EPROM。

（3）可一次编程 ROM（PROM）。这种存储器在出厂时未存入数据信息，用户可按设计要求将所需写入的程序代码一次性地写入，一旦写入后就不能更改了。

（4）电擦除可改写 ROM（EEROM）。用户程序可以电写入或擦除。Intel 8951 单片机 ROM 为 EEPROM。

（5）快闪存储器（Flash Memory）。快闪存储器是新一代 EEPROM，它具有 EEPROM 擦除的快速性，但与之相比结构有所简化，进一步提高了集成度和可靠性。Atmel AT89 系列单片机 ROM 为快闪存储器。

8051 单片机内部共有 4KB（增强型 8051 单片机为 8KB）程序存储器，用于存放程序或程序运行过程中不会改变的原始数据（如数码管显示段码）或表格。

四、并行 I/O 口

8051 单片机内部共有 4 个 8 位的并行 I/O 口，即 P0、P1、P2 和 P3。它们均为准双向口，既可作为数据输入口，又可作为数据输出口。每个并行口各有 8 条 I/O 线。

五、串行口

8051 内部有一个全双工异步串行口，可实现单片机与其他设备之间的串行数据通信。该串行口既可作为全双工异步通信的收发器，也可作为同步移位器，扩展 I/O 口。

六、定时/计数器

8051 单片机内部有 2 个（增强型 8051 单片机有 3 个）16 位的定时/计数器，可实现定时或计数功能，并以其定时或计数结果对单片机进行控制。

七、中断系统

8051 单片机内部有 1 套完善的中断系统，包含 5 个（增强型 8051 单片机有 6 个）中断源，有 2 个中断优先级：高优先级和低优先级。

八、时钟电路

8051 单片机内部有时钟电路，外接晶振和电容即可产生控制单片机正常工作的时钟信号。

知识储备——单片机的存储器

8051 单片机的存储器主要有以下物理存储空间：片内 RAM、片外 RAM、片内和片外 ROM。其中，片内 RAM 包括片内低 128B RAM、片内位寻址区、片内高 128B RAM。C51

编译器对这些物理空间都支持，各存储空间详情如表 1.3 所示。

表 1.3 8051 单片机的存储空间

存储类型	存储空间位置	地址范围	说明
data	片内低 128B RAM	0x00～0x7F	访问速度快，可作为常用变量或临时性变量的存储器
bdata	片内位寻址区	0x20～0x2F	可进行单元寻址，也可进行位寻址
idata	片内高 128B RAM	0x80～0xFF	存在于增强型 8051 单片机中
pdata	片外 RAM	0x00～0xFF	常用于外部设备访问
xdata	片外 64KB RAM	0x0000～0xFFFF	常用于存放不常用的变量或等待处理的数据
code	ROM	0x0000～0xFFFF	存放程序、数据表格等固定信息

单片机的存储器包括片内数据存储器、特殊功能寄存器、片外数据存储器、程序存储器。

一、片内数据存储器（RAM）

8051 单片机的内部数据存储器 RAM 共有 128 个单元（字节），单元地址范围为 0x00～0x7F，称为 data 区，高 128 个单元只能间接寻址，为 idata 区。增强型 8051 单片机 RAM 的容量为 256 个单元（部分增强型 8051 单片机 RAM 的容量为 512 个单元或 1024 个单元），单元地址范围为 0x00～0xFF。

数据存储器用于存放程序执行过程中的各种变量和临时数据，图 1.4 给出了数据存储器单元的配置情况，按其用途划分为工作寄存器区（地址范围为 0x00～0x1F）、位寻址区（地址范围为 0x20～0x2F）和通用 RAM 区（地址范围为 0x30～0x7F）3 个区域。

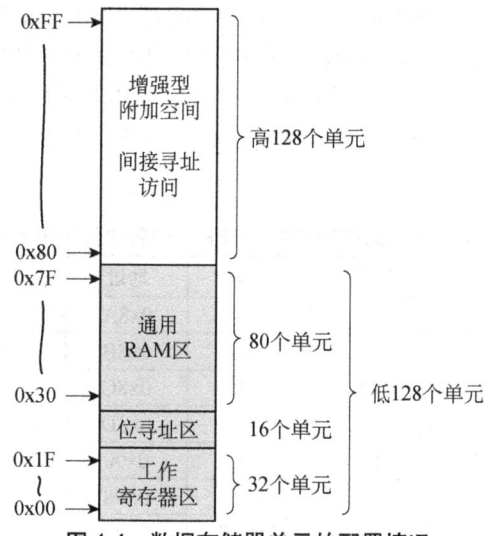

图 1.4 数据存储器单元的配置情况

1. 工作寄存器区

工作寄存器区也称为通用寄存器区，共 4 组寄存器，每组 8 个（用 R0～R7 编号），共计 32 个寄存器，用来存放操作数及中间结果等，用于快速现场保护。工作寄存器区也可作普通 RAM 使用。

在任一时刻，CPU 只能使用其中一组寄存器，称为当前工作寄存器组。当前工作寄存器组的组号由程序状态字 PSW 中的 RS1 和 RS0 位的状态组合决定。表 1.4 为 RS1 和 RS0 位的状态组合与当前工作寄存器组的对应关系。复位时，RS1 与 RS0 均为 0，系统默认使用第 0 组通用寄存器。

表 1.4　RS1 和 RS0 位的状态组合与当前工作寄存器组的对应关系

组号	RS1	RS0	R7	R6	R5	R4	R3	R2	R1	R0
0	0	0	0x07	0x06	0x05	0x04	0x03	0x02	0x01	0x00
1	0	1	0x0F	0x0E	0x0D	0x0C	0x0B	0x0A	0x09	0x08
2	1	0	0x17	0x16	0x15	0x14	0x13	0x12	0x11	0x10
3	1	1	0x1F	0x1E	0x1D	0x1C	0x1B	0x1A	0x19	0x18

2. 位寻址区

内部 RAM 的 0x20～0x2F 单元既可作为一般 RAM 单元使用，进行字节操作；又可对单元中每一位进行操作，因此把该区称为位寻址区（bdata 区）。位寻址区有 16 个单元，共 128 位，位地址范围为 0x00～0x7F，即 0x20 单元最低位地址为 0x00，0x2F 单元最高位地址为 0x7F。

3. 通用 RAM 区

位寻址区之后的 0x30～0x7F 共 80 个单元为通用 RAM 区。这些单元可以作为数据缓冲器使用。这一区域的操作指令非常丰富，数据处理方便灵活。

在实际应用中，常需要在 RAM 区设置堆栈。8051 的堆栈一般设在 0x30～0x7F 的范围内。栈顶的位置由 SP 寄存器指示。复位时 SP 的初值为 0x07，在系统初始化时可以重新设置。

二、特殊功能寄存器

8051 单片机的特殊功能寄存器区的单元地址范围是 0x80～0xFF，散布着 21 个特殊功能寄存器（Special Function Register，SFR），也称为专用寄存器。特殊功能寄存器用于对片内各部件进行集中控制和监测。21 个特殊功能寄存器的名称及对应地址如表 1.5 所示。表 1.5 中，地址能被 8 整除（地址需先转换为十进制数）的特殊功能寄存器均可以进行位寻址，这些位都有专门的定义和用途。

表 1.5　特殊功能寄存器（SFR）的名称及对应地址

序号	SFR	地址	序号	SFR	地址	序号	SFR	地址
1	P0	0x80	8	TL0	0x8A	15	P2	0xA0
2	SP	0x81	9	TL1	0x8B	16	IE	0xA8
3	DPL	0x82	10	TH0	0x8C	17	P3	0xB0
4	DPH	0x83	11	TH1	0x8D	18	IP	0xB8
5	PCON	0x87	12	P1	0x90	19	PSW	0xD0
6	TCON	0x88	13	SCON	0x98	20	ACC	0xE0
7	TMOD	0x89	14	SBUF	0x99	21	B	0xF0

增强型 8051 单片机的特殊功能寄存器区的单元地址范围与高 128B 数据存储器的单元地址范围一致，也为 0x80～0xFF，但二者分属不同的物理空间。增强型 8051 单片机有 26 个特殊功能寄存器，所增加的 5 个寄存器均与定时/计数器 2 相关。

另外，8051 单片机还有一个不可寻址的专用寄存器，即程序计数器（Program Counter，PC），它不占用 RAM 单元，在物理上是独立的。

现简单介绍部分特殊功能寄存器。

1. 与运算相关的特殊功能寄存器（3个）

（1）累加器 ACC：用于向运算器提供操作数，许多运算的结果也存放在累加器中。

（2）寄存器 B：主要用于乘、除法运算，也可以作为 RAM 的一个单元使用。

（3）程序状态字寄存器 PSW：用于存放程序运行中的各种状态信息。PSW 的各位定义如下。

CY：进位、借位标志位，用来存放算术运算的进位或借位标志。有进位、借位时 CY=1，否则 CY=0。

AC：辅助进位、借位标志位，用来存放算术运算中低 4 位向高 4 位进位或借位标志。有进位、借位时 AC=1，否则 AC=0。

F0：用户标志位，由用户自己定义，软件定义为 1 或 0。

RS1、RS0：当前工作寄存器组选择位，复位后为 00。

OV：溢出标志位，用来存放带符号数加减运算的溢出标志。有溢出时 OV=1，否则 OV=0。

P：奇偶标志位，用来存放累加器 ACC 中的二进制形式数据中 1 的个数的奇偶性，有奇数个 1 时 P=1，否则 P=0。该位一般用于异步串行通信中的奇偶校验。

2. 指针类寄存器（2个）

（1）堆栈指针 SP：总是指向栈顶。堆栈操作遵循"后进先出"的原则，入栈操作时，SP 先加 1，数据再压入 SP 指向的单元。出栈操作时，先将 SP 指向的单元的数据弹出，SP 再减 1，这时 SP 指向的单元是新的栈顶。可见，8051 单片机的堆栈区是向地址增大的方向生成的。

（2）数据指针 DPTR：16 位，用来存放 16 位地址。它由两个 8 位寄存器 DPH 和 DPL 组成。间接寻址或变址寻址可访问片外 64KB 的 RAM 或 ROM。

3. 程序计数器

程序计数器是一个 16 位的计数器，其内容为下一条要执行的指令的地址，寻址范围为 64KB。程序计数器有自动加 1 功能，以此控制程序的执行顺序。程序计数器没有物理地址，因此用户无法对它进行读写操作，但可以通过转移、调用、返回等指令改变其内容，以实现程序的转移。

其余特殊功能寄存器将在后面的项目中陆续学习。

三、片外数据存储器（RAM）

8051 单片机最多可扩展 64KB 片外数据存储器 RAM，称为 xdata 区，其地址范围为 0x0000～0xFFFF。能在 xdata 区进行分页寻址操作时，片外 RAM 区称为 pdata 区，地址范围为 0x00～0xFF。

四、程序存储器（ROM）

8051 单片机的程序存储器 ROM 用于存放用户程序或程序运行过程中不会改变的原始数据或表格。程序存储器的组织结构如图 1.5 所示。

8051 单片机内部有 4KB 的 ROM。程序计数器能寻址 64KB 的 ROM，因此 8051 单片机最多能扩展 64KB ROM，片内外的 ROM 统一编址。

当引脚 $\overline{EA}$ 为高电平，程序计数器的值的范围为 0x0000～0x0FFF 时，寻址片内 4KB 的 ROM（地址范围：0x0000～0x0FFF）；程序计数器的值的范围为 0x1000～0xFFFF 时，寻址片外 ROM（地址范围：0x1000～0xFFFF）。当引脚 $\overline{EA}$ 为低电平时，只能寻址片外 ROM，片外 ROM 可以从 0x0000 开始编址。

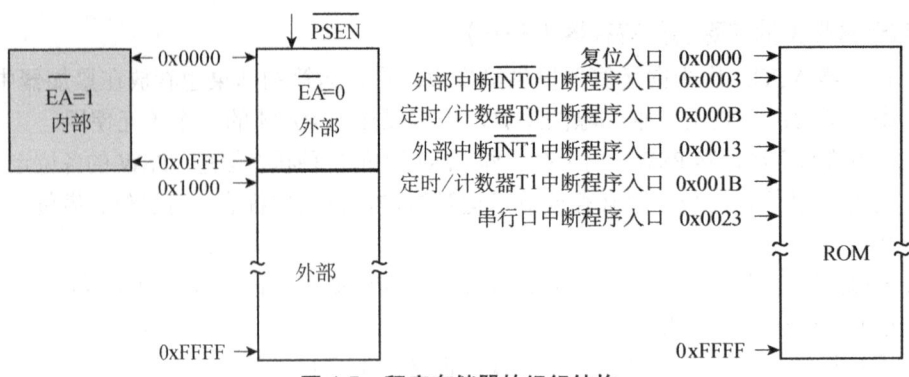

图 1.5 程序存储器的组织结构

系统复位后，程序计数器为 0x0000，单片机从 0x0000 单元开始执行程序。

在 ROM 中有一组特殊单元，其地址范围为 0x0003~0x002A，共 40 个单元，这 40 个单元被均分成 5 段，作为 5 个中断的中断程序入口地址区。

0x0003~0x000A：外部中断 $\overline{\text{INT0}}$ 中断程序入口地址区；

0x000B~0x0012：定时/计数器 T0 中断程序入口地址区；

0x0013~0x001A：外部中断 $\overline{\text{INT1}}$ 中断程序入口地址区；

0x001B~0x0022：定时/计数器 T1 中断程序入口地址区；

0x0023~0x002A：串行口中断程序入口地址区。

在单片机 C 语言程序设计中，用户无须考虑程序的存放地址，编译程序会在编译过程中按上述规定，自动安排程序的存放地址。例如，C 语言是从 main( ) 函数开始执行的，编译程序会在 ROM 的 0x0000 处自动存放一条转移指令，跳转到 main( ) 函数存放的地址；中断函数也会按照中断类型号，由编译程序安排存放在 ROM 相应的地址中。用户只需了解 ROM 的结构即可。

知识储备——单片机外部引脚

8051 单片机多为 40 个引脚双列直插式集成电路芯片，引脚排列如图 1.6 所示，按功能可分为电源引脚、时钟引脚、控制引脚和并行 I/O 口引脚四大类。

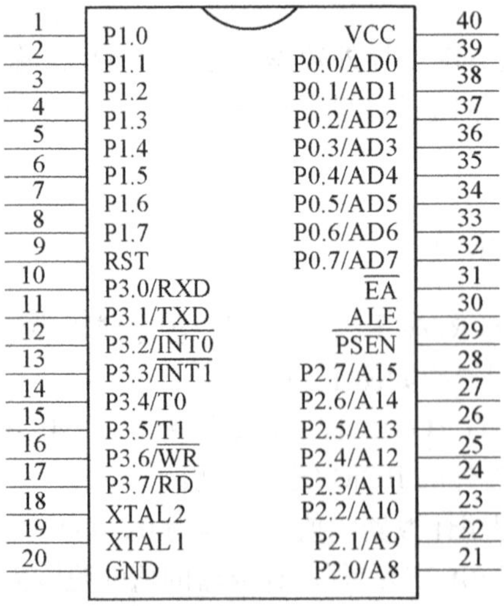

图 1.6　8051 单片机引脚排列

一、电源引脚

VCC（40 脚）：接电源正端。8051 单片机的电源典型值为+5V。
GND（20 脚）：接地端。

二、时钟引脚

单片机内部有一个用于构成振荡器的高增益反相放大器，此放大器的输入端和输出端分别是 XTAL1（19 脚）、XTAL2（18 脚）。时钟引脚的具体应用见本项目任务三。

三、控制引脚

控制引脚有复位引脚 RST（9 脚）、地址锁存允许引脚 ALE（30 脚）、外部程序存储器选择引脚 $\overline{\text{EA}}$（31 脚）和外部程序存储器读选通引脚 $\overline{\text{PSEN}}$（29 脚）。

RST（9 脚）：复位引脚。RST 为复位信号输入端，当在该引脚输入两个机器周期以上的高电平时，单片机复位。

ALE（30 脚）：地址锁存允许引脚。该引脚为 CPU 访问外部存储器提供地址锁存信号，信号下降沿将低 8 位地址锁存到片外地址锁存器中（应用实例见任务四中图 1.39）。此外，由于单片机正常运行时，ALE 以 1/6 晶振频率输出脉冲，因此，该脉冲可作为外部时钟或外部定时脉冲使用。要注意的是：当访问外部数据存储器时，该脉冲将跳过一个 ALE 脉冲。

$\overline{\text{EA}}$（31 脚）：外部程序存储器选择引脚。该引脚为外部程序存储器提供选择信号，低电平有效。在复位期间，CPU 检测并锁存 $\overline{\text{EA}}$ 引脚电平状态，当该引脚为高电平时，从片内程序存储器读取指令，只有当程序计数器超出片内程序存储器地址范围时，才转到外部程序存储器中读取指令；当该引脚为低电平时，一律从外部程序存储器中读取指令。

$\overline{\text{PSEN}}$（29 脚）：外部程序存储器读选通引脚（并行读）。访问外部程序存储器时，$\overline{\text{PSEN}}$ 产生的负脉冲信号作为外部程序存储器的片选信号使用。在访问外部程序存储器的每个机器周期内，$\overline{\text{PSEN}}$ 产生两个负脉冲信号。

四、并行 I/O 口引脚

8051 单片机的并行 I/O 口有 P0 口（32～39 脚）、P1 口（1～8 脚）、P2 口（21～28 脚）和 P3 口（10～17 脚），每个并行 I/O 口有 8 位，共 32 位，对应芯片的 32 个引脚。并行 I/O 口均为准双向口，用于输入/输出 8 位数据。

P0.0～P0.7：P0 口 8 位双向口线。
P1.0～P1.7：P1 口 8 位双向口线。
P2.0～P2.7：P2 口 8 位双向口线。
P3.0～P3.7：P3 口 8 位双向口线。

任务二 认识单片机的开发和仿真环境

 **任务要求**

扫一扫看项目一任务二视频资源

使用 Proteus ISIS 和 Keil 仿真调试流水灯。

能力目标：

能使用 Keil 创建、编译单片机 C 语言控制程序；

能使用 Proteus ISIS 绘制单片机控制系统电路图；

能对 Proteus ISIS 原理图编辑界面进行简单设置。

知识目标：

掌握 Keil 软件的操作步骤；

掌握 Proteus ISIS 编辑环境的设置方法；

掌握 Proteus ISIS 软件的操作步骤。

知识储备——单片机程序开发软件 Keil

一、Keil 软件简介

Keil 软件是 Keil Software 公司推出的 51 系列兼容单片机开发软件系统。该软件支持单片机 C51 程序设计语言，也可以直接用汇编语言设计与编译。Keil 软件提供了包括 C 编译器、宏汇编、链接器、库管理和功能强大的仿真调试器在内的完整开发方案，通过一个集成开发环境（μVision）将这些部分组合在一起。

下面通过学习 Keil μVision4 软件的操作步骤来学习 Keil 软件的基本使用方法。

二、Keil 软件操作步骤

1. 启动 Keil 软件

双击 Keil 软件图标，可打开编程软件，其启动界面如图 1.7 所示，它包括菜单栏、工具栏、工程管理窗口、源程序编辑窗口和编译输出窗口五部分。通过单击"工程窗口"下拉按钮，从下拉列表中选择相关命令，可打开或关闭工程管理窗口及编译输出窗口。

2. 创建新工程文件

单片机控制程序包含多个文件，Keil 软件使用工程（Project）将这些文件及参数设置包含在一个工程中。

（1）在启动界面中选择"Project"→"New μVision Project"菜单命令，打开"Create New Project"对话框。

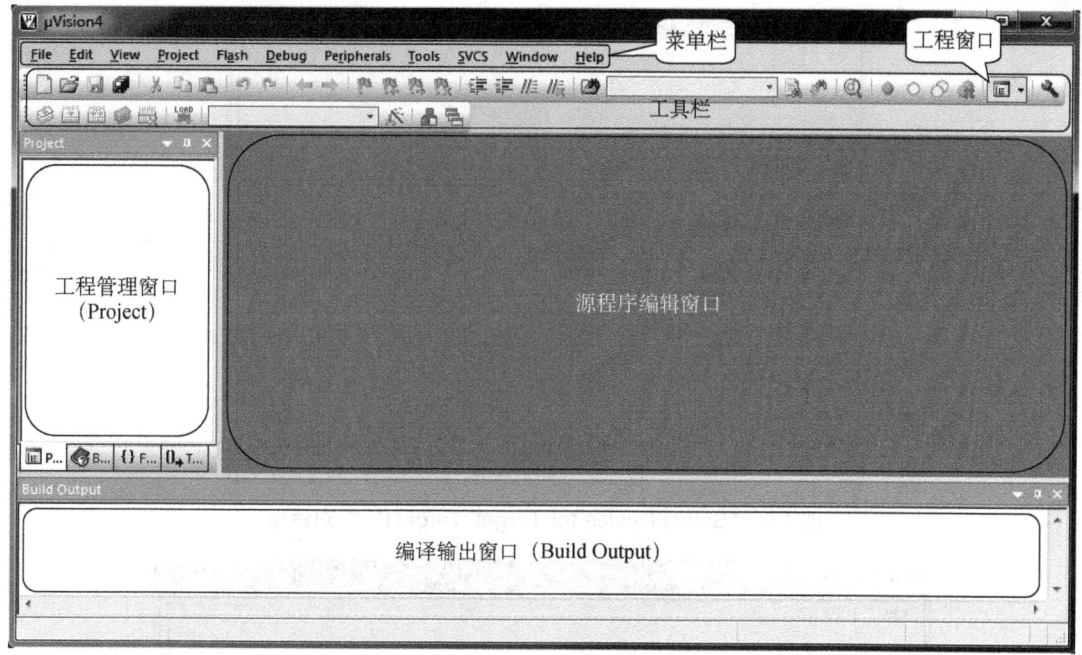

图 1.7　Keil 启动界面

（2）按图 1.8 所示步骤命名新建的工程并保存新建的工程到指定文件夹中。新建的工程可以以中文或英文命名，不需要加后缀。

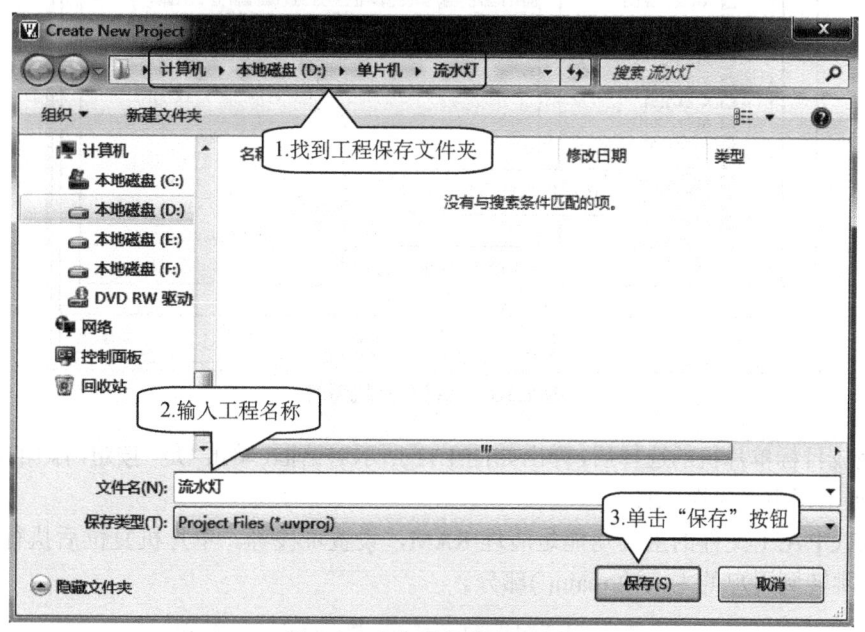

图 1.8　命名并保存新建工程

（3）将新建的工程保存后，弹出"Select Device for Target 'Target1'..."对话框，如图 1.9 所示。通过该对话框可选择目标单片机，本书选用 Atmel 公司生产的 AT89C51 单片机，选择步骤如图 1.9 和图 1.10 所示。

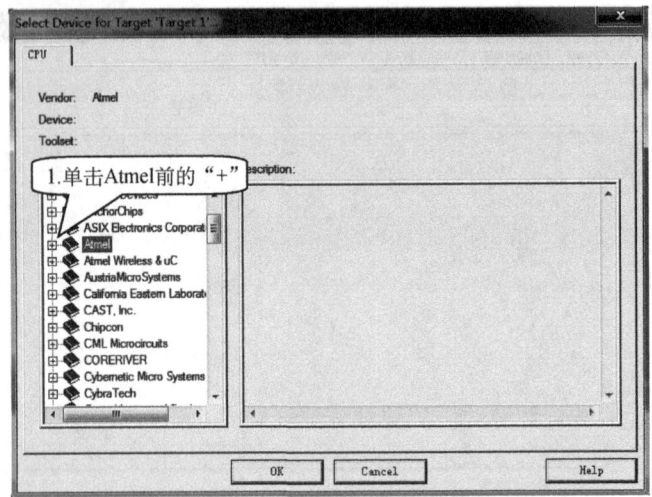

图 1.9 "Select Device for Target 'Target1'..." 对话框

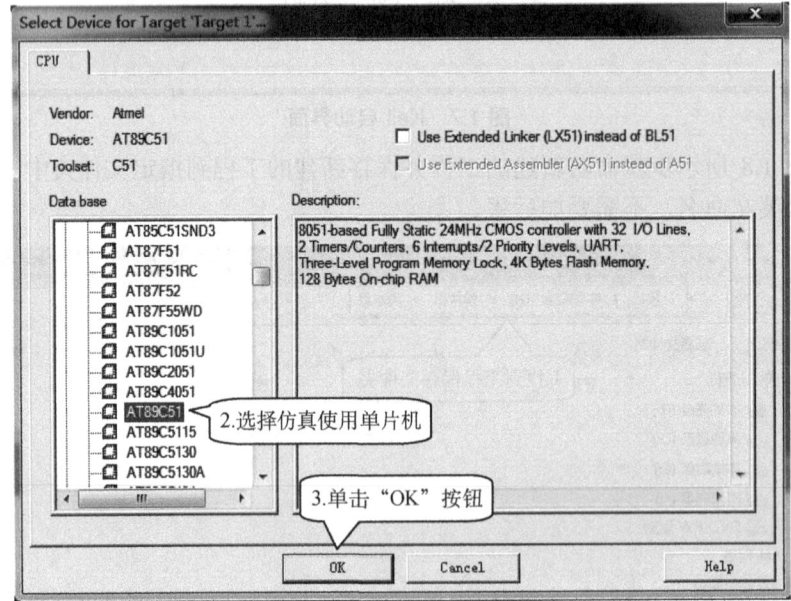

图 1.10 选择单片机型号

(4)完成目标单片机的选择后,弹出如图 1.11 所示对话框,单击"是"按钮,添加 STARTUP.A51 文件到工程中(见图 1.12)。

STARTUP.A51 文件的主要功能是清理 RAM,设置堆栈等。单片机复位后执行该文件,之后 CPU 跳转到用户的主函数 main( )部分。

图 1.11 复制标准 8051 启动代码到工程中对话框

3. 新建工程属性配置

（1）单击如图 1.12 所示的"配置"按钮（快捷键为 Alt+F7），打开"Options for Target 'Target1'"对话框，进行新建工程属性的配置。

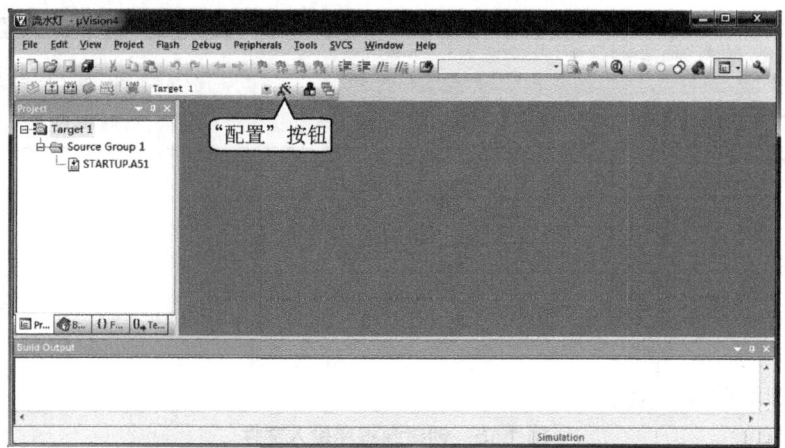

图 1.12　添加 STARTUP.A51 文件后的主界面

（2）选择"Target"选项卡，将晶振频率设置为目标值，选择使用内部 ROM，配置步骤如图 1.13 所示。

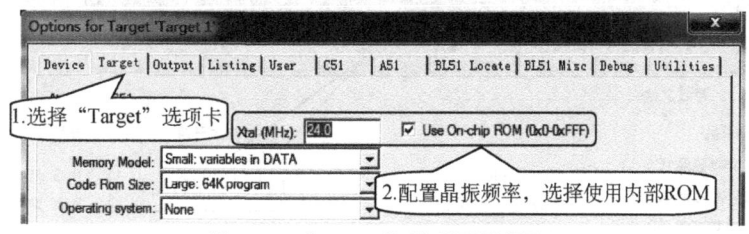

图 1.13　"Target"选项配置界面

（3）选择"Output"选项卡，勾选"Create HEX File"复选框，然后单击"OK"按钮，如图 1.14 所示，完成新建工程属性的配置。HEX 文件即下载到单片机中的目标程序。

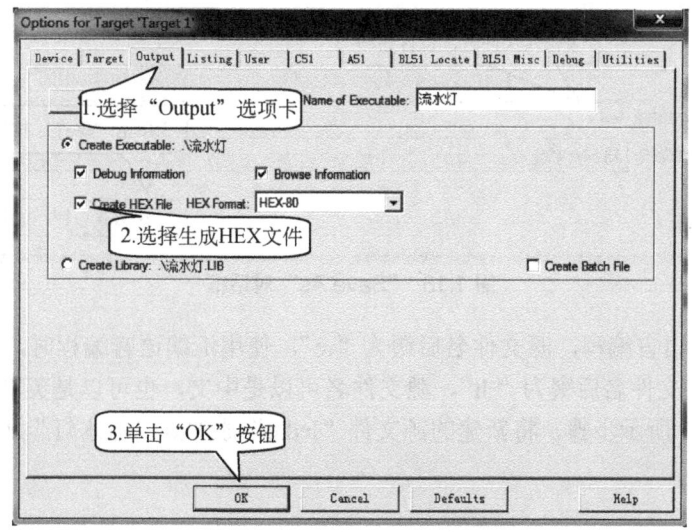

图 1.14　"Output"选项配置界面

4. 创建源文件

（1）单击工具栏中的"New"按钮（快捷键为 Ctrl+N），创建如图 1.15 所示源程序输入文件，该文件默认名称为"Text1"。

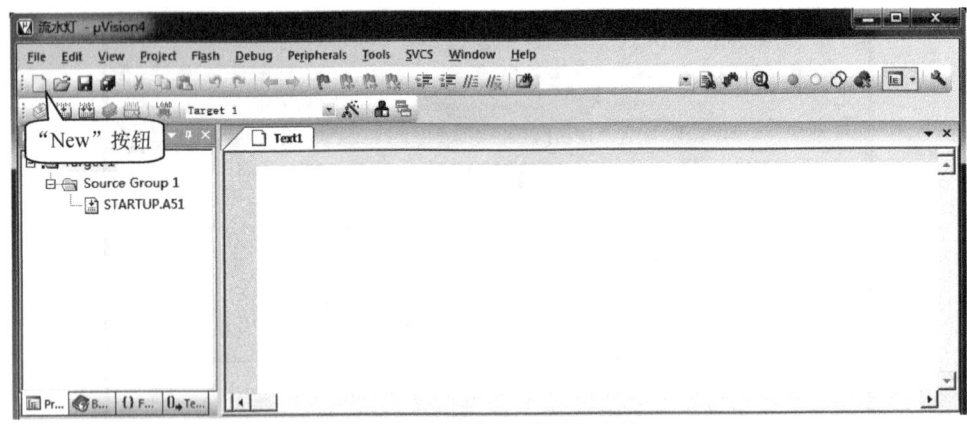

图 1.15 创建源程序输入文件

（2）单击工具栏中的"保存"按钮，弹出"Save As"对话框。按图 1.16 所示步骤，对新建源文件命名，并将其保存到指定文件夹中。

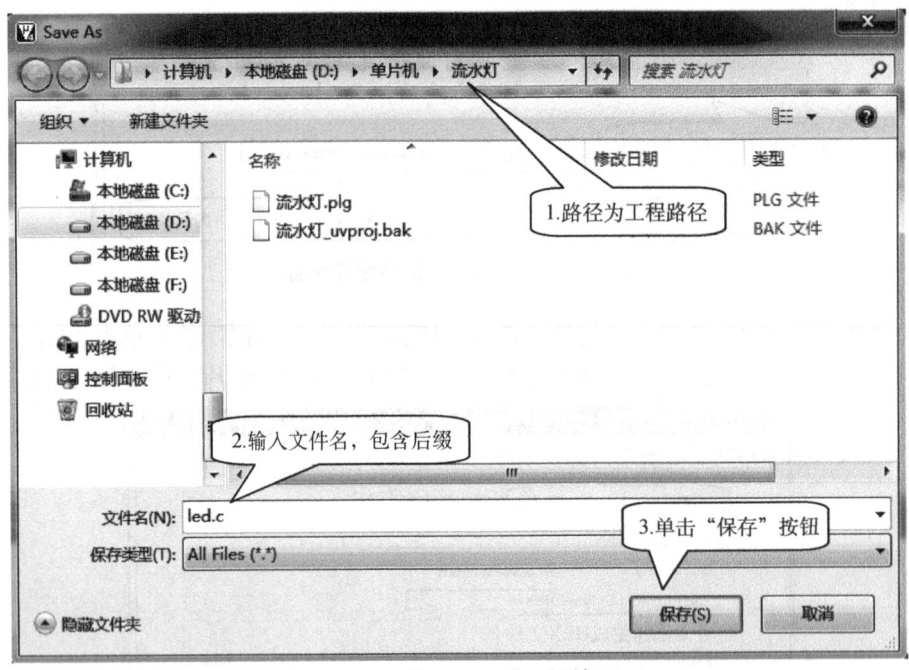

图 1.16 "Save As"对话框

本书使用 C 语言编程，源文件名后缀为".c"，使用汇编语言编程时，源文件名后缀为".asm"，编写的头文件名后缀为".h"。源文件名可以是中文，也可以是英文。

（3）按图 1.17 所示步骤，将新建的源文件"led.c"添加到"流水灯"工程中。

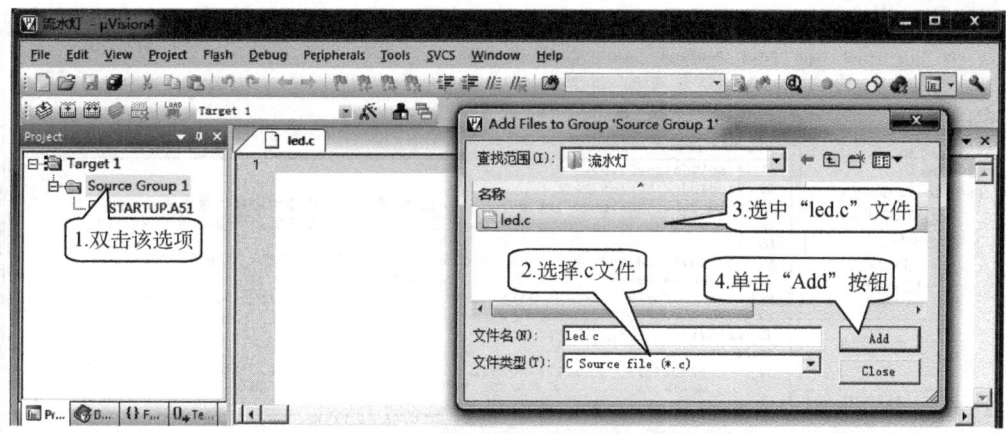

图 1.17　添加源文件到"流水灯"工程中

（4）在工程管理窗口"Source Group 1"文件下出现"led.c"文件，说明新文件的添加已完成，如图 1.18 所示。

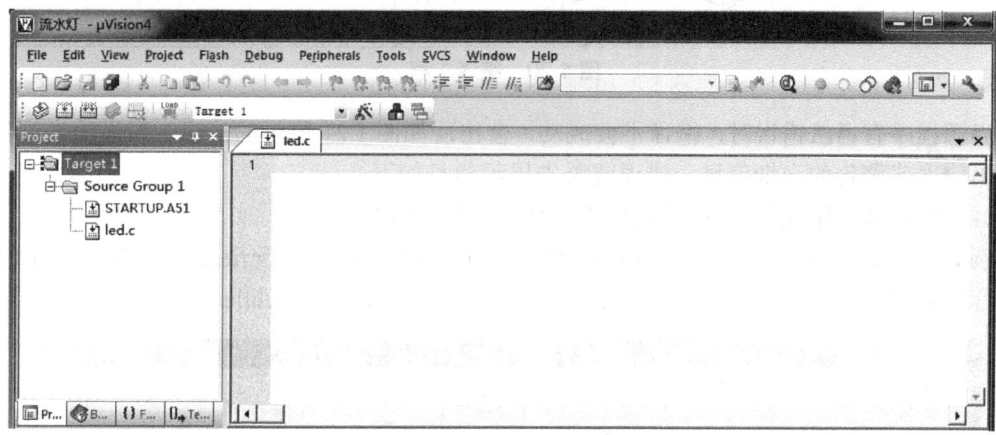

图 1.18　文件添加完成

5. 编译源程序

（1）将任务五中流水灯源程序输入源文件"led.c"中，单击工具栏中的"编译所有目标文件"按钮，编译源程序。

编译程序的基本功能是把输入的源程序（.c 文件）翻译成单片机能识别的目标程序（HEX 文件）。通过单击工具栏中的编译按钮即可对源程序进行编译。

工具栏中的编译按钮共 4 个，其图标如图 1.19 所示。

图 1.19　工具栏中的编译按钮

4 个编译按钮从左到右依次为：编译当前文件（单个文件，快捷键为 Ctrl + F7）、编译目标文件（修改过的文件，快捷键为 F7）、编译所有目标文件（重新编译）和编译多个工程文件（多工程）。

（2）编译完成后在编译输出窗口中查看编译结果信息，如图 1.20 所示。

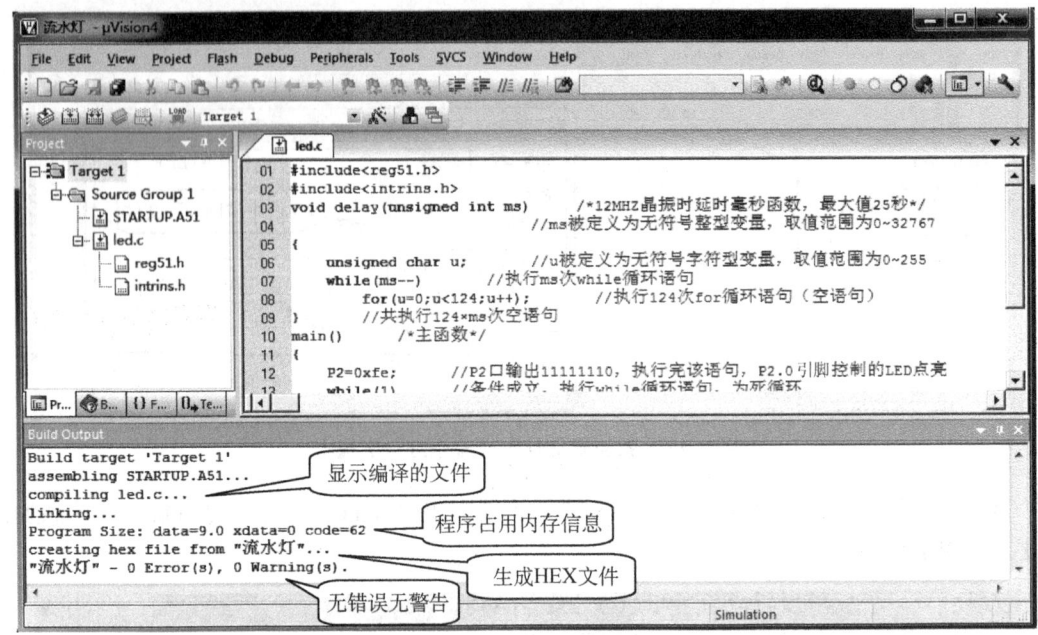

图1.20 编译工程

当源程序有语法错误时，编译不会成功，会出现如图1.21所示的信息。编译输出窗口中会给出错误或警告的详细信息，错误或警告提示信息如下：

源程序名称（错误行号）：错误或警告代码：错误或警告描述

例如，输出窗口中有错误提示：LED.C(7): error C141: syntax error near 'while'，其中，LED.C为源程序名称，错误行号为7，错误代码为C141，错误描述为'while'附近有语法错误。

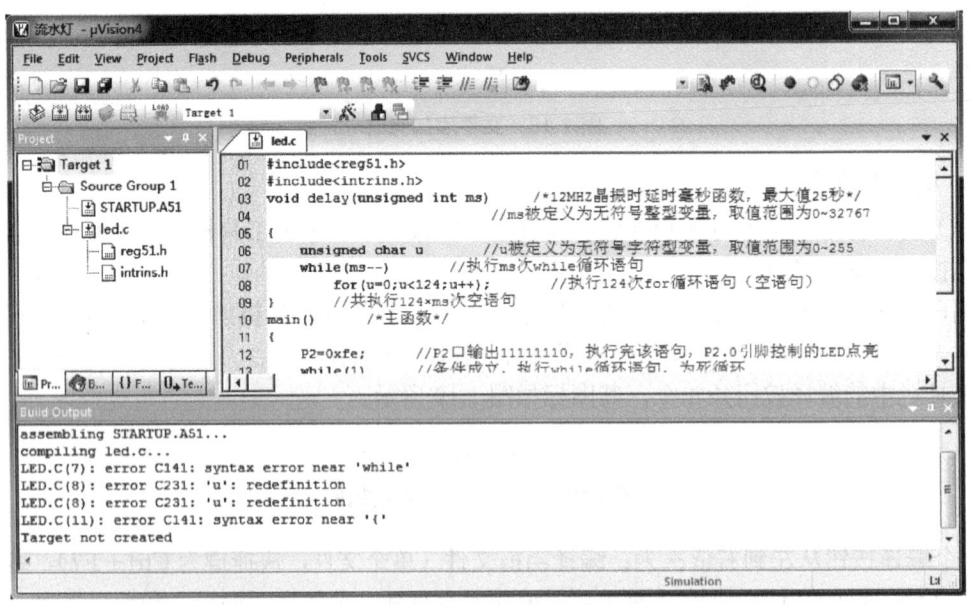

图1.21 编译不成功

双击错误或警告信息，光标便移至出错处，进行修改并再编译，直到编译成功生成HEX文件为止。

知识储备——电子设计及仿真软件 Proteus ISIS

一、Proteus 概述

Proteus 软件是一款 EDA 工具软件，集原理图设计、电路分析、PCB 设计和电路仿真于一体，配有各种信号源和电路分析所需的各种虚拟仪表。Proteus 支持单片机应用系统的仿真和调试，使软硬件设计在制作 PCB 前能够得到快速验证，不仅节省了成本，还缩短了单片机应用的开发周期。Proteus 是单片机工程师必须掌握的工具之一。

Proteus 软件由 ISIS 与 ARES 两部分构成，其中，ISIS 是一款便捷的电子系统原理图设计和仿真软件，ARES 是一款高级的 PCB 布线编辑软件。本书使用的是 ISIS，书中的 Proteus 均为 Proteus ISIS。

二、Proteus 工作界面介绍

双击 Proteus 软件图标，打开如图 1.22 所示工作界面，它包括主菜单栏、标准工具栏、工具箱、绘图工具栏、状态栏、图形编辑窗口、预览窗口、对象选择器窗口、预览对象方位控制按钮、仿真进程控制按钮、对象选择按钮等部分。

1. 主菜单栏

Proteus 工作界面的主菜单栏包括 File、View、Edit 等选项，单击任一选项均会弹出其子选项。

2. 标准工具栏

标准工具栏位于主菜单栏下，以图标形式给出，包括 File 工具栏、View 工具栏、Edit 工具栏和 Design 工具栏四部分。工具栏中每一个按钮都对应一个具体的菜单命令，其主要目的是快捷地使用菜单命令。

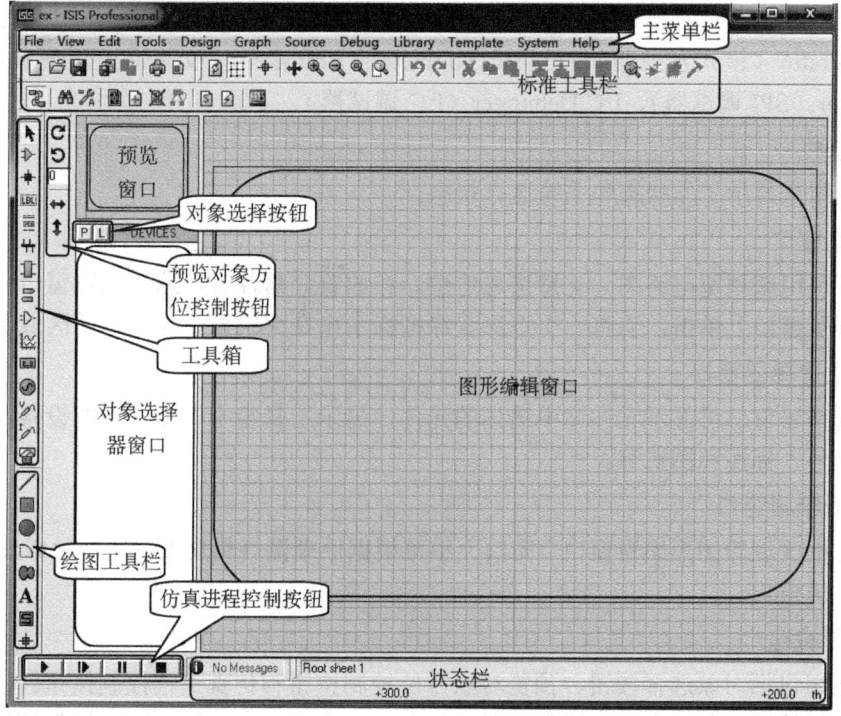

图 1.22 Proteus 工作界面

3. 工具箱

单击工具箱中相应的图标按钮，系统将提供不同的操作工具，同时对象选择器窗口将显示不同的内容。显示的内容包括元器件、终端、虚拟仪表和图表等。工具箱中常用图标按钮的功能如下：

Selection Mode：选择模式。单击该按钮，鼠标指针恢复至箭头状态。

Component Mode：组件模式。在此模式下可以通过单击"P"按钮从元件库选择元件到对象选择器窗口，也可以选择对象选择器窗口中的元件放置到电路图中。

Wire label Mode：导线标签模式。此模式用于给连线定义标号，标号相同的点在电气上是连接的，彼此之间不需要再画线。

Buses Mode：总线模式。画总线时会用到总线模式，可与导线标签模式配合使用。

Terminals Mode：终端模式。此模式下的对象选择器窗口中将列出各种终端，如默认端子、输入端子、输出端子、双向端子、电源、地等。电路图中放置的直流电源和地即本模式中的电源和地。

Generator Mode：信号发生器模式。在此模式下对象选择器窗口中将列出仿真电路需要的直流电源、正弦波发生器、脉冲发生器、数字时钟信号发生器、模式信号发生器等信号发生器。

Voltage Prob Mode：电压探针模式。此模式用于测试探针处的电压值，电路进入仿真模式时可显示各探针处的电压值。

Current Prob Mode：电流探针模式。此模式用于测试探针处的电流值，在使用时，电流探针的方向一定要与电路的导线平行，电路进入仿真模式时可显示各探针处的电流值。

Virtual Instruments Mode：虚拟仪器模式。在此模式下对象选择器窗口中将列出仿真电路需要的各种虚拟仪器，包括 Oscilloscope（虚拟示波器）、Logic Analyser（逻辑分析仪）、Counter Timer（计数/定时器）、Virtual terminal（虚拟终端）、Signal Generator（信号发生器）、Pattern Generator（模式发生器）、AC/DC Voltmeters/ Ammeters（交直流电压表和电流表）、SPI Debugger（SPI 调试器）、I^{2}C Debugger（I^{2}C 调试器）。

4. 状态栏

状态栏用来显示工作状态和系统运行状态。

5. 预览窗口

预览窗口用来预览电路图，支持快速定位。在放置元器件时，通过预览窗口预览元器件图形。在预览窗口上单击，会有一个矩形蓝绿框标示出在编辑窗口中显示的区域。

6. 对象选择器窗口

对象选择器窗口可显示元件库中选择的元件，显示工具箱中各模式中的设备、终端、引脚、图形符号、标注和图形等。

7. 图形编辑窗口

蓝色方框区域即图形编辑窗口，窗口大小可根据原理图规模更改，通过鼠标滚轮可放大/缩小图形编辑窗口。

8. 控制按钮

控制按钮包括对象选择按钮、预览对象方位控制按钮和仿真进程控制按钮。

对象选择按钮：共 2 个，在组件模式（Component Mode）下，单击"P"按钮打开查找元件窗口，单击"L"按钮打开元件库管理器。

预览对象方位控制按钮：放置元件时可通过这些按钮来调整元件的方位。

仿真进程控制按钮：共4个，由左至右依次是仿真、单步、暂停、停止。

三、Proteus 编辑环境设置

Proteus 编辑环境设置是指电路设计的外观参数的设置，包括图纸大小设置、模板设置、网格设置等。

1. 图纸大小设置

选择"System"→"Set Sheet Size"菜单命令，打开如图1.23所示的"Sheet Size Configuration"对话框。图纸默认格式为A4。

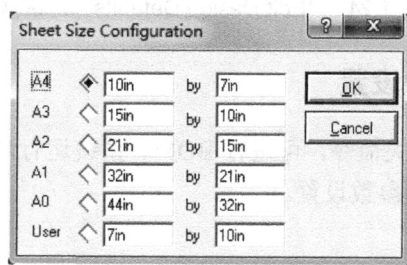

图1.23 图纸尺寸配置对话框

2. 模板设置

选择"Template"→"Set Design Defaults"菜单命令，打开如图1.24所示的"Edit Design Defaults"对话框。在该对话框中，可进行如下设置。

Paper Colour：图纸颜色。
Grid Colour：网格线颜色。
Work Area Box Colour：工作区框颜色。
World Box Colour：图框颜色。
Highlight Colour：突出显示颜色
Drag Colour：元器件拖曳时的颜色。
Positive Colour：正负极颜色。
Ground Colour：地颜色。
Negative Colour：负极颜色。
Logic '1' Colour：逻辑1颜色。
Logic '0' Colour：逻辑0颜色。
Logic '？' Colour：不确定逻辑信号颜色。
Show hidden text？：显示/隐藏元件"text"。
Show hidden pins？：显示/隐藏元件引脚。
Font Face for Default Font：默认字体设置。

3. 网格设置

选择"View"→"Grid"菜单命令，设置图形编辑窗口中的格点显示与否。选择"View"→"Snap 10th"（或"Snap 50th"或"Snap 0.1in"或"Snap 0.5in"）菜单命令，可调整格点的间

距，默认值为 0.1in。

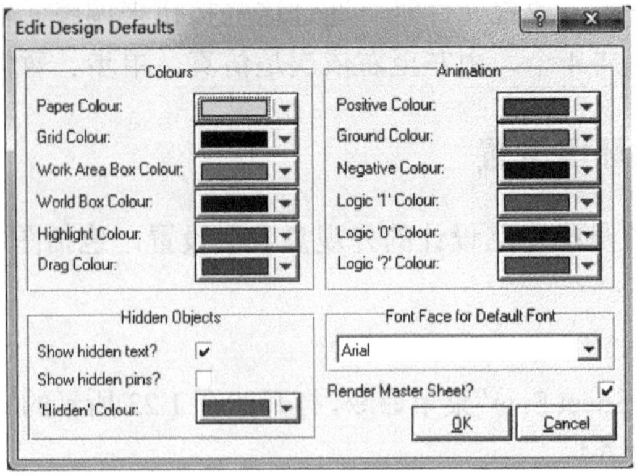

图 1.24 "Edit Design Defaults" 对话框

四、Proteus 系统参数设置

选择"System"菜单的相关命令，可进行 BOM、系统运行环境、仿真电路配置、保存路径、键盘快捷方式配置等系统参数设置。

1. 系统运行环境设置

选择"System"→"Set Environment Configuration"菜单命令，打开如图 1.25 所示的"Environment Configuration"对话框。设置选项如下。

Autosave Time(minutes)：系统自动保存时间设置，单位为分钟。
Number of Undo Levels：可撤销操作次数设置。
Tooltip Delay(milliseconds)：工具提示延时，单位为毫秒。
Number of filenames on File menu：File 选项中显示文件名的数量。
Auto Synchronise/Save with ARES？：是否自动同步/保存 ARES。
Save/load ISIS state in design files？：是否在设计文档中加载/保存 ISIS 状态。

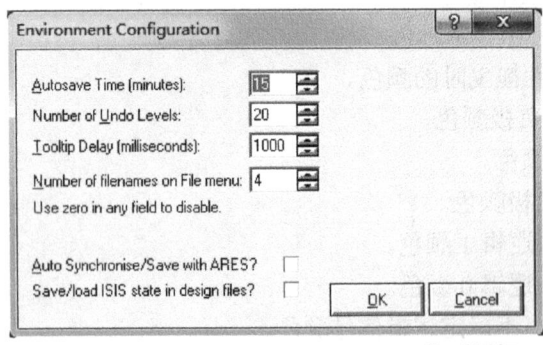

图 1.25 "Environment Configuration" 对话框

2. 仿真电路配置

选择"System"→"Set Animation Option"菜单命令，打开如图 1.26 所示的"Animated Circuits Configuration"对话框。设置选项如下。

（1）"Simulation Speed"选区。
Frames per Second：每秒帧数。

Timestep per Frame：每帧时间步长。
Single Step Time：单步时间。
Max SPICE Timestep：最大 SPICE 时间步。
Step Animation Rate：仿真步进速率。
（2）"Voltage/Current Ranges"选区。
Maximum Voltage：最高电压值。
Current Threshold：门槛电流值。
（3）"Animation Options"选区。
Show Voltage & Current on Probes？：是否在探测点显示电压值与电流值。
Show Logic State of Pins？：是否显示引脚的逻辑状态。
Show Wire Voltage by Colour？：是否用不同的颜色表示不同的电压。
Show Wire Current with Arrows？：是否用箭头表示线的电流方向。
单击"SPICE Options"按钮，在弹出的对话框中，可进一步对仿真电路进行设置。

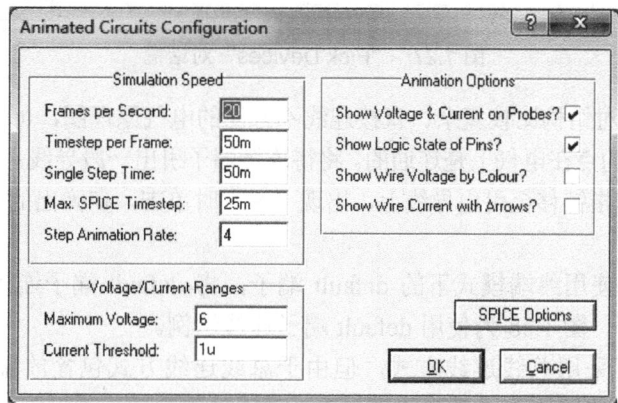

图 1.26 "Animated Circuits Configuration"对话框

五、Proteus 基本操作

1. 添加元件到元件列表

切换到组件模式后，单击"P"按钮打开如图 1.27 所示的"Pick Devices"对话框，首先在"Keywords"文本框输入元件关键字，然后双击搜索结果中的待添加元件。

2. 放置元器件

在元件列表中选择要放置的元件，鼠标指针呈笔状，单击图形编辑窗口，元件呈跟随鼠标指针移动的紫色悬浮状态，将元件移动到目的位置后单击即可完成元件放置。继续单击图形编辑窗口可继续放置相同元件。在元件呈紫色悬浮状态时，单击鼠标右键则取消放置。

在元件上单击鼠标右键，打开元件操作菜单栏，可对元件进行旋转、镜像、删除、复制等操作。

3. 原理图连线

（1）直接连线：将鼠标指针移动到第一个对象连接点，出现红色虚框后单击确定连线起点，再在另一个连接点上单击，就能自动绘制出一条导线。如果用户想自己决定走线路径，只需在拐点处单击即可。

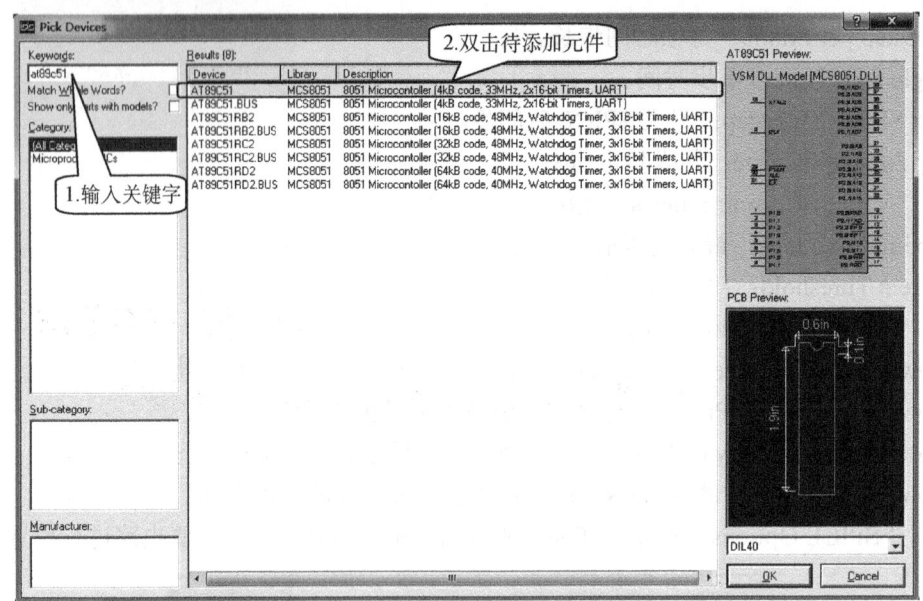

图 1.27 "Pick Devices"对话框

（2）标号连线：对结构比较复杂、直接连线不方便的电气原理图，可采用标号连线。在电路图中具有相同标号的点在电气上是连通的。将待连接端子引出一段导线，单击绘图工具栏中的"LBL"按钮，将鼠标指针移至引出导线上，出现"×"时单击，在弹出的属性窗口中设置标号内容。

标号连线还可以使用终端模式下的 default 端子，将 default 端子连接到待连接点后双击该端子定义标号即可。图 1.28 为使用 default 端子连线示例。

原理图连线还可采用总线连线方式，但由于总线连线方式包含放置标号部分，不建议使用。

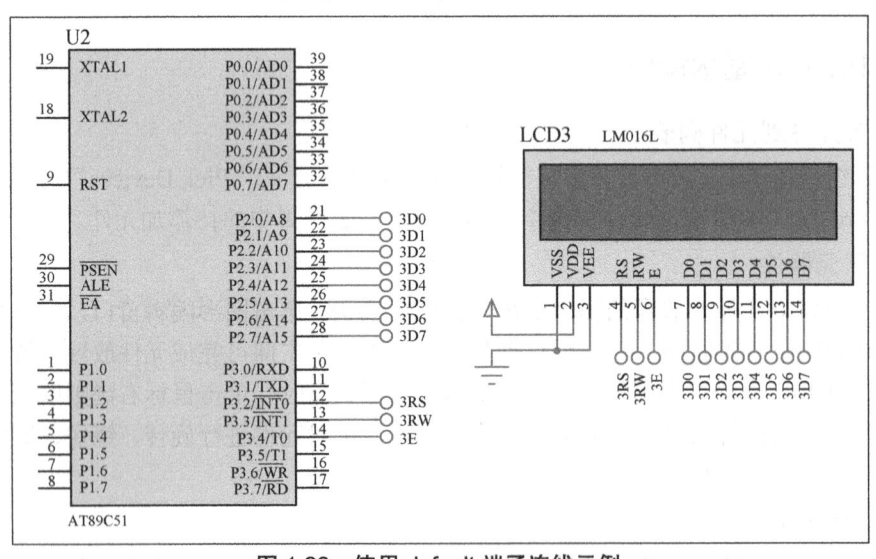

图 1.28 使用 default 端子连线示例

4. 修改元件的属性（电阻值、电容值、晶振频率）

双击元件，弹出编辑元件对话框，在对话框中进行元件属性的修改。图1.29为电阻属性设置对话框，通过该对话框可对电阻编号、阻值大小等内容进行修改。

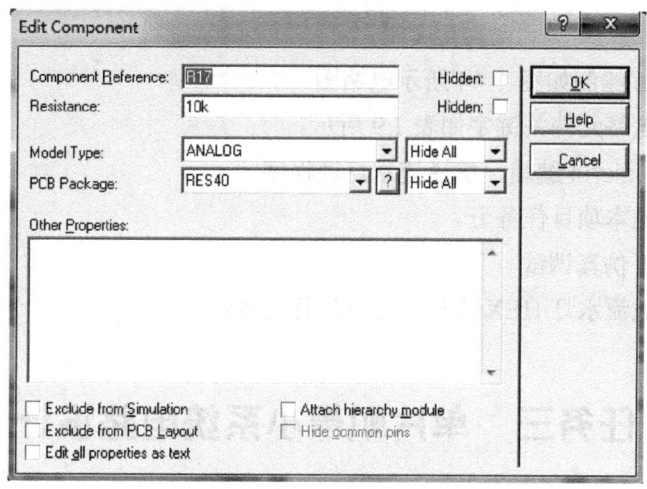

图1.29　电阻属性设置对话框

5. 程序加载

双击单片机，打开如图1.30所示单片机属性设置对话框，通过"Program File"文本框设置编译生成的HEX文件存放路径，单击"确定"按钮即可完成程序加载。

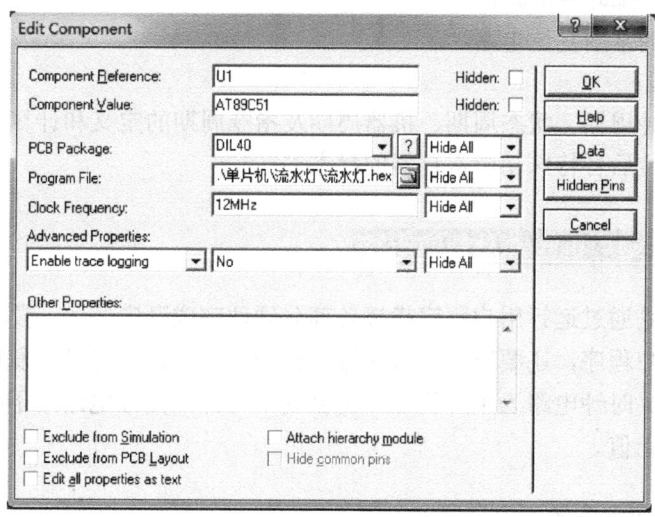

图1.30　单片机属性设置对话框

6. 仿真

开始仿真：单击开始仿真按钮，开始仿真。默认设置状态下，红色表示引脚或节点为高电平，蓝色表示引脚或节点为低电平，灰色表示引脚或节点的逻辑状态不确定。

暂停仿真：单击暂停仿真按钮，仿真暂停，各引脚或节点电平为暂停时状态，可通过选择"Debug"→"8051 CPU"菜单命令查看单片机的寄存器、特殊寄存器和内部存储器状态。

停止仿真：单击停止仿真按钮可停止仿真。

当程序改变，重新生成 HEX 文件后，重新开始仿真即可，无须重新加载 HEX 文件。

任务实施

1. 使用 Proteus 绘制如图 1.44 所示电路图

流水灯原理图电路元件关键字如表 1.9 所示。

2. 使用 Keil μVision4 编辑、编译流水灯源程序

流水灯源程序见本项目任务五。

3. Proteus+Keil 仿真调试

在单片机中加载流水灯 HEX 文件，仿真运行流水灯。

任务三　单片机最小系统电路设计

任务要求

使用 Proteus 设计单片机最小系统电路。
能力目标：
能设计单片机内部时钟电路；
能设计单片机的常用复位电路。
知识目标：
熟悉单片机时钟周期、状态周期、机器周期及指令周期的定义和计算方法；
熟悉单片机复位后各特殊功能寄存器的状态。

扫一扫看
项目一任
务三视频
资源

知识储备——单片机时钟及复位电路

单片机的工作是通过运行用户程序指挥各部分硬件完成既定任务。要使单片机能够正常工作，除了下载用户程序，还要给单片机配置时钟和复位电路。时钟和复位电路通常称为单片机最小系统电路。时钟电路为单片机工作提供基本时钟，复位电路用于将单片机内部各硬件的状态恢复到初始值。

一、单片机时钟电路

单片机的正常工作是在时钟信号的控制下完成的，时钟信号由时钟电路产生。单片机时钟电路有两种：内部时钟方式和外部时钟方式。

1. 内部时钟方式

在 XTAL1 和 XTAL2 两端接晶振，与内部反向放大器构成稳定的自激振荡器，具体电路如图 1.31 所示。晶振 Y1 的振荡频率范围一般是 1.2~12MHz，通常情况下，使用振荡频率为 6MHz 和 12MHz 的晶振，若单片机采用串口通信，则一般使用振荡频率为 11.0592MHz

的晶振。电容 C1、C2 起稳定振荡频率、快速起振的作用，参数值为 30pF 左右，两者大小一致。

晶振和电容应尽可能安装在单片机芯片附近，以减少寄生电容，保证自激振荡器稳定和可靠工作。

2. 外部时钟方式

XTAL1 接地，XTAL2 接外部振荡器，电路如图 1.32 所示，时钟信号由外部振荡器产生。这种时钟方式用于多个单片机同步工作的场合。

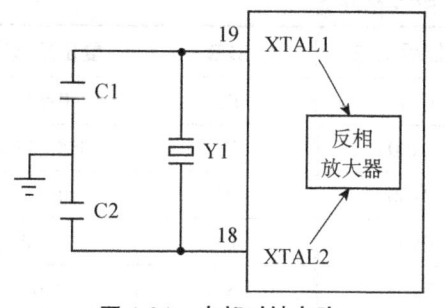
图 1.31 内部时钟电路

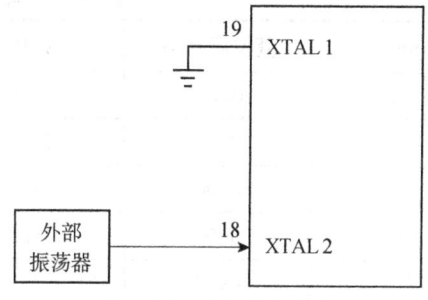
图 1.32 外部时钟电路

如无特殊说明，本书中的时钟电路均指内部时钟电路。

3. 8051 单片机的 CPU 时序

图 1.33 为单片机时序图，包含以下信号周期。

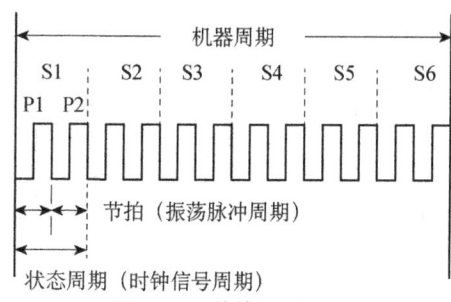
图 1.33 单片机时序图

1）节拍

把振荡脉冲的周期定义为节拍，用"P"表示，其值为晶振频率的倒数。

2）状态周期

状态周期即状态，即单片机时钟信号的周期，用"S"表示。一个状态包含两个节拍，其前半周期对应的节拍称为 P1，后半周期对应的节拍称为 P2。

3）机器周期

完成一个基本操作（如取指令、存储器读、存储器写等）所需要的时间称为机器周期。8051 单片机的一个机器周期包括 6 个状态周期（S1～S6），即 12 个节拍。

4）指令周期

完成一条指令所需要的时间称为指令周期。8051 单片机的指令周期含 1～4 个机器周期，其中多数为单周期指令，还有 2 周期和 4 周期指令。4 周期指令只有乘、除两条指令。

二、单片机复位电路

单片机的复位是通过在 RST 引脚上施加持续 2 个机器周期以上的高电平实现的。单片机复位后片内各特殊功能寄存器（SFR）的状态如表 1.6 所示。

表 1.6 单片机复位后各 SFR 的状态

SFR	复位后状态	SFR	复位后状态	SFR	复位后状态
P0	0xFF	TL0	0x00	P2	0xFF
SP	0x07	TL1	0x00	IE	0**00000
DPL	0x00	TH0	0x00	P3	0xFF
DPH	0x00	TH1	0x00	IP	***00000
PCON	0x00	P1	0xFF	PSW	0x00
TCON	0x00	SCON	0x00	ACC	0x00
TMOD	0x00	SBUF	0x00	B	0x00

8051 单片机常采用的复位电路有上电复位、外部脉冲复位、上电+按键复位、程序运行监视复位等复位电路。图 1.34（a）为上电复位电路，图 1.34（b）为上电+按键复位电路，电路中给出了各元器件的参数值。

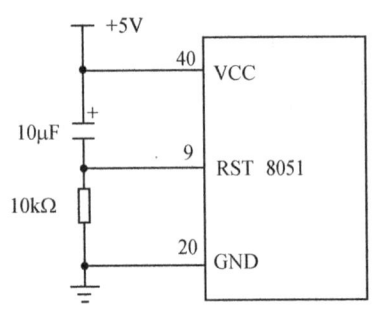
(a) 上电复位电路

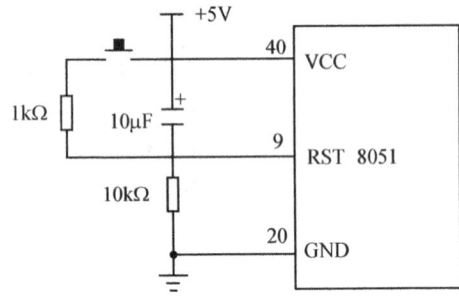
(b) 上电+按键复位电路

图 1.34 单片机复位电路

任务实施

使用 Proteus 设计单片机最小系统电路，包括单片机、时钟电路、上电+按键复位电路。单片机最小系统参考电路如图 1.35 所示。

单片机最小系统参考电路所用元器件列表如表 1.7 所示。

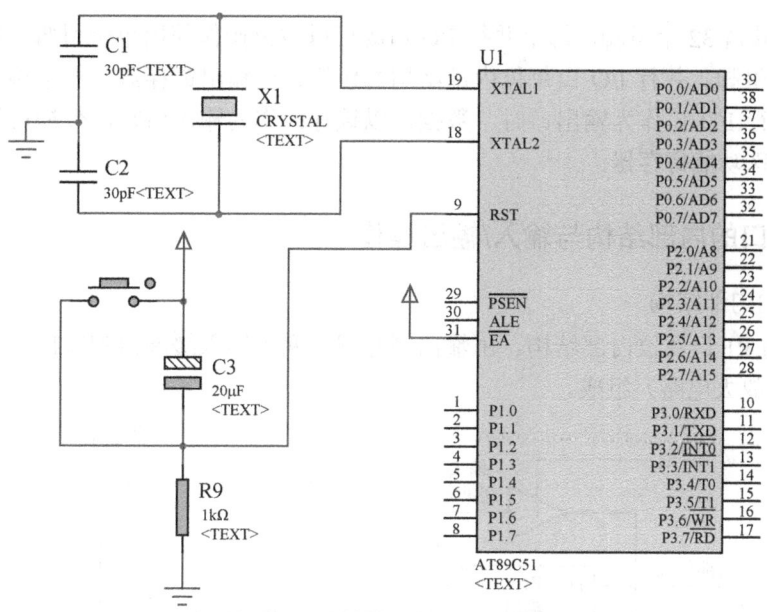

图 1.35 单片机最小系统参考电路

表 1.7 单片机最小系统参考电路所用元器件列表

元器件名称	关键字	参数	数量
单片机	AT89C51		1
晶振	CRYSTAL	12MHz	1
陶瓷电容	CAP	30pF	2
电解电容	CAP-ELEC	20μF/25V	1
电阻	RES	1kΩ	1
按键	BUTTON		1

任务四　LED 与单片机的接口电路设计

任务要求

使用 Proteus 设计 LED 与单片机的接口电路。

能力目标：

能设计 LED 与单片机的接口电路。

知识目标：

掌握单片机 I/O 口的内部结构及输入/输出数据的原理；

掌握单片机 I/O 口与负载的连接方式。

扫一扫看项目一任务四视频资源

知识储备——单片机 I/O 口内部结构与操作

8051 单片机有 4 个并行 I/O 口，分别用 P0、P1、P2、P3 表示，每个并行 I/O 口都是 8

位准双向口，共占 32 个引脚。每个并行 I/O 口既可以按位操作使用单个引脚，也可以按字节操作使用 8 个引脚。并行 I/O 口每位内部结构都包括一个输出锁存器、一个输出驱动器和输入缓冲器。并行 I/O 口作为输出口时，数据可以锁存；作为输入口时，数据可以缓冲。输出锁存器属于特殊功能寄存器。

一、P1 口的内部结构与输入/输出操作

1. P1 口的内部结构

图 1.36 为 P1 口各位内部结构，由输出锁存器、两个输入缓冲器和输出驱动电路（场效应管 T 的共源放大电路）组成。

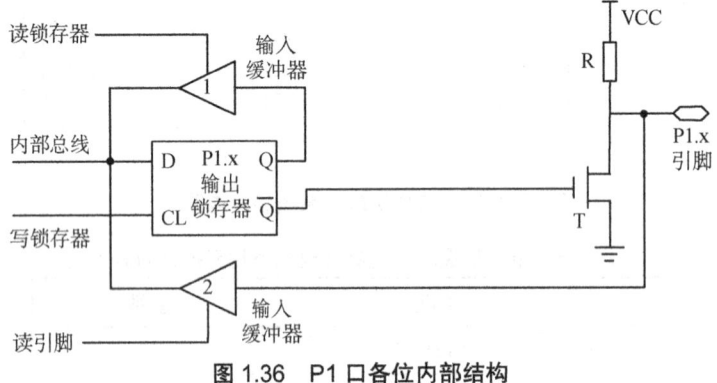

图 1.36　P1 口各位内部结构

输出锁存器由 D 触发器组成，用于输出数据位的锁存，在 CPU 发出的"写锁存器"信号驱动下，将内部总线上的数据写入锁存器中。输入缓冲器分别用于读锁存器、读引脚。输出驱动电路内部设有上拉电阻。

图 1.36 中的输出锁存器即特殊功能寄存器 P1 的对应位的物理形式，特殊功能寄存器 P1 的地址为 0x90，地址能被 8 整除，可以进行位寻址。P1 口各位输出锁存器的位地址如下：

位地址	0x97	0x96	0x95	0x94	0x93	0x92	0x91	0x90
P1 口	P1.7	P1.6	P1.5	P1.4	P1.3	P1.2	P1.1	P1.0

2. P1 口的输入/输出操作

（1）P1 口输出数据 1。

数据 1 由内部总线经输出锁存器 D 端写入锁存器，输出锁存器 Q 端输出为 1，$\overline{Q}$ 端输出为 0，场效应管 T 截止，引脚经电阻 R 上拉为 1，即输出数据为 1。

（2）P1 口输出数据 0。

数据 0 由内部总线经输出锁存器 D 端写入锁存器，输出锁存器 Q 端输出为 0，$\overline{Q}$ 端输出为 1，场效应管 T 导通，引脚箝位在"0"电平，即输出数据为 0。

（3）P1 口输入数据。

在进行"读引脚"操作前要先向锁存器写入 1，使场效应管 T 截止，使引脚处于悬浮状态，可作为高阻抗输入。如果引脚在作为输入方式之前曾向锁存器输出过 0，则 T 导通

会使引脚箝位在"0"电平,从而使输入高电平"1"无法读入。所以,P1 口在作为通用 I/O 口时,属于准双向口。

二、P0 口的内部结构与操作

1. P0 口的内部结构

图 1.37 为 P0 口各位内部结构,由一个输出锁存器、两个输入缓冲器、双功能选择电路(由选择开关 MUX、与门、非门组成)和由场效应管 T1 与 T2 组成的推挽结构输出驱动电路组成。

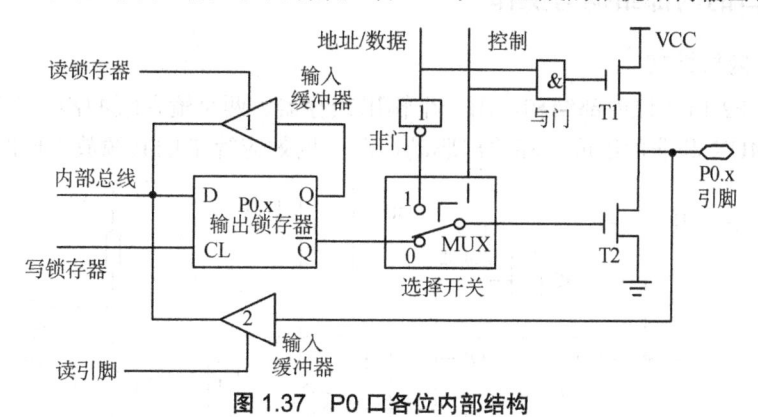

图 1.37 P0 口各位内部结构

双功能选择电路实现锁存器的输出和地址/数据信号之间的选择。

P0 口各位输出锁存器位地址如下:

位地址	0x87	0x86	0x85	0x84	0x83	0x82	0x81	0x80
P0 口	P0.7	P0.6	P0.5	P0.4	P0.3	P0.2	P0.1	P0.0

2. P0 口的操作

在系统使用外部存储器时,P0 口作为地址/数据总线使用;在系统不使用外部存储器时,P0 口可作为 8 位准双向 I/O 口使用。

(1) P0 口用作地址/数据总线。

当系统进行片外 ROM 或片外 RAM 并行扩展时,P0 口用作地址/数据总线,分时输出低 8 位地址 A0~A7,输入/输出 8 位数据。此时单片机硬件使控制信号为 1,选择开关 MUX 切换至地址/数据总线上,这时与门的输出由地址/数据总线的状态决定。

CPU 在执行输出指令时,低 8 位地址信息和数据信息分时地出现在地址/数据总线上。P0.x 引脚的状态与地址/数据总线的信息相同。

CPU 在执行输入指令时,低 8 位地址信息出现在地址/数据总线上,P0.x 引脚的状态与地址/数据总线的地址信息相同。然后,CPU 自动地使选择开关 MUX 切换至锁存器,并向 P0 口写入 0xFF,同时"读引脚"信号有效,数据经缓冲器进入内部数据总线。

P0 口作为地址/数据总线使用时是一个真正的双向口。

P0 口作为地址/数据总线使用时,T1 和 T2 是一起工作的,构成推挽结构。高电平时,T1 导通,T2 截止;低电平时,T1 截止,T2 导通。这种情况下不用外接上拉电阻。输出高电平的时候,T1 导通,T2 截止,因为内部电源直接通过 T1 输出到 P0 口上,因此驱动电流可以很大，可驱动 8 个 TTL 逻辑电平。

（2）P0 口用作 8 位准双向 I/O 口。

当系统不进行片外 ROM 或片外 RAM 扩展时，P0 口用作 8 位准双向 I/O 口。在这种情况下，单片机硬件自动使控制信号为 0，选择开关 MUX 接向锁存器的反相输出端。另外，与门输出的"0"使输出驱动器的上拉场效应管 T1 处于截止状态。因此，输出驱动电路工作在需外接上拉电阻的漏极开路方式。P0 用作通用 I/O 口输入/输出数据的原理同 P1 口。

三、P2 口的内部结构与操作

1. P2 口的内部结构

图 1.38 为 P2 口各位内部结构，由一个输出锁存器、两个输入缓冲器、双功能选择电路（由选择开关 MUX 和非门组成）和输出驱动电路（场效应管 T 的共源放大电路）组成。

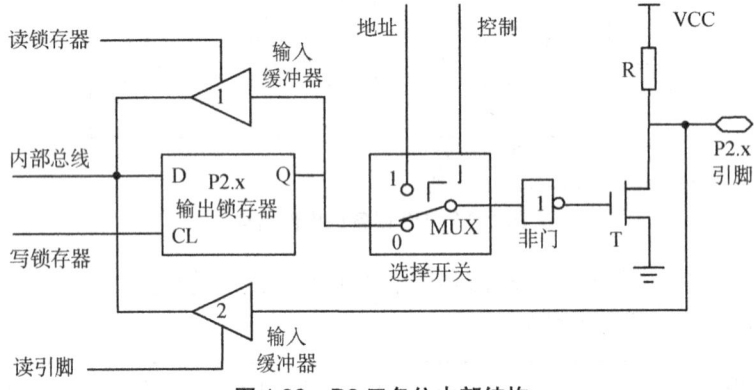

图 1.38　P2 口各位内部结构

P2 口各位输出锁存器位地址如下：

位地址	0xA7	0xA6	0xA5	0xA4	0xA3	0xA2	0xA1	0xA0
P2 口	P2.7	P2.6	P2.5	P2.4	P2.3	P2.2	P2.1	P2.0

2. P2 口的操作

在系统使用外部存储器（并行扩展）时，P2 口作外部存储器高 8 位地址 A8～A15 的输出口使用（用作地址总线）。在系统不接外部存储器或片外存储器容量小于 256B 时（片外存储器地址由 P0 口输出即可），P2 口可作为 8 位准双向 I/O 口使用。

（1）P2 口用作地址总线。

当需要在单片机芯片外部扩展存储器或扩展的存储器容量超过 256B 时，单片机内硬件自动使控制信号为 1，选择开关 MUX 接向地址总线，这时 P2.x 引脚的状态正好与地址总线的信息相同。

（2）P2 口用作通用 I/O 口。

单片机硬件自动使控制信号为 0，MUX 开关接向锁存器的输出端。执行输出指令时，内部数据总线的数据在"写锁存器"信号的作用下由 D 端进入锁存器，经反相器后送至场效应管 T，再经 T 反相，在 P2.x 引脚出现的数据正好是内部总线的数据。

P2 口用作输入口时同 P1 口。P2 口在作为通用 I/O 口时，属于准双向口。

四、P0 口与 P2 口用作地址总线

图 1.39 为 8051 单片机与片外数据存储器（RAM）的接口电路图，片外数据存储器使用并行 I/O 口 D0～D7 输入/输出数据，数据存储器低 8 位地址线 A0～A7 经锁存器 74373 与 P0 口连接，高 8 位地址线 A8～A15 直接与 P2 口连接。锁存器使能端 LE 接单片机 ALE 引脚。

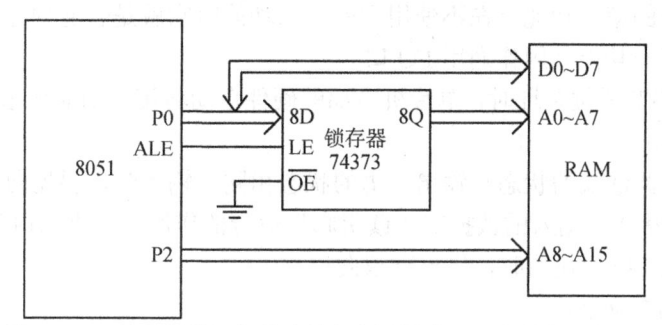

图 1.39 8051 单片机与片外数据存储器（RAM）的接口电路图

单片机向片外数据存储器指定存储单元写入数据时，存储单元高 8 位地址由 P2 口送出，低 8 位地址由 P0 口送出，同时 ALE 引脚输出使能信号使能锁存器 74373，低 8 位地址经锁存器 74373 锁存，P0 口总线空闲，然后待写数据经 P0 口写入指定存储单元。

单片机从片外数据存储器指定存储单元读取数据的过程与写入过程类似，不同之处为，当 P0 口总线空闲后，单片机先自动向 P0 口写入 0xFF，使 P0 口"读引脚"信号有效，然后数据经 P0 口读入单片机。

若片外数据存储器的存储容量小于 256B，则只需 8 条地址线便可全部寻址，只用 P0 口即可。

五、P3 口的内部结构与操作

1. P3 口的内部结构

图 1.40 为 P3 口各位内部结构，由一个输出锁存器、三个输入缓冲器（3 号输入缓冲器为第二功能输入缓冲器）、输出信号选择电路（由与非门组成）和输出驱动电路组成。

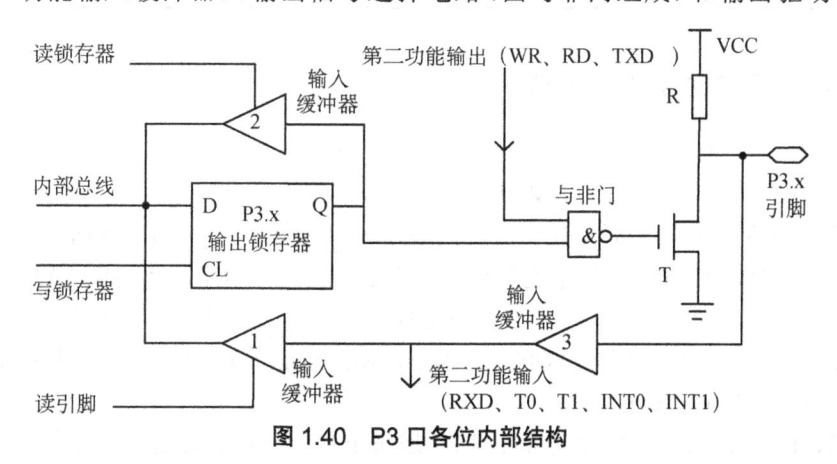

图 1.40 P3 口各位内部结构

P3 口各位输出锁存器位地址如下：

位地址	0xB7	0xB6	0xB5	0xB4	0xB3	0xB2	0xB1	0xB0
P3 口	P3.7	P3.6	P3.5	P3.4	P3.3	P3.2	P3.1	P3.0

2. P3 口的操作

P3 口具有特定的第二功能，在不使用它的第二功能时它就是普通的通用准双向 I/O 口。

（1）P3 口的第一功能（用作通用 I/O 口）。

对 P3 口进行字节或位寻址时，单片机内部的硬件自动将第二功能输出线置 1。这时，对应口用作通用 I/O 口。

输出时，锁存器 Q 端的状态与输出引脚的状态相同；输入时，要先向锁存器写入 1，使引脚处于高阻输入状态。输入的数据在"读引脚"信号的作用下，进入内部数据总线。

P3 口作为通用 I/O 口使用时，属于准双向口。

（2）P3 口的第二功能。

P3 口以第二功能输出时，内部硬件自动在 D 端输入 1，锁存器 Q 端输出 1，引脚信号即第二功能输出信号。P3 口以第二功能输入时，信号经缓冲器 3 直接进入内部总线。表 1.8 为 P3 口各位的第二功能。

表 1.8 P3 口各位的第二功能

P3 口	引脚号	第二功能
P3.0	10	RXD：串行口接收数据输入端
P3.1	11	TXD：串行口发送数据输出端
P3.2	12	INT0：外部中断 0 申请输入端
P3.3	13	INT1：外部中断 1 申请输入端
P3.4	14	T0：计数器 0 外部计数脉冲输入端
P3.5	15	T1：计数器 1 外部计数脉冲输入端
P3.6	16	WR：写外设控制信号输出端
P3.7	17	RD：读外设控制信号输出端

六、I/O 口与负载的连接方式

1. I/O 口的负载能力

P0、P1、P2、P3 口的电平与 CMOS 和 TTL 电平兼容。

P0 口每位可驱动 8 个 TTL 逻辑电平，当 P0 口作为通用 I/O 口输出数据时，输出级是漏极电路，当驱动 NMOS 或其他拉电流负载时，需要外接上拉电阻才有高电平输出。当 P0 口用作地址/数据总线（总线方式）时，P0 口是推挽式输出，这种情况下无论输出高电平 1，还是输出低电平 0，驱动能力都比较强（内阻小，输出电流大），无须外接上拉电阻，这种情况下不能作为通用 I/O 口使用。

P1、P2、P3 口的每一位能驱动 4 个 TTL 逻辑电平，输出驱动电路设有内部上拉电阻，可直接驱动集电极开路电路或漏极开路电路，无须外接上拉电阻；当驱动晶体管的基极时，应在 I/O 口与晶体管的基极之间串接限流电阻。

2. 低电平驱动方式

I/O 口通过输出低电平 0 来驱动负载工作，图 1.41 中 I/O 口输出低电平 0 时，LED 发光，电流自 VCC 经 LED 流入 I/O 口，I/O 口处于"灌电流"工作方式。

不同型号单片机 I/O 口允许的最大灌入电流是不同的，该电流可通过查询单片机数据手册获得。基本型 8051 单片机 AT89S51 单个引脚允许外部电路向引脚灌入的最大电流为 10mA。每个 8 位 I/O 口（P1、P2 及 P3），允许向引脚灌入的总电流最大为 15mA，P0 口的能力强一些，允许向引脚灌入的最大总电流为 26mA。4 个 I/O 口所允许的灌电流之和最大为 71mA。

3. 高电平驱动方式

高电平驱动方式硬件电路如图 1.42 所示，I/O 口通过输出高电平 1 来驱动负载工作，负载工作时，电流自 I/O 口流出，即"拉电流"，采用"拉电流"方式驱动负载时，8051 单片机 P1~P3 口所能提供的"拉电流"仅为 200μA 左右，不足以点亮 LED（或很暗）。

单片机采用"拉电流"驱动方式，I/O 口为 P0 口时需接上拉电阻。

对于继电器线圈等工作电流大于 20mA 的负载，可以采用如图 1.43 所示的 I/O 口驱动大电流负载电路，由三极管控制大电流负载电路的通断，图中 I/O 口输出低电平时三极管饱和导通。

单片机与强电负载的接口电路设计见项目六任务三。

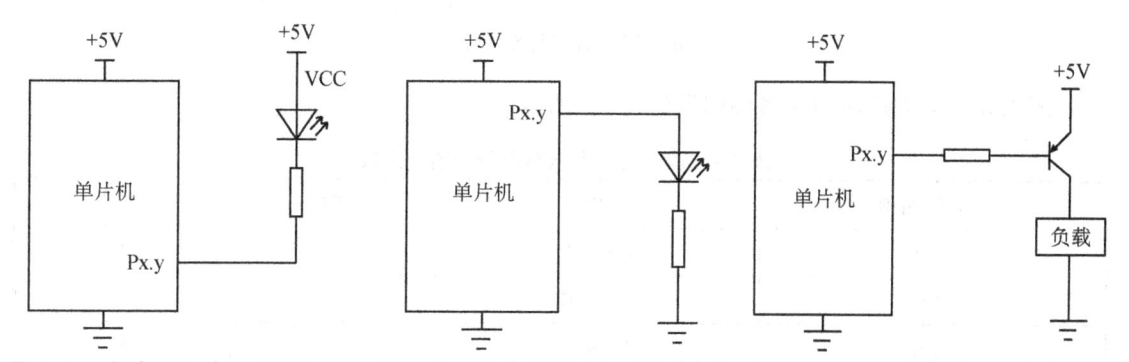

图 1.41　低电平驱动方式硬件电路　　图 1.42　高电平驱动方式硬件电路　　图 1.43　I/O 口驱动大电流负载电路

任务实施

一、确定设计方案

本任务选用普通红色 LED，其工作电流为 5~10mA，采用低电平驱动方式连接单片机 I/O 口与 LED，此方式能满足 LED 的工作要求。

普通红色 LED 的正偏压降为 1.6V 左右，故限流电阻大小应为 340~680Ω（忽略 I/O 口内部压降），本任务选择限流电阻大小为 550Ω。

二、硬件电路设计

根据设计方案，使用 Proteus 设计 8 个 LED 与单片机的接口电路（流水灯参考电路），如图 1.44 所示。

注：（1）为提高仿真时 LED 的亮度，本项目选择 220Ω 的限流电阻。
（2）本任务及以后任务硬件电路中单片机时钟电路及复位电路均省略。

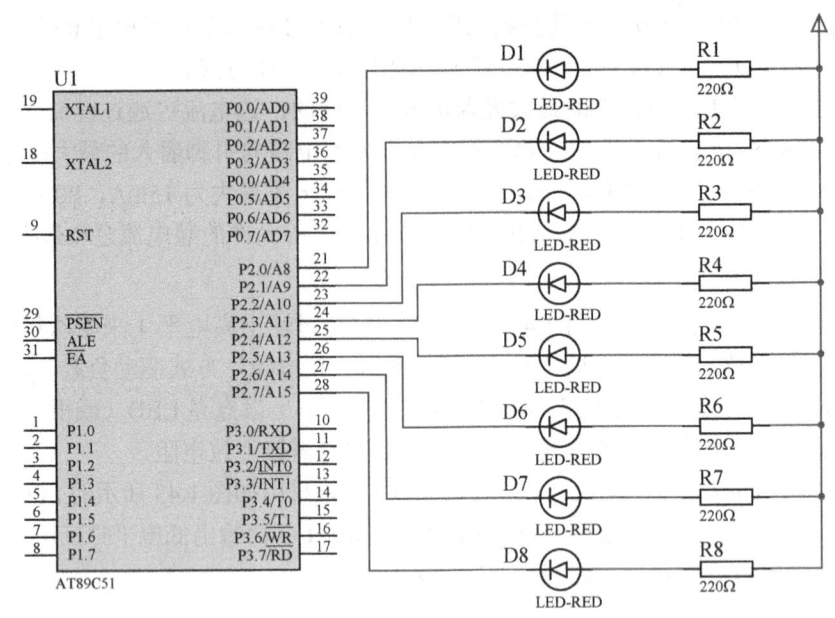

图 1.44 流水灯参考电路

流水灯参考电路所用元器件列表如表 1.9 所示。

表 1.9 流水灯参考电路所用元器件列表

元器件名称	关键字	参数	数量
单片机	AT89C51		1
LED	LED-RED	红色	8
电阻	RES	220Ω	8

任务五　流水灯的软件设计

扫一扫看项目一任务五视频资源

任务要求

使用 C 语言编写单片机控制程序，使与单片机 P2 口连接的 8 个 LED 产生动态显示的流水灯效果。

能力目标：

能使用单片机程序开发软件 Keil 开发简单的单片机 C 语言程序；

能对单片机并行 I/O 口进行编程；

能结合硬件调试单片机控制系统。

知识目标：

熟悉 C 语言的数据类型，常量与变量，运算符和表达式，函数的结构、定义及调用等；

熟悉 C51 语言程序的结构；

掌握表达式语句、for 语句、while 语句的格式及使用方法；
掌握循环移位函数的使用方法。

知识储备——C51 基础知识

C 语言是一种编译型程序设计语言，它兼顾了多种高级语言的特点，并具备汇编语言的功能。目前，使用 C 语言进行程序设计已经成为软件开发的主流，用 C 语言开发系统可以大大缩短开发周期，增强程序的可读性，便于改进、扩充和移植。

C51 语言是用于 51 单片机编程的 C 语言，在语法规则、程序结构、编程方法等方面与 C 语言基本一致。

一、C51 语言优势

C51 语言与汇编语言 ASM51 相比，有如下优点：
（1）不要求对单片机的指令系统进行了解，仅要求对 8051 的存储器结构有初步了解；
（2）寄存器分配、不同存储器的寻址及数据类型等细节可由编译器管理，有效利用了单片机有限的 RAM 空间；
（3）与单片机相关的中断服务程序的现场保护和恢复、中断向量表的填写均由编译器完成；
（4）程序有规范的结构，可分成不同的函数，这种方式可使程序结构化；
（5）提供常用的标准库函数，供用户直接调用，有严格的语法检查；
（6）具有方便的模块化编程技术，已编好的程序可容易地移植。

二、C51 数据类型

在进行 C 语言程序设计时，可使用的数据类型与编译器有关，C51 编译器支持的数据类型如表 1.10 所示。字符型、无符号字符型、整型、无符号整型、长整型、无符号长整型、浮点型和指针型为标准 C 语言的数据类型。位型、可寻址位型、寄存器型为 C51 扩充的数据类型。

表 1.10 C51 编译器支持的数据类型

数据类型		长度	取值范围
有符号字符型	char	1B	−128～127
无符号字符型	unsigned char	1B	0～255
有符号整型	int	2B	−32768～32767
无符号整型	unsigned int	2B	0～65535
有符号长整型	long	4B	−2147483648～2147483647
无符号长整型	unsigned long	4B	0～4294967295
浮点型	float	4B	10（−38）～10（38）
指针型	*	1～3B	0～65535
位型	bit	1bit	0 或 1

续表

数据类型		长度	取值范围
可寻址位型	sbit	1bit	0 或 1
寄存器型	sfr	1B	0~255
	sfr16	2B	0~65535

1. 字符型 char

字符型 char 通常用于定义处理字符数据的变量或常量，分为无符号字符型 unsigned char 和有符号字符型 signed char（简写为 char），默认为 char 类型。unsigned char 类型数据为单字节，字节中所有的位均可表示数值。char 类型数据中字节最高位表示数据的符号，最高位为 0 表示该数据为正数，为 1 表示该数据为负数，负数用补码表示。以下带符号数据类型的符号位定义及负数表示方法同 char 型。

在单片机的 C 语言程序设计中，unsigned char 经常用于处理 ASCII 字符或者小于或等于 255 的整型数，是使用最为广泛的数据类型。

2. 整型 int

整型 int 分为有符号整型 signed int 和无符号整型 unsigned int（简写为 int），默认为 int 类型。

3. 长整型 long

长整型 long 分为有符号长整型 long 和无符号长整型 unsigned long 两种，默认为 long 类型。

4. 浮点型 float

许多复杂的数学表达式中的变量采用浮点型。浮点型的符号位表示数的符号，用阶码与尾数表示数的大小。采用浮点型数据进行任何数学运算时，需要使用由编译器决定的各种不同效率等级的标准函数。

5. 指针型*

指针型本身就是一个变量，在这个变量中存放的内容是指向另一个数据的地址。指针变量占据一定的内存单元，对于不同的处理器，其长度也不同。

6. 位型 bit

用 bit 可定义一个位变量，其值为 0 或 1。位变量定义语句格式如下：

```
bit 位变量名称;
```

位变量名称的定义同 C 语言标识符的定义。

例如，bit key_flag=0;表示定义一个名为 key_flag 的位变量并赋值为 0。

7. 寄存器型 sfr 与 sfr16

sfr 与 sfr16 用于定义特殊功能寄存器（SFR），使用 sfr 定义 8 位特殊功能寄存器，使用 sfr16 定义 16 位特殊功能寄存器。使用 sfr 或 sfr16 定义特殊功能寄存器语句格式如下：

```
sfr 或 sfr16 特殊功能寄存器名称=特殊功能寄存器地址;
```

注：采用 sfr16 定义 16 位寄存器时，2 字节地址必须是连续的，并且低字节地址在前，定义时等号后面是它的低字节地址。使用时，把低字节地址作为整个 16 位寄存器的地址。

比如如下几种情况。

（1）将地址为 0x80 的 8 位特殊功能寄存器定义为 P0，定义语句如下：

```
sfr P0 = 0x80;
```

执行完该语句后，程序中可直接使用 P0。

（2）将地址为 0x87 的 8 位特殊功能寄存器定义为 PCON，定义语句如下：

```
sfr PCON = 0x87;
```

（3）将地址为 0x82 的 16 位特殊功能寄存器定义为 DPTR，定义语句如下：

```
sfr16 DPTR=0x82;
```

8. 可寻址位型 sbit

将单片机特殊功能寄存器范围内的位地址定义为位名称。

sbit 定义格式如下：

（1）sbit 位名称=位地址;

将位于特殊功能寄存器字节地址内的绝对位地址定义为位名称。

例如：

```
sbit CY = 0xD7;
```

（2）sbit 位名称=特殊功能寄存器^位位置;

将已定义的特殊功能寄存器的 0～7 位定义为位名称。

例如：

```
sbit led = P1^0;
sbit CY = PSW^7;
```

（3）sbit 位名称=特殊功能寄存器字节地址^位位置;

将特殊功能寄存器字节地址的相对位地址定义为位名称。

例如：

```
sbit CY = 0xD0^7;
```

这样在后面的程序中就可以用 led 来对 P1.0 引脚进行读写操作了，程序中可直接使用 CY。

C51 编译器在头文件"REG51.h"中定义了全部 sfr 和部分 sbit 变量（见图 1.45）。用一条预处理命令#include <REG51.h>把这个头文件包含到 C51 程序中，无须重定义即可直接使用它们的名称。

```
/* BYTE Register */      /* BIT Register */       /* BIT Register */
sfr P0   = 0x80;         /* PSW */                /* IP */
sfr P1   = 0x90;         sbit CY  = 0xD7;         sbit PS   = 0xBC;
sfr P2   = 0xA0;         sbit AC  = 0xD6;         sbit PT1  = 0xBB;
sfr P3   = 0xB0;         sbit F0  = 0xD5;         sbit PX1  = 0xBA;
                         sbit RS1 = 0xD4;         sbit PT0  = 0xB9;
sfr PSW  = 0xD0;         sbit RS0 = 0xD3;         sbit PX0  = 0xB8;
sfr ACC  = 0xE0;         sbit OV  = 0xD2;         /* P3 */
sfr B    = 0xF0;         sbit P   = 0xD0;         sbit RD   = 0xB7;
sfr SP   = 0x81;         /* TCON */               sbit WR   = 0xB6;
sfr DPL  = 0x82;         sbit TF1 = 0x8F;         sbit T1   = 0xB5;
sfr DPH  = 0x83;         sbit TR1 = 0x8E;         sbit T0   = 0xB4;
sfr PCON = 0x87;         sbit TF0 = 0x8D;         sbit INT1 = 0xB3;
                         sbit TR0 = 0x8C;         sbit INT0 = 0xB2;
sfr TCON = 0x88;         sbit IE1 = 0x8B;         sbit TXD  = 0xB1;
sfr TMOD = 0x89;         sbit IT1 = 0x8A;         sbit RXD  = 0xB0;
sfr TL0  = 0x8A;         sbit IE0 = 0x89;         /* SCON */
sfr TL1  = 0x8B;         sbit IT0 = 0x88;         sbit SM0  = 0x9F;
sfr TH0  = 0x8C;         /* IE */                 sbit SM1  = 0x9E;
sfr TH1  = 0x8D;         sbit EA  = 0xAF;         sbit SM2  = 0x9D;
                         sbit ES  = 0xAC;         sbit REN  = 0x9C;
sfr IE   = 0xA8;         sbit ET1 = 0xAB;         sbit TB8  = 0x9B;
sfr IP   = 0xB8;         sbit EX1 = 0xAA;         sbit RB8  = 0x9A;
sfr SCON = 0x98;         sbit ET0 = 0xA9;         sbit TI   = 0x99;
sfr SBUF = 0x99;         sbit EX0 = 0xA8;         sbit RI   = 0x98;
```

图 1.45 sfr 和部分 sbit 变量的定义

三、常量与变量

单片机程序中处理的数据有常量和变量两种形式，二者的区别在于：常量的值在程序执行期间是不能发生变化的，而变量的值在程序执行期间可以发生变化。

1. 常量

常量是指在程序执行期间其值固定、不能被改变的量。常量可以是数值型常量，也可以是符号常量。数值型常量不用说明就可以直接使用。符号常量在使用之前必须用编译预处理命令"#define"先定义。

（1）数值型常量。

数值型常量的数据类型有整型、浮点型、字符型、字符串型和位型。

① 整型常量一般为十进制数、十六进制数或二进制数等，如十进制数 23、0、-8 等；十六进制数以 0x 开头，如 0xFF、-0x89 等；二进制数 00111100、11110010 等。

② 浮点型常量可分为十进制表示形式和指数表示形式两种，如 0.678、1127.123、130e3、-8.01e-3 等。

③ 字符型常量是用英文单引号括起来的单一字符，如'i'和'3'等。单引号是字符型常量的定界符，不是字符型常量的一部分，且单引号中的字符不能是单引号本身或者反斜杠\。要表示单引号字符或反斜杠字符可以在该字符前面加一个反斜杠\，组成专用转义字符，如'\''表示单引号字符，而'\\'表示反斜杠字符。

④ 字符串型常量是用英文双引号括起来的一串字符，如"hello"和"please123"等。字符串是由多个字符连接起来组成的。在 C 语言中存储字符串时系统会自动在字符串尾部加上转义字符'\0'作为该字符串的结束符。因此，字符串常量"h"其实包含两个字符：字符'h'和字符'\0'，在存储时多占用 1 字节，这是和字符型常量'h'不同的。

当双引号内没有字符时，如""，表示空字符串。同样，双引号是字符串常量的定界符，不是字符串常量的一部分，如果要在字符串常量中表示双引号，同样要使用转义字符'\'。

⑤ 位型常量的值是一个二进制数，只能取 1 和 0。

（2）符号常量。

符号常量在使用之前必须用编译预处理命令"#define"先定义（项目二任务一中学习）。例如：

```
#define PI 3.1415
```

用符号常量 PI 表示数值 3.1415，在此语句后面的程序代码中，凡是出现标识符 PI 的地方，均用 3.1415 来代替。

2. 变量

变量是一种在程序执行过程中其值能不断变化的量。一个变量由变量名和变量值组成，变量名是存储单元（存储位）地址的符号，而变量值就是该单元（位）存放的内容。

变量必须先定义后使用，用标识符作为变量名，并指出其数据类型和存储模式，这样编译系统才为变量分配相应的存储空间。变量的定义格式如下：

存储种类　数据类型　存储器类型　变量名表；

其中，"数据类型"和"变量名表"是必要的，"存储种类"和"存储器类型"是可选项。变量名表可由一个或多个变量名组成，多个变量名之间用逗号分开。

1）变量的存储种类

变量的存储种类有四种：auto（自动变量）、extern（外部变量）、static（静态变量）和register（寄存器变量），默认类型为auto。

变量的存储方式可分为静态存储和动态存储两大类。静态存储变量通常在变量定义时就分配存储单元并一直保持不变，直至整个程序结束。动态存储变量在程序执行过程中使用它时才分配存储单元，使用完毕立即释放。因此，静态存储变量一直存在，而动态存储变量则时而存在、时而消失。

（1）auto（自动变量）。

自动变量是C语言中使用最广泛的一种类型。C语言规定，在函数内，凡未加存储种类说明的变量均为自动变量。自动变量的作用域仅限于定义该变量的函数或复合语句，即在函数中定义的自动变量，只在该函数内有效；在复合语句中定义的自动变量只在该复合语句中有效。

自动变量属于动态存储方式，只有在定义该变量的函数被调用时，才给它分配存储单元，函数调用结束后，释放存储单元，自动变量的值不能保留。因此，不同的函数内允许使用相同名称的变量。

（2）extern（外部变量）。

在所有函数之前，在函数外部定义的变量都是外部变量，默认有extern说明符。但是，若在一个函数体内说明一个已在该函数体外或别的程序模块文件中定义过的外部变量，则必须使用extern说明符。

C语言允许将大型程序分解为若干个独立的程序模块文件，各个模块文件可分别进行编译，然后将它们链接在一起。在这种情况下，如果某个变量需要在所有程序模块文件中使用，只要在一个程序模块文件中将该变量定义为外部变量，而在其他程序模块文件中用extern说明该变量是已被定义过的外部变量就可以了。同样，函数也可以定义成一个外部函数供其他程序模块文件调用。

（3）static（静态变量）。

静态变量属于静态存储方式，属于静态存储方式的变量不一定就是静态变量。例如，外部变量虽属于静态存储方式，但不一定是静态变量，必须由static定义后才能成为静态外部变量，或称静态全局变量。在一个函数内定义的静态变量称为静态局部变量。

静态局部变量在函数内定义，它是始终存在的，但其作用域与自动变量相同，即只能在定义该变量的函数内使用。退出该函数后，尽管该变量仍然存在，但不能使用它。

静态全局变量的作用域局限于一个源文件内，只能为该源文件内的函数公用，因此，可以避免在其他源文件中引起错误。

（4）register（寄存器变量）。

寄存器变量存放于CPU的寄存器中，使用它时不需要访问内存，可直接从寄存器中读写，这样可提高效率。

2）变量的存储器类型

存储器类型用来指定该变量在51单片机硬件系统中所使用的存储区域（data、bdata、idata、pdata、xdata和code），以便在编译时准确地定位。访问片内数据存储器（data、bdata、idata）比访问片外数据存储器（pdata和xdata）要快一些，因此，可以将经常使用的变量放到片内数据存储器中，将规模较大的或不经常使用的数据存放到片外数据存储器中。对于在程序执行过程中不会改变的显示数据信息，一般使用 code 关键字定义，与程序代码一起固化到程序存储区。

例如，在 data 区定义无符号字符型变量 i 的语句如下：

```
unsigned char data i;
```

在 xdata 区定义无符号整型变量 j 的语句如下：

```
unsigned int xdata j;
```

一般在定义变量时经常省略存储器类型的定义，采用默认的存储器类型，默认的存储器类型与存储器模式有关。

C51 编译器支持的存储器模式有 Small、Compact、Large，可在 Keil C51 编译环境中对其进行设置（见图 1.46）。

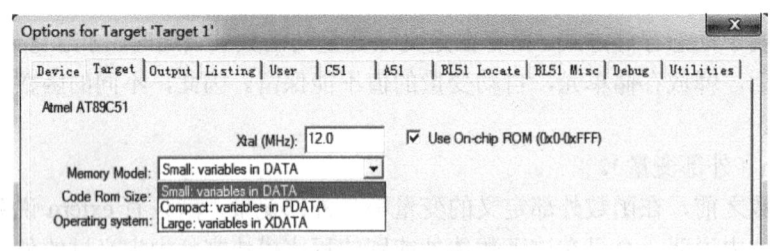

图 1.46 存储器模式设置

（1）Small 模式：该模式下变量的默认存储区域为 data 区（内部 RAM）。使用该模式的优点是访问速度快；缺点是空间有限，而且分配给堆栈的空间比较少，遇到函数嵌套调用和函数递归调用时必须小心。该模式适用于较小的程序。

（2）Compact 模式：该模式下变量的默认存储区域为 pdata 区（外部 RAM 的 0x00～0xFF，共 256B），使用该模式的优点是变量定义空间比 Small 模式大，但运行速度比 Small 模式慢。

（3）Large 模式：该模式下变量的默认存储区域为 xdata 区（外部 RAM 的 0x0000～0xFFFF，共 64KB）。该模式的优点是空间大，可定义的变量多；缺点是速度较慢。该模式一般用于较大的程序或扩展了大容量外部 RAM 的系统中。

四、C51 运算符及表达式

C 语言提供了丰富的运算符，它们能构成多种表达式，处理不同的问题，故 C 语言的运算功能十分强大。C 语言的运算符可以分为 12 类，如表 1.11 所示。

表 1.11 C 语言的运算符

运算符名称	运算符
算术运算符	+　-　*　/　%　++　--
关系运算符	>　<　==　>=　<=　!=
逻辑运算符	!　&&　||
位运算符	<<　>>　~　&　|　^

续表

运算符名称	运算符
赋值运算符	=
条件运算符	? :
逗号运算符	,
指针运算符	* &
求字节数运算符	sizeof
强制类型转换运算符	(类型)
下标运算符	[ ]
函数调用运算符	( )

表达式是由运算符及运算对象组成的、具有特定含义的式子。C 语言是一种表达式语言，表达式后面加上分号就构成了表达式语句。

这里主要介绍本任务程序设计用到的部分算术运算符、赋值运算符、关系运算符、位运算符及其表达式。其他运算符及表达式将在后面项目的任务中陆续介绍。

1. 赋值运算符与赋值表达式

利用赋值运算符将变量与表达式连接起来的式子称为赋值表达式，在赋值表达式后面加一个分号构成赋值语句。赋值语句的格式如下：

```
变量=表达式;
```

执行时，先计算出表达式的值，然后将其赋给左边的变量，例如：

```
i=0;
```

将 0 赋给变量 i，执行该语句后 i 的值为 0。

```
x=8+9;
```

将 8+9 的结果赋给变量 x。

```
x=y=5;
```

将 5 赋给变量 x 和 y。在 C51 程序中，允许在一个语句中同时给多个变量赋值，赋值顺序自右向左。

注：C51 程序中的任何变量必须先定义后使用，可在变量定义中给变量赋值。

例如：

```
unsigned char i=0;
```

2. 自增运算符和自减运算符及其表达式

在 C 语言中，参加运算的对象的个数称为运算符的目，单目运算符是指参加运算的对象只有一个，自增运算符（++）和自减运算符（——）为单目运算符。

自增（自减）运算符的作用是使变量值自动加 1（或减 1）。自增和自减运算用来对整型、字符型和实型等变量进行加 1 或减 1 计算，运算的结果仍是原类型。

自增（自减）运算表达式的格式如下：

```
变量++
++变量
变量--
--变量
```

运算符放在变量前和变量后是不同的。后置运算：变量++（或变量--）是先使用变量的值，再执行变量加 1（或变量减 1）。前置运算：++变量（或--变量）是先执行变量加 1（或变量减1），再使用变量的值。例如：

```
int i=21,j;
j=++i;
```

该语句执行完后，j=22，i=22。

```
j=i++;
```

该语句执行完后，j=21，i=22。

3. 关系运算符与关系表达式

用于比较两个变量大小关系的运算符称为关系运算符。

C 语言提供了 6 种关系运算符：<（小于）、<=（小于等于）、>（大于）、>=（大于等于）、==（等于）和!=（不等于）。<、<=、>、>=的优先级相同，==和!=的优先级相同，前者优先级高于后者。

例如，"a==b>c" 等价于 "a==(b>c)"。

关系运算符的优先级低于算术运算符，高于赋值运算符。

例如，"a+b>c+d" 即 "(a+b)>(c+d)"。

关系表达式是用关系运算符连接的两个表达式。它的一般形式如下：

```
表达式 关系运算符 表达式
```

关系表达式的结果只有 1 和 0 两种，即"真"与"假"。当指定的条件满足时，结果为 1，不满足时结果为 0。

例如，表达式"0>1"的结果为"真"，即 1，而表达式"230>255"的结果为"假"，即 0。

4. 逻辑运算符与逻辑表达式

C 语言中提供了 3 种逻辑运算符：&&（逻辑与）、||（逻辑或）、!（逻辑非）。

1）逻辑与表达式

逻辑与表达式的格式如下：

```
条件式1 && 条件式2
```

当且仅当条件式 1 与条件式 2 的值都为"真"时，表达式的值为"真"，否则为"假"。

2）逻辑或表达式

逻辑或表达式的格式如下：

```
条件式1 || 条件式2
```

当且仅当条件式 1 与条件式 2 的值都为"假"时，表达式的值为"假"，否则为"真"。

3）逻辑非表达式

逻辑非表达式的格式如下：

!条件式

当条件式的值为"真"时,表达式的值为"假";当条件式的值为"假"时,表达式的值为"真"。

"&&"和"||"是双目运算符,结合方向是从左至右。"!"是单目运算符,结合方向是从右至左。

例如:设 a=3,b=0,则表达式(a>2)&&(b<1)的值为"真",而表达式(a<0)&&(b<1)的值为"假"。

逻辑运算中,逻辑运算符"!"的优先级最高,其次为"&&",最低为"||"。

5. 位运算符与位运算表达式

C51 提供了 6 种位运算符:&(按位与)、|(按位或)、^(按位异或)、~(按位取反)、>>(右移)、<<(左移)。位运算符的作用是按二进制位对变量进行运算。

1) 按位与表达式

按位与表达式的格式如下:

变量1 & 变量2

变量 1 与变量 2 的对应位分别进行与运算,遵循以下原则:1&1=1,1&0=0,0&1=0,0&0=0。

2) 按位或表达式

按位或表达式的格式如下:

变量1 | 变量2

变量 1 与变量 2 的对应位分别进行或运算,遵循以下原则:1|1=1,1|0=1,0|1=1,0|0=0。

3) 按位异或表达式

按位异或表达式的格式如下:

变量1 ^ 变量2

变量 1 与变量 2 的对应位分别进行异或运算,两位相异时异或结果为 1,相同时为 0。

4) 按位取反表达式

按位取反表达式的格式如下:

~变量

将变量每一位均取反。

5) 移位表达式

左移表达式的格式如下:

变量<<n

右移表达式的格式如下:

变量>>n

将变量左移或右移 n 位。

按位与运算通常用来清除某些位或保留某些位。例如,要保留从 P1 口的低 4 位读入的数据,可以通过表达式"P1&0x0F"实现;要清除P1口读入的低4位数据,可以通过表达式"P1&0xF0"实现。

按位或运算经常用于把指定位置1、其余位不变的操作。

左移运算时高位丢弃,低位补0。例如,"a<<4"是指把a的各二进制位向左移动4位。

进行右移运算时,如果是无符号数,则总是在其左端补0;对于有符号数,在右移时,符号位将随同移动。当n为正数时,最高位补0;当n为负数时,符号位为1,最高位是补0还是补1取决于编译系统的规定。例如,设a=0x91,如果a为无符号数,则"a>>2"的结果为0x24;如果a为有符号数,则"a>>2"的结果为0xE4。

五、C语言基本语句

C语言程序的执行部分由语句组成,C语言中的语句主要有表达式语句、选择语句、循环语句等。本任务介绍表达式语句和循环语句,选择语句在项目二任务二中介绍。

1. 表达式语句

表达式语句是最基本的C语言语句。表达式语句由表达式加上分号组成,其一般形式如下:

```
表达式;
```

执行表达式语句就是计算表达式的值。例如:

```
P1=0x00;
```

赋值语句,将P1口的8位引脚清零。

```
x=y+2;
```

y和2进行加法运算后,将结果赋给变量x。

```
i++;
```

自增1语句,i增1后,再赋给变量i。

在C语言中有一个特殊的表达式语句,称为空语句。空语句中只有一个分号";",程序执行空语句时需要占用一条指令的执行时间,但是什么也不做。

2. 循环语句

C语言中的循环语句有while语句、do-while语句和for语句,下面介绍while语句与for语句。

1) while循环语句

while循环语句的格式如下:

```
while(表达式)
{
    语句组;
}
```

其中,"表达式"通常是逻辑表达式或关系表达式,为循环条件。"语句组"为循环体,即被重复执行的程序段。语句组可以由一条、多条语句或空语句组成。语句组由一条语句或空语句组成时,可省略大括号{}。

while语句执行过程如下:

先判断表达式的值是否为 0，若表达式的值不为 0，则循环执行语句组；若表达式的值为 0，则不执行语句组，执行 while 语句后面的语句，即跳出 while 循环。

2）for 循环语句

for 循环语句的格式如下：

```
for（表达式 1；表达式 2；表达式 3）
{
    语句组；
}
```

"语句组"为循环体，其组成同 while 语句的语句组。

for 语句执行过程如下：

（1）在表达式 1 中为变量赋初值；

（2）判断表达式 2 是否成立，成立则执行语句组，不成立则执行 for 语句后面的语句，即跳出 for 循环；

（3）执行表达式 3，使变量发生变化，然后跳至步骤（2）。

六、C 语言的函数

C 语言程序是由函数构成的，一个 C 语言程序至少包括一个函数，有且只有一个主函数 main( )，也可能包含其他函数（子函数）。因此函数是 C 语言程序的基本单位，主函数通过直接书写语句和调用子函数来实现其功能。

有的子函数可以由 C51 编译器提供给用户（如循环左移函数_crol_），这样的函数称为库函数，可直接调用，无须写任何代码，但需用#include 命令包含该库函数说明的相应头文件。C51 编译器提供了 100 多个库函数供用户直接使用。

有的子函数可以由用户编写（如延时函数 delay），称为用户自定义函数。调用用户自定义函数时，必须在调用前先定义或声明该函数。

主函数可以调用任何子函数。子函数之间可以互相调用，但不能调用主函数。

1. 主函数

主函数名为 main，其结构如下：

```
main( )
{
    语句组；
}
```

程序执行时总是从 main 开始，无论 main 处于什么位置。一般把 main 放在最后。

2. 用户自定义函数

用户自定义函数是用户根据需要自行编写的函数，它必须先定义，然后才能被调用。函数定义的一般形式如下：

```
函数类型 函数名(形式参数表)
{
    局部变量定义；
    函数体语句；
    return 语句；
}
```

其中，第一行为函数的定义，大括号{}内的部分为函数体。

"函数类型"用于说明自定义函数返回值的类型。如果一个函数被调用并执行完成后，需要向调用者返回一个执行结果，我们就将这个结果称为函数返回值，将具有函数返回值的函数称为有返回值函数。这种需要返回函数值的函数必须在函数定义和函数说明中明确返回值的类型，即将函数返回值的数据类型定义为函数类型。

如果一个函数被调用并执行完成后不向调用者返回函数值，这种函数称为无返回值函数。定义无返回值函数时，函数类型采用无值型关键字"void"。

函数名是自定义函数的名称，用标识符作为函数名。

形式参数表给出了函数被调用时传递数据的形式参数，形式参数的类型必须加以说明，多个形式参数之间用逗号分隔。如果定义的是无参数函数，则可以没有形式参数表，但是圆括号不能省略。

局部变量定义用于对需要在函数内部使用的变量进行定义，也称为内部变量。

函数体语句是为完成函数的特定功能而设置的语句。

return 语句用于返回函数执行的结果。对于无返回值函数，该语句可以省略。

3. 函数调用

函数调用的格式如下：

函数名（实际参数列表）；

发生函数调用时，调用函数把实际参数的值传送给被调函数的形式参数，从而实现调用函数向被调函数的数据传送。若实际参数列表中有多个实际参数，则各参数之间用逗号隔开。实际参数与形式参数要顺序对应，个数相等，类型一致，并且必须有确定的值。

七、C51 语言程序结构

C51 语言程序与标准 C 语言程序结构相同，一个完整的 C 语言程序由以下五部分组成：①预处理命令、②全局变量说明、③函数原型说明、④子函数、⑤主函数。

一个简单的 C51 语言程序只需①和⑤两部分。

1. 预处理

预处理（或称预编译）是在进行编译的第一遍扫描前做的工作。预处理指令指示在程序正式编译前就由编译器进行的操作，C 语言中以"#"开头的指令称为预处理命令。预处理命令不用分号结尾，其作用持续到文件的结尾。

预处理是 C 语言的一个重要功能，由预处理程序负责完成。当对一个源文件进行编译时，系统将自动引用预处理程序对源程序中的预处理部分进行处理，处理完毕自动进入对源程序的编译。

C 语言提供多种预处理指令，如宏定义#define（项目二任务一中学习）、文件包含#include、条件编译#ifdef（项目五任务一中学习）等。合理使用预处理功能编写程序，易于阅读、修改、移植和调试，也有利于模块化程序设计。

C 语言提供了许多库函数，并将这些库函数根据其功能分成若干组，每组都有一个组名，如数学组函数的组名为 math，在 C 语言系统所安装的文件夹的下级文件夹中，有一个与其相对应的文件 math.h，这些扩展名为.h 的文件称为头文件。

"include"为头文件包含命令，当用户在程序中用到系统标准库函数中的函数时，需要使用头文件包含命令,将该函数包含进来,以便告知系统使用头文件中某个函数。例如,#include<reg51.h>的含义是,reg51.h 文件包含了 51 单片机全部特殊功能寄存器的定义。

2. 全局变量

在函数内定义的变量是局部变量,而在函数外定义的变量是外部变量,即全局变量。全局变量的有效范围为从定义变量的位置到本源文件结束。

3. 函数声明

函数声明给出了函数名、返回值类型、形式参数列表等与该函数有关的信息,其作用是通知编译器与该函数有关的信息,让编译器知道该函数的存在,以及存在的形式,即使函数暂时没有定义,编译器也知道如何使用它。有了函数声明,函数定义就可以出现在任何地方了。

在书写形式上,函数声明可以把函数定义复制过来,在后面加一个分号,而且在形式参数列表中可以只写各个参数的类型名,而不必写参数名。

若被调用的子函数在调用函数前定义,则该被调用子函数可不声明。

4. 注释

为增加程序的可读性,可对用户的 C 语言程序进行注释,C 语言支持的注释符号有两种:"//"与"/* */"。程序编译时,不对注释内容做任何处理。

"//"为单行注释符号,通常用该符号开始直到一行结束的内容来说明相应语句的含义,或者对重要的代码行、段落进行提示。

C 语言的另一种注释符号是"/* */"。在程序中可以使用这种注释符进行多行注释,注释内容从"/*"开始,到"*/"结束,中间的注释内容可以是多行文字。

知识储备——C51 循环移位函数

C51 编译器提供的循环移位函数有:字符循环左移函数_crol_(,)、字符循环右移函数_cror_(,)、整型循环左移函数_irol_(,)、整型循环右移函数_iror_(,)、长整型循环左移函数_lrol_(,)、长整型循环右移函数_lror_(,)。

循环移位函数为 C51 编译器提供的库函数,用户无须定义,可直接使用,但需用#include 将循环移位函数的头文件 intrins.h 包含到源程序中。

字符循环左移函数的格式如下:

```
_crol_(变量, n)
```

其中,变量为待移位变量,n 为执行一次该移位函数向左移动的位数。

应用举例:

```
P1=_crol_(P1,1);
```

每执行一次该字符循环左移函数,特殊功能寄存器 P1 里面的数被左移一次,执行过程如图 1.47 所示。

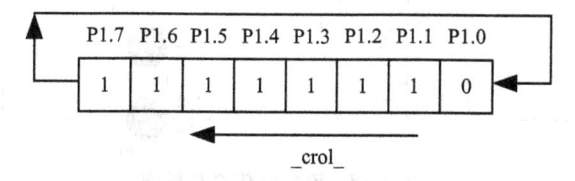

图 1.47 字符循环左移函数执行过程

任务实施

一、流水灯源程序设计

编写流水灯控制程序，实现功能要求。流水灯参考源程序如下：

```c
#include<reg51.h>
#include<intrins.h>
void delay(unsigned int ms)     /*12MHz 晶振延时函数，最大值为 25s*/
                                //ms 被定义为无符号整型变量，取值范围为 0~32767
{
    unsigned char u;            //u 被定义为无符号字符型变量，取值范围为 0~255
    while(ms--)                 //执行 ms 次 while 循环语句
        for(u=0;u<124;u++);     //执行 124 次 for 循环语句（空语句）
}
main()                          /*主函数*/
{
    P2=0xfe;                    //P2 口输出 11111110，执行完该语句，P2.0 引脚控制的 LED 点亮
    while(1)                    //条件成立，执行 while 循环语句，为死循环
    {
        delay(350);             //延时 350ms 左右，将 350 传递给 delay 函数的变量 ms
        P2=_crol_(P2,1);        //P2 口输出数据循环左移一位，P2 口从低到高依次输出 0
    }
}
```

二、流水灯的仿真分析

为流水灯电路中的单片机加载流水灯控制目标程序（编译本任务程序所生成的 HEX 文件），仿真运行。

图 1.48 为流水灯仿真片段图，此时 D3 发光，其余 LED 处于熄灭状态。

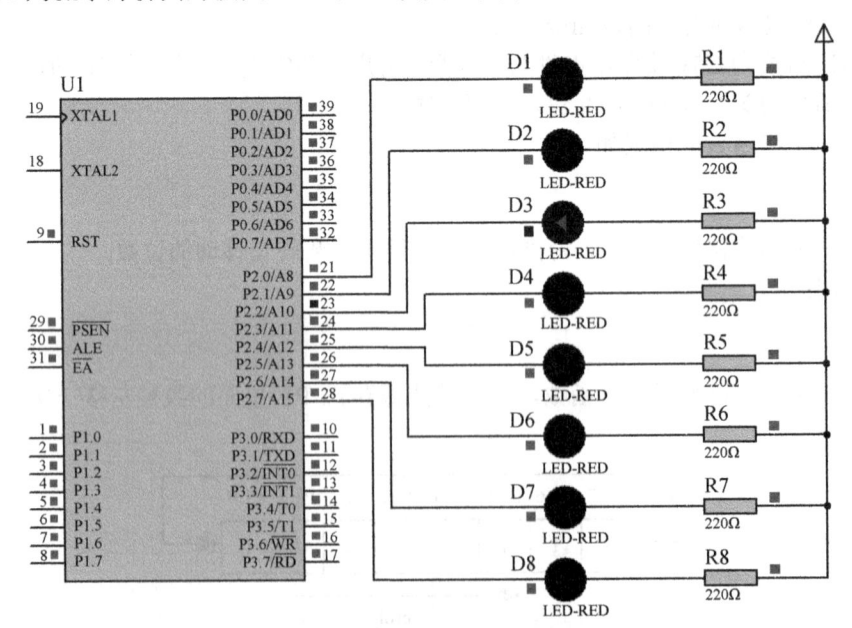

图 1.48 流水灯仿真片段图

思考与练习题 1

一、填空题

1. 51 单片机的 CPU 主要由_____和_____组成。
2. 按通用性分类,单片机可分为_____和_____两大类。按总线结构分类,可分为_____和_____两大类,_____单片机逐渐成为单片机发展的主流方向。
3. 单片机分为 4 位、8 位、16 位和 32 位单片机,是按_____分类的。
4. AT89S52 单片机片内 RAM 有_____B,有_____个定时/计数器,_____个中断源。
5. Intel 8952 单片机片内 ROM 有_____KB。
6. 单片机的存储器主要有 4 个物理存储空间,即_____、_____、_____、_____。
7. 用户程序一般存放在单片机的_____中。
8. 8051 单片机片内 RAM 按用途分为_____、_____和_____3 个区域。
9. 8051 单片机最多可并行扩展_____KB RAM,_____KB ROM。
10. 单片机复位后,工作寄存器 R0 的地址为_____。
11. 程序计数器的内容为_____,寻址范围是_____,复位后程序计数器为_____。
12. 除了单片机和电源,单片机最小系统电路还包括_____电路和_____电路。
13. 单片机复位后 P1 口各引脚呈_____状态,P0 口各引脚呈_____状态。
14. 当使用内部程序存储器时,AT89S52 的引脚 $\overline{EA}$ 应接_____电平。
15. 单片机 I/O 口输入数据时,先对该口进行_____操作。
16. 单片机与 LED 的连接方式一般采用_____电平驱动方式。
17. 由负载流入单片机 I/O 口的电流称为_____,由单片机 I/O 口流入负载的电流称为_____。
18. Proteus 软件由_____与_____两部分构成,能进行电子系统原理图设计和仿真的部分是_____。
19. 已知程序段:int i=100,j; j=- -i;该语句执行完后,j=_____。
20. 已知关系表达式"a==b>c",若 a=2, b=2, c=1,则运行结果为_____。
21. for 循环语句:for(u=0;u<10;u++);执行了_____次空语句。
22. 一个完整的 C 语言程序必须有的两部分是_____和_____。
23. C 语言程序总是从_____开始执行。

二、单项选择题

1. 下列单片机不属于 51 单片机的是_____。
   A. Atmel AT89 系列单片机　　　　　　B. Atmel AVR 单片机
   C. Intel MCS-51 系列单片机　　　　　D. STC12 系列单片机
2. 下列单片机属于增强型 51 单片机的是_____。
   A. AT89C51　　　B. AT89S51　　　C. 89C52　　　D. 8751
3. 单片机片内低 128B RAM 对应的存储类型为_____。
   A. data　　　　B. idata　　　　C. pdata　　　　D. code
4. 下列能进行位寻址操作的特殊功能寄存器是_____。

A. P0　　　　　　B. PCON　　　　　　C. TMOD　　　　　　D. SBUF

5. 单片机的 ALE 引脚是以晶振振荡频率的_____固定频率输出正脉冲的，因此它可作为外部时钟或外部定时脉冲使用。

A. 1/2　　　　　　B. 1/4　　　　　　C. 1/6　　　　　　D. 1/12

6. 单片机的复位信号延续_____个机器周期以上的高电平即有效，用于完成单片机的复位初始化操作。

A. 1　　　　　　　B. 2　　　　　　　C. 3　　　　　　　D. 4

7. 单片机的 4 个并行 I/O 口作为通用 I/O 口使用，在输出数据时，必须外接上拉电阻的是_____。

A. P0 口　　　　　B. P1 口　　　　　C. P2 口　　　　　D. P3 口

8. 当单片机应用系统需要并行扩展外部存储器时，分时复用作为数据线和低 8 位地址线的是_____。

A. P0 口　　　　　B. P1 口　　　　　C. P2 口　　　　　D. P3 口

9. 当单片机应用系统需要并行扩展外部存储器或其他接口芯片时_____可作为高 8 位地址总线使用。

A.P0 口　　　　　B. P1 口　　　　　C.P2 口　　　　　D. P3 口

10. 晶振振荡频率为 12MHz 时，一个机器周期为_____。晶振振荡频率为 6MHz 时，一个机器周期为_____。

A. 1μs，1μs　　　B. 1μs，2μs　　　C. 2μs，1μs　　　D. 2μs，2μs

11. 下面的 while 循环执行了_____空语句。

```
while( i=3 );
```

A. 无限次　　　　B. 0 次　　　　　　C. 1 次　　　　　　D. 3 次

12. 在 C51 的数据类型中，unsigned char 型数据的长度和值域为_____。

A. 单字节，−128～127　　　　　　B. 双字节，−32768～+32767

C. 单字节，0～255　　　　　　　　D. 双字节，0～65535

13. 用 C 语言编程时，源文件名后缀为_____。

A. .asm　　　　　B. .h　　　　　　C. .hex　　　　　　D. .c

14. 程序编译生成的单片机能识别的目标程序文件名后缀为_____。

A. .asm　　　　　B. .h　　　　　　C. .hex　　　　　　D. .c

15. 下列不属于 Keil C 的预处理命令的是_____。

A. #include　　　B. #define　　　　C. #exit　　　　　D. #while

16. 已知变量 i 的定义语句为 unsigned char i;，则变量 i 的存储区域为_____区。

A. data　　　　　B. idata　　　　　C. xdata　　　　　D. code

17. C51 编译器的存储器模式为 large 模式时，变量的默认存储区域为_____区。

A. data　　　　　B. idata　　　　　C. xdata　　　　　D. code

18. 已知变量 j 的定义语句为 unsigned int j;，则变量 j 的存储类型为_____。

A.auto　　　　　B. extern　　　　C. static　　　　　D. register

19. 将 P1.0 口定义为 led，以下定义格式不正确的是_____。

A. sbit led = P1^0; B. sbit led = 0x90;
C. sbit led = 0x90^0; D. sbit led =P1.0;

20.在 C 语言中，函数类型是由_____决定的。

A. return 语句中表达式的值的数据类型 B. 调用该函数时的主调函数类型
C. 在定义该函数时所指定的类型 D. 调用该函数时系统

三、简答题

1. 什么是单片机？它由哪几部分组成？
2. 列表说明 P3 口的第二功能。
3. 画出单片机的时钟电路，并指出晶振和电容的参数范围。
4. 单片机常用的复位方法有几种？画出电路图并说明其工作原理。
5. 简述单片机时钟周期、状态周期、机器周期、指令周期的含义。
6. 简述 C51 语言较汇编语言的优势。
7. C51 程序由哪几部分组成？
8. 工程文件编译后，输出窗口中出现错误提示："LED.C(7): error C141: syntax error near 'while'"，分析该提示的含义。

四、程序设计题

1. 使用单片机控制 8 个 LED，使 8 个 LED 同时闪烁。
2. 编写控制程序，实现流水灯的双向流水点亮。

项目二
定时提醒器的设计

项目说明

设计一定时提醒器，基本功能要求如下：
（1）能实现 1~99min 之间的分钟级定时；
（2）使用 4 位数码管显示时间，低 2 位显示秒，高 2 位显示分，定时时间到，数码管熄灭；
（3）设"设置"、"增加"和"减小"按键，用来设定定时时间，设定范围为 1~99min；
（4）使用 LED 作为定时时间到的提醒元件，定时时间到，LED 点亮提醒，提醒 2s 后熄灭。
图 2.1 为定时提醒器结构框图。

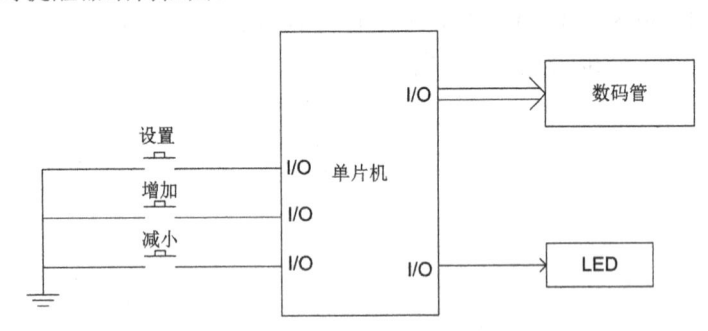

图 2.1 定时提醒器结构框图

通过对定时提醒器的设计与仿真调试，让读者学习 LED 数码管与单片机的接口电路设计及编程控制方法；学习独立按键与单片机的接口电路设计及编程方法；学习定时/计数器的内部结构、工作方式设置、初值设置、编程控制方法等；学习 C 语言中宏定义 define、数组的概念和应用技术；学习 C 语言 if 选择语句的格式和应用技术；学习 C 语言的除法取余运算等内容。

定时提醒器的设计项目由 LED 数码管与单片机的接口电路设计、独立按键与单片机的接口电路设计和定时提醒器的整体设计三个任务组成。

任务一 LED 数码管与单片机的接口电路设计

任务要求

设计 4 位 LED 数码管与单片机的接口电路，上电运行时 4 位 LED 数码管显示"1234"。

能力目标：

能设计 LED 数码管与单片机的接口电路；

能编写 LED 数码管动态显示程序。

知识目标：

熟悉 LED 数码管内部结构及引脚识别方法；

掌握 LED 数码管段码的编写方法；

掌握 LED 数码管的显示原理；

熟悉 C 语言宏定义 "#define" 的使用方法；

熟悉 C 语言数组的定义及使用方法。

知识储备——LED 数码管与单片机的接口技术

LED 数码管也称半导体数码管，它是将若干 LED 按一定图形排列并封装在一起的常用的数码显示器件之一。LED 数码管具有发光显示清晰、响应速度快、耗电少、体积小、寿命长、耐冲击，易与各种驱动电路连接等优点，在各种数显仪器仪表、数字控制设备中得到广泛应用。LED 数码管种类很多，本书所使用的数码管为常用的小型"8"字形 LED 数码管，本任务介绍其与单片机的接口技术。图 2.2 为常用小型"8"字形 LED 数码管外形图。

图 2.2 常用小型"8"字形 LED 数码管外形图

一、LED 数码管内部结构与工作原理

"8"字形 LED 数码管内部由 8 个 LED 组成，如图 2.3 所示，其中 7 个 LED（A~G）作为 7 段笔画组成"8"字结构（故"8"字形 LED 数码管也称 7 段 LED 数码管），剩下的 1 个 LED（H 或 DP）构成小数点。

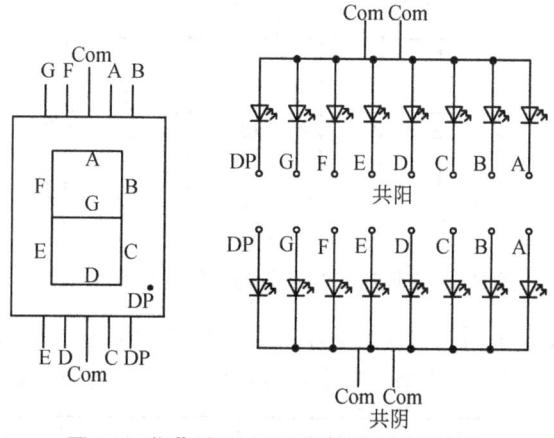

图 2.3 "8"字形 LED 数码管的内部结构

数码管内部各 LED 按照共阴极或共阳极的方法连接，即把所有 LED 的阴极或阳极连接

在一起，作为公共控制引脚（Com）。每个 LED 对应的阳极或者阴极分别作为独立引脚引出，其名称分别与 LED 相对应，即 A、B、C、D、E、F、G 及 H（DP）引脚，这部分引脚称为数码管的"段"控制引脚。

若按要求使某些笔画段上的 LED 发光，就能够显示出"0~9"10 个数字、"A~F"6 个字母、小数点和符号"-"等内容。例如，共阳数码管 Com 引脚接高电平，"段"控制引脚 A、B、C、D 和 G 接低电平时显示数字"3"。

对于 2 位及以上多位一体的数码管，一般是将内部各数码管的 A~H 这 8 个"段"控制引脚对应连接在一起，而各数码管的公共控制引脚单独引出（见图 2.4），这样既减少了引脚数量，又为使用者提供了方便。例如，4 位一体 LED 数码管有 4 个公共端，加上 A~H 引脚，一共 12 个引脚。如果制成各"8"字形独立的单位 LED 数码管，则引脚可达到 40 个。

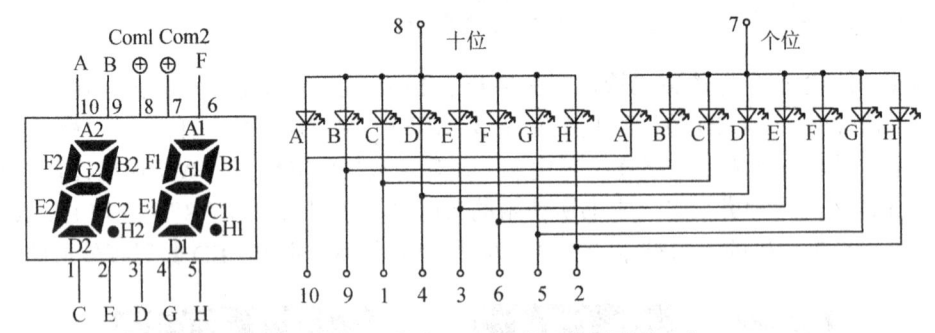

图 2.4 2 位一体共阳 LED 数码管引脚的定义

二、LED 数码管的段码

图 2.5 为共阳 LED 数码管与单片机的接口电路（驱动部分略），公共控制引脚接高电平，"段"控制引脚与单片机 P2 口相连接。数码管显示数字"0"时，P2 口输出"11000000"，即 LED 数码管"段"控制引脚输入的数据为"0xC0"；显示数字"1"时，"段"控制引脚需输入的数据为"0xF9"。数码管显示数字时，"段"控制引脚需输入的数据就是与要显示的数字对应的段码。

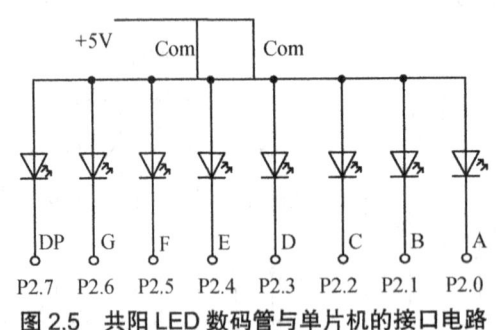

图 2.5 共阳 LED 数码管与单片机的接口电路

为使 LED 数码管显示不同的符号或数字，要为 LED 数码管提供段码。提供给 LED 数码管的段码所占存储空间正好是 1 字节（8 段）。各段与字节中各位的对应关系如下：

代码位	D7	D6	D5	D4	D3	D2	D1	D0
显示段	DP	G	F	E	D	C	B	A

注意：这与单片机 I/O 口和"段"控制引脚的连接顺序有关。

按上述对应关系，LED 数码管的段码如表 2.1 所示。

表 2.1 LED 数码管段码表

显示内容	共阴段码	共阳段码	显示内容	共阴段码	共阳段码
0	0x3F	0xC0	8	0x7F	0x80
1	0x06	0xF9	9	0x6F	0x90
2	0x5B	0xA4	A	0x77	0x88
3	0x4F	0xB0	B	0x7C	0x83
4	0x66	0x99	C	0x39	0xC6
5	0x6D	0x92	D	0x5E	0xA1
6	0x7D	0x82	E	0x79	0x86
7	0x07	0xF8	F	0x71	0x8E

段码是相对的，它由各显示段在字节中所处的位置决定。表 2.1 中 LED 数码管的段码是按下列格式形成的，"0"的段码为 0x3F（共阴）。

H	G	F	E	D	C	B	A

如果将格式改为下列格式，则"0"的段码为 0x7E（共阴）。

H	A	B	C	D	E	F	G

段码由设计者自行设定，习惯上还是以"H"段对应段码的最高位，"A"段对应段码的最低位。

三、LED 数码管的显示方式

LED 数码管的显示方式有两种：静态显示方式与动态显示方式。

1. 静态显示方式

各位的公共端连接在一起（接地或+5V）。每位的段码线（A~H）分别与一个 8 位的锁存器输出端连接。显示字符一确定，相应锁存器的段码输出将保持不变，直到送入另一个段码为止。图 2.6 是 4 位 LED 数码管静态显示电路，该电路各位 LED 数码管可独立显示。

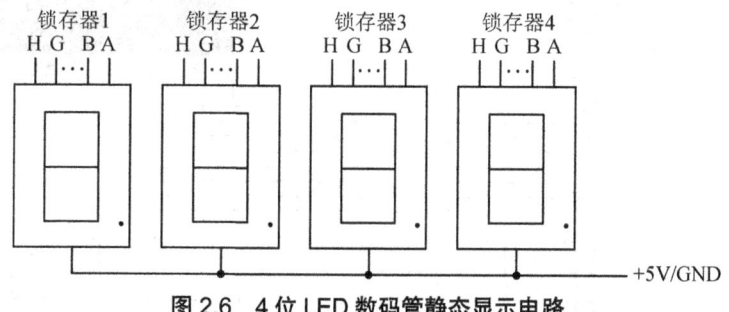

图 2.6 4 位 LED 数码管静态显示电路

采用静态显示方式时，较小的电流就能获得较高的亮度，且编程简单，占用 CPU 的时间短，但占用较多的 I/O 口资源，硬件电路复杂，成本高，因此静态显示方式适合于显示位数较少且 I/O 口资源丰富的场合。

2. 动态（扫描）显示方式

所有位的相应段段码线分别并在一起，由一个 8 位 I/O 口控制，形成段码线的多路复用，各位的公共端也称位选端，分别由相应的 I/O 口控制，形成各位的分时选通。由于人眼的视觉暂留效应，所有位看上去一起显示。图 2.7 是 4 位 LED 数码管动态显示电路。其中段码线占用一个 8 位 I/O 口，而位选线占用一个 4 位 I/O 口。

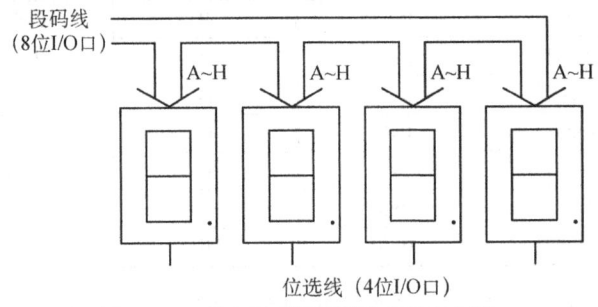

图 2.7　4 位 LED 数码管动态显示电路

采用动态显示方式时，LED 数码管的亮度低于静态显示方式，由于 CPU 要不断地依次运行扫描显示程序，占用 CPU 的时间更长，但动态显示方式可节省 I/O 口资源，硬件电路简单，成本较低，因此适用于多位 LED 数码管的显示。

3. 常用 LED 数码管的动态显示电路

共阳 LED 数码管动态显示时，电流由公共端流入 LED 数码管，位选线上的电流较大，最大能达到 8 个 LED 同时发光所需的电流，单片机位选 I/O 口无法满足要求，因此必须在位选端使用驱动芯片。单片机段码输出 I/O 口处于"灌电流"工作方式，每个 I/O 口的"灌电流"为单个 LED 工作电流，段码输出 I/O 口能满足工作要求。

图 2.8 与图 2.9 为两种 4 位一体共阳 LED 数码管与单片机的接口电路，图 2.8 中位选端驱动芯片为 74HC04。图 2.8 中，单片机段码输出端驱动芯片 74HC245 可不用。图 2.9 中利用三极管的电流放大功能，为位选线提供 LED 数码管发光所需的电流。

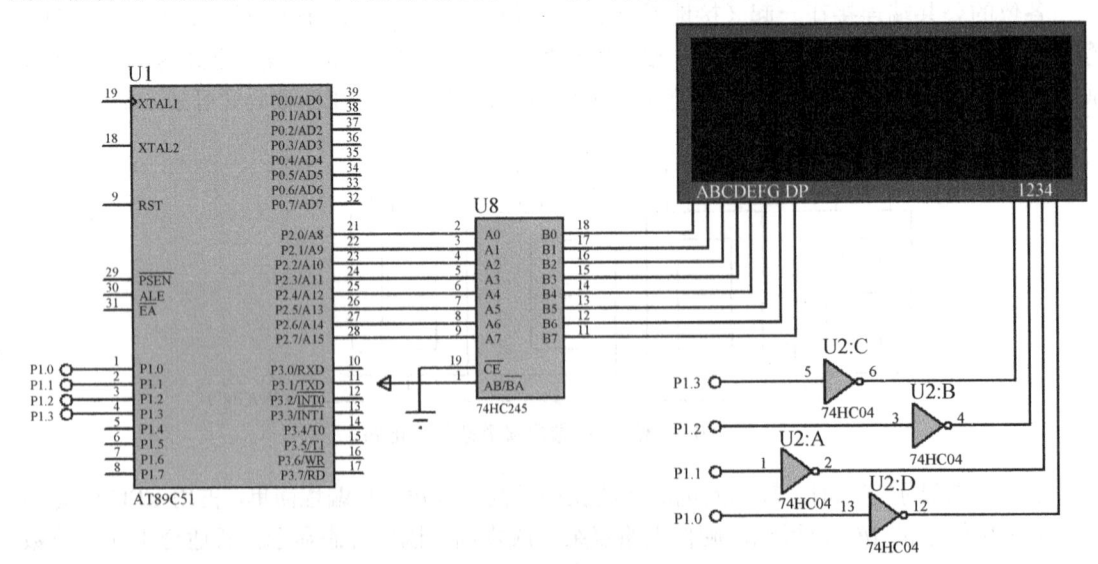

图 2.8　4 位一体共阳 LED 数码管与单片机的接口电路（1）

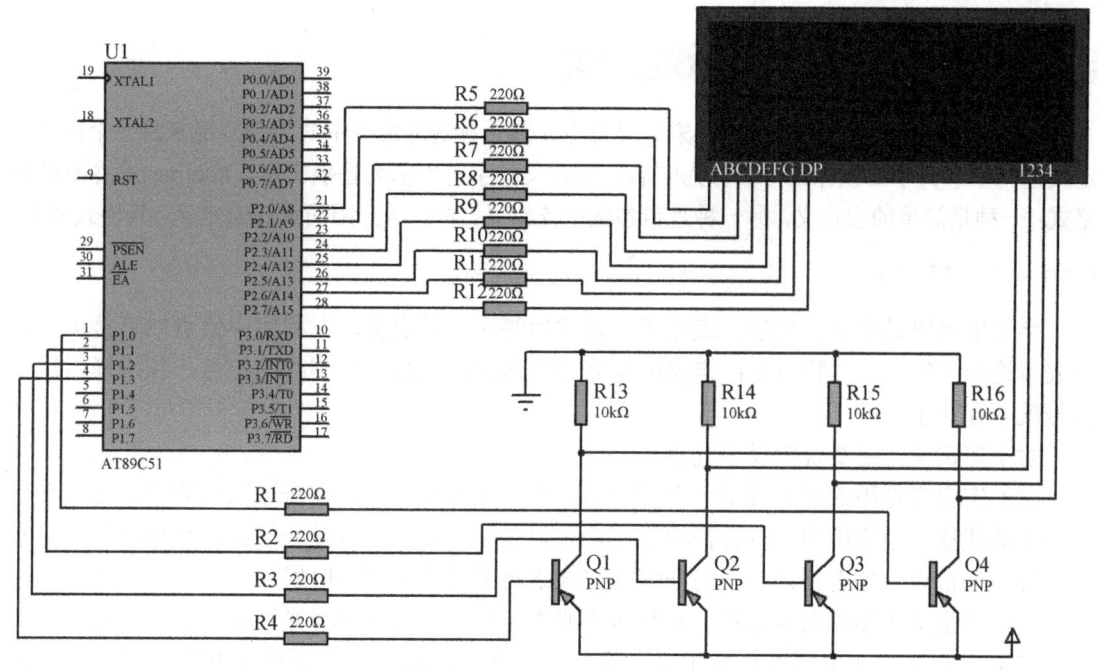

图 2.9　4 位一体共阳 LED 数码管与单片机的接口电路（2）

共阴 LED 数码管动态显示时，电流由 LED 数码管的"段"控制端流入数码管，单片机段码输出 I/O 口处于"拉电流"工作方式，因此单片机段码输出 I/O 口必须经驱动芯片与 LED 数码管连接。单片机位选端 I/O 口处于"灌电流"工作方式，当数码管显示"8."时，"灌电流"达最大值，超过单片机 I/O 口的吸收能力，因此位选端也需使用驱动芯片。图 2.10 为 4 位一体共阴 LED 数码管与单片机的接口电路，段码输出端与位选端均使用 74HC573 驱动。

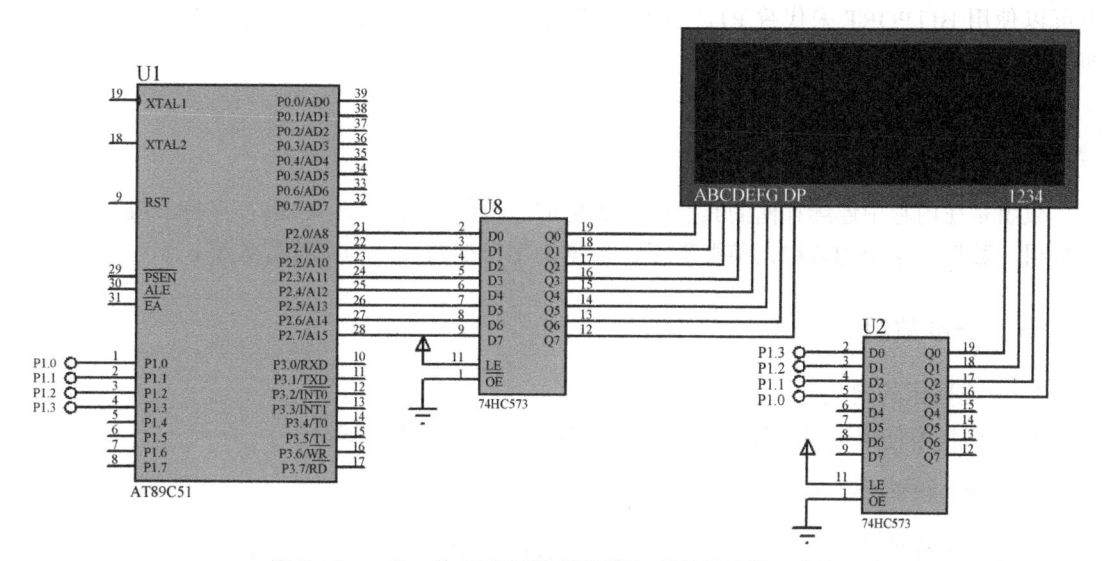

图 2.10　4 位一体共阴 LED 数码管与单片机的接口电路

LED 数码管的驱动芯片还有 74HC07、74HC377、74HC595、74HC164 等，它们与单片机的接口电路不再详细介绍。

知识储备——C语言宏定义 "#define"

#define 命令是 C 语言中的一个宏定义命令，属于预处理命令中的一种，用来将一个标识符定义为一个字符串，该标识符被称为宏名，被定义的字符串称为替换文本。#define 命令有两种格式：一种是简单的宏定义，另一种是带参数的宏定义。本任务介绍简单的宏定义，其格式如下：

```
#define 宏名 字符串
```

字符串可以是常量、变量、表达式、格式串等。一经定义，在程序中就可以直接用宏名来表示这个字符串。其特点是：定义的宏名不占内存，只是一个临时的符号，预编译后这个符号就不存在了。

对于宏定义，还要说明以下几点：

（1）宏定义是用宏名来表示一个字符串，在宏展开时又以该字符串取代宏名，这只是一种简单的代换，字符串中可以含任何字符，可以是常量，也可以是表达式，预处理程序对它不进行任何检查。如有错误，只能在编译已被宏展开后的源程序时发现。

（2）宏定义不是说明或语句，在行末不必加分号，如加上分号则连分号也一起置换。

（3）宏定义的作用域为从宏定义命令起到源程序结束。如果要终止其作用域，可使用 #undef 命令。

宏定义最大的好处是方便程序的修改。使用宏定义可以用宏名代替一个在程序中经常使用的字符串。当需要改变这个字符串时，就不需要对程序中的该字符串一个一个进行修改，只需修改宏定义中的字符串即可。且当字符串比较长时，使用宏就可以用较短的有意义的标识符来代替它，这样编程的时候就会更方便，不容易出错。

例如，#define BITPORT P1 定义了一个宏名 BITPORT，用它来表示变量 P1，在程序中可以使用 BITPORT 来代替 P1。当需要将 P1 改为 P0 时，直接将宏定义中的 P1 改为 P0 即可。

知识储备——C语言数组

数组是在内存中连续存储的具有相同类型的一组数据的集合。C 语言支持一维数组和多维数组。数据为整型的数组为整型数组，数据为字符型的数组为字符型数组。

一、一维数组

1. 一维数组的定义

在 C 语言中使用数组必须先定义，一维数组的定义格式如下：

```
类型说明符 数组名[常量表达式];
```

类型说明符是任一种基本数据类型或构造数据类型。数组名是用户定义的数组标识符，方括号中的常量表达式表示数据元素的个数，也称为数组的长度。例如：

```
int a[10];     /* 定义整型数组 a, 有 10 个元素 */
float b[10], c[20];    /* 定义浮点型数组 b, b 中有 10 个元素; 定义浮点型数组 c, c 中有 20 个元素 */
char ch[20];   /* 定义字符型数组 ch, ch 有 20 个元素 */
```

对于数组的定义,应注意以下几点:

(1) 数组的类型实际上是指数组元素的取值类型。对于同一个数组,其所有元素的数据类型都是相同的。

(2) 数组名的书写规则应符合标识符的书写规定。

(3) 数组名不能与其他变量名相同。例如,在程序中同时定义了变量a和数组a,

```
int a;
float a[10];
```

是不合法的,编译时会出现错误。

(4) 方括号中常量表达式表示数组元素的个数,如a[3]表示数组a有3个元素,但是其下标从0开始计算,因此3个元素分别为a[0]、a[1]和a[2]。

(5) 不能在方括号中用变量来表示元素的个数,但是方括号中可以是符号常量或常量表达式。例如:

```
#define FD 5
// ...
int a[3+2],b[7+FD];
```

是合法的。但是下述说明方式是错误的。

```
int n=5;
int a[n];
```

(6) 允许在同一个类型说明中,说明多个数组和多个变量。例如:

```
int a,b,c,d,k1[10],k2[20];
```

2. 一维数组的初始化

数组初始化是指在数组定义时给数组元素赋初值,初值放在一对花括号中。一维数组初始化的一般形式如下:

类型说明符 数组名[常量表达式]={初值};

初值之间用逗号隔开。

(1) 数组元素全部初始化,例如:

```
int a[10] = {1,2,3,4,5,6,7,8,9,10};
```

(2) 可以只对部分元素初始化,后面的元素自动初始化为0,例如:

```
int a[10] = {1,2,3};
```

把整个数组初始化为0。

```
int a[10] = {0};
```

(3) 如果对全部元素初始化,那么在定义数组的时候,可以不指定数组的长度。例如:

```
int a[] = {1,2,3};
```

二、二维数组

二维数组实际上是一个一维数组,只不过该一维数组中的元素又是一个一维数组。

1. 二维数组的定义

二维数组的定义格式如下：

类型说明符 数组名[常量表达式1（行大小）][常量表达式2（列大小）]；

例如，int a[3][4];定义了一个3行4列的整型二维数组，该数组共12个元素。即

```
a[0][0],a[0][1],a[0][2],a[0][3]
a[1][0],a[1][1],a[1][2],a[1][3]
a[2][0],a[2][1],a[2][2],a[2][3]
```

二维数组在内存中按行存放，即先存放第一行元素，再存放第二行元素。

2. 二维数组的初始化

（1）分行给二维数组赋初值。例如：

```
int b[3][4] = {{1,2,3,4},{2,3,4,5},{3,4,5,6}};
```

（2）将所有数据写在一个花括号内，按数组排列顺序对各元素赋初值。例如：

```
int b[3][4] = {1,2,3,4,5,6,7,8,9,10,11,12};
```

（3）对部分元素赋初值，其余元素自动置0。例如：

```
int b[3][4] = {{1},{2,3},{4,5}};
```

（4）如果对全部元素赋初值，则定义数组时第一维的长度可省略，但第二维的长度不可以省略。例如：

```
int [][4] = {1,2,3,4,5,6,7,8};
```

三、字符数组

1. 字符数组的定义

用来存放字符数据的数组称为字符数组，字符数组中的一个元素用来存放一个字符。定义字符数组的方法与定义数值型数组的方法类似，其定义的一般格式如下：

char 数组名[数据长度]；

例如，"char c[10];"语句定义c为字符数组，该数组包含10个元素。字符数组也可以是二维或多维数组。例如，"char c[5][10];"定义了一个二维字符数组。

2. 字符数组的初始化

字符数组的初始化与数值型数组的初始化没有本质区别，但它除可以逐个给数组元素赋予字符外，还可以直接用字符串对其初始化。

（1）用字符常量逐个初始化数组。例如：

```
char a[9]={'d','a','n','p','i','a','n','j','i'};
```

把9个字符依次分别赋给c[0]~c[8]这9个元素。

如果在定义字符数组时不进行初始化，则数组中各元素的值是不可预料的。如果花括号中提供的初值个数（字符个数）大于数组长度，编译时会出现语法错误。如果初值个数小于

数组长度,则只将这些字符赋给数组中前面那些元素,其余的元素自动初始化为空字符('\0')。如果提供的初值个数与数组长度相同,在定义时可以省略数组长度,系统会自动根据初值个数确定数组长度。例如:

```
char c[ ]={'d','a','n','p','i','a','n','j','i'};
```

这时字符数组 c 的长度自动定义为 9。

(2) 用字符串常量初始化数组。例如:

```
char c[ ]={'C',' ','p','r','o','g','r','a','m'};
```

可写为

```
char c[ ]={"C program"};
```

或去掉"{}"写为

```
char c[ ]="C program";
```

注意:此时数组 c 的长度不是 9,而是 10,因为字符串常量的最后由系统加上一个'\0'。上面的初始化与下面的初始化等价。

```
char c[ ]={'C',' ','p','r','o','g','r','a','m','\0'};
```

任务实施

一、确定设计方案

选择 4 位一体共阳 LED 数码管显示数字"1234",LED 数码管的显示选用动态显示方式,采用成本相对较低的三极管来驱动 LED 数码管。

二、硬件电路设计

根据设计方案,使用 Proteus 设计 4 位一体 LED 数码管与单片机的接口电路图,如图 2.9 所示,电路所用元器件如表 2.2 所示。

表 2.2　4 位一体 LED 数码管与单片机的接口电路所用元器件列表

元器件名称	关键字	参数	数量
单片机	AT89C51		1
LED 数码管	7SEG-MPX4-CA	4 位一体共阳	1
电阻	RES	220Ω	12
电阻	RES	10kΩ	4
三极管	PNP	9012	4

三、源程序设计

4 位一体 LED 数码管动态显示"1234"的参考程序如下:

```
#include <reg51.h>
```

```
unsigned char code a[]={0xc0,0xa4,0xc0,0xa4};    //1234 共阳段码
unsigned char code b[]={0xfe,0xfd,0xfb,0xf7};    //位选
#define SEGPORT P2      //段码输出口
#define BITPORT P1      //位选输出口
void delay(unsigned char ms)    /*12MHz 晶振延时函数,最大值为25s*/
{
    unsigned char t;
    while(ms--)
        for(t=0;t<124;t++);
}
void display()    /*显示函数*/
{
    unsigned char u;
    for(u=0;u<4;u++)
    {
        SEGPORT=a[u];
        BITPORT=b[u];
        delay(5);
        SEGPORT=0xff;    //灭影
    }
}
void main()    /*主函数*/
{
    display();
}
```

四、仿真分析

为4位一体LED数码管与单片机的接口电路中的单片机加载本任务目标程序,仿真运行。图2.11为4位一体LED数码管动态显示数字"1234"的仿真片段。

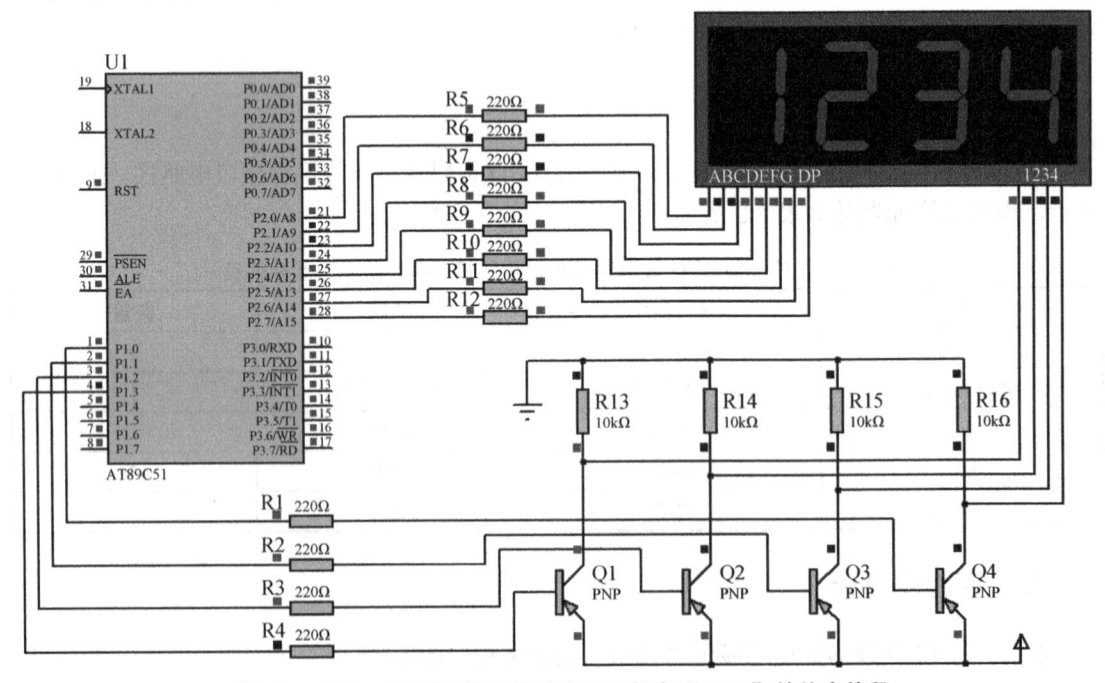

图2.11 4位一体LED数码管动态显示数字"1234"的仿真片段

任务二 独立按键与单片机的接口电路设计

任务要求

设计图 2.12 所示"设置"、"增加"与"减小"三个独立按键与单片机的接口电路（LED 数码管与单片机的接口电路在任务一中已完成），编写控制程序实现：按下"设置"键，进入设置模式，对百位和千位进行设置，十位与个位显示"--"，每按一次"增加"键，设置值加 1 一次，每按一次"减小"键，设置值减 1 一次，设置范围为 0～99，再次按下"设置"键，退出设置模式，显示设置完成的数字。未按"设置"键时按"增加"键与"减小"键无效。

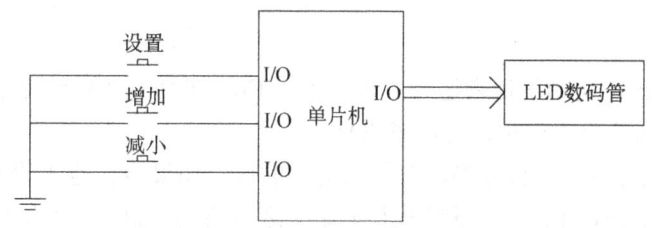

图 2.12 独立按键与单片机的接口电路框图

能力目标：
能设计独立按键与单片机的接口电路；
能对独立按键进行编程。

知识目标：
掌握独立按键与单片机的接口电路的设计方法；
了解按键的硬件去抖电路的设计方法；
掌握 C 语言的 if 选择语句的格式及使用方法；
掌握 C 语言的除法及取余运算符的使用方法。

知识储备——if 语句（C 语言选择语句）

在 C 语言中，选择结构程序设计一般采用 if 语句或 switch 语句（项目五任务二中介绍）来实现。if 语句包括基本 if 语句、if-else 语句和 if 语句嵌套。

一、基本 if 语句

基本 if 语句的格式如下：

```
if (条件表达式)
{
    语句组;
}
```

条件表达式可以是关系表达式、逻辑表达式、算术表达式或混合表达式等。语句组构成 if 体，当 if 体仅有一条语句时，可以省略{}。

if 语句的执行过程：首先判断条件表达式的值，如果该表达式的值为"真"（非 0），则执行 if 体；如果该表达式的值为"假"（0），则跳过 if 体，执行其后面的语句。

二、if-else 语句

if-else 语句的格式如下：

```
if(条件表达式)
{
    语句组 1;
}
else
{
    语句组 2;
}
```

条件表达式同 if 语句的条件表达式。语句组 1 构成 if 体，语句组 2 构成 else 体，当 if 体或 else 体仅有一条简单语句时，可以省略{}。

if-else 语句的执行过程：首先判断条件表达式的值，如果该表达式的值为"真"（非 0），则执行 if 体，不执行 else 体，然后继续执行 if-else 之后的其他语句；若该表达式的值为"假"（0），则不执行 if 体，执行 else 体，然后继续执行 if-else 之后的其他语句。

三、if 语句嵌套

以下情况均属于 if 语句嵌套。
（1）if 体中含有 if 语句或 if-else 语句。
（2）if-else 语句中的 if 体或者 else 体中含有 if 语句或 if-else 语句。
在嵌套结构中会有多个"if"与多个"else"关键词，每一个"else"都应有对应的"if"相配对。

知识储备——独立按键与单片机的接口技术

在由单片机组成的控制系统中，有时需要进行人机交互，按键是常见的输入方式。常见的按键有独立按键和矩阵按键两种。本任务介绍独立按键与单片机的接口电路，矩阵按键与单片机的接口电路在项目五任务二中介绍。

一、独立按键与单片机的接口电路

图 2.13 为独立按键与单片机的接口电路，上拉电阻不是必需的，单片机 I/O 口内部有上拉电阻时可省略。图 2.13（a）中，单片机的输入端常态为高电位，按下按键时为低电位；图 2.13（b）中，单片机的输入端常态为低电位，按下按键时为高电位。这样的电路简单直接，一个按键独占一个 I/O 口，在按键数量较少而单片机 I/O 口资源丰富时可直接使用。

(a)　　　　　　　　　　　　　　　(b)

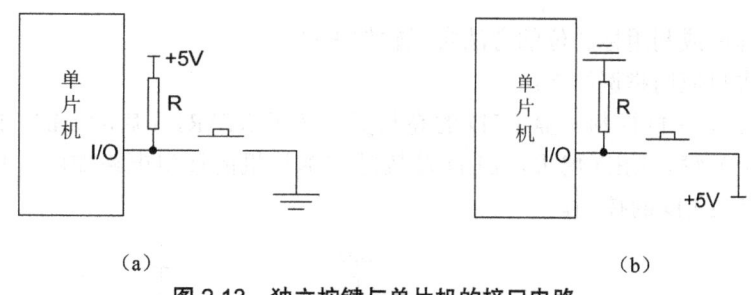

图 2.13　独立按键与单片机的接口电路

二、按键去抖

理想的按键信号如图 2.14（a）所示，为一标准负脉冲信号，但按键开关是弹性机械触点，当机械触点闭合、断开时，由于机械触点的弹性作用，触点在闭合时不会立即稳定地接通，在断开时也不会立即断开，在闭合及断开的瞬间均伴随一连串的抖动，如图 2.14（b）所示，抖动时间的长短由按键的机械特性决定，一般为 5～10ms，按键稳定闭合时间的长短则是由操作人员的按键动作决定的，一般为零点几秒以上。

单片机如果在触点抖动期间检测按键的通断状态，则可能导致判断出错，即按键一次按下或释放被错误地视为多次操作，从而引起误处理。因此，为了确保单片机对一次按键动作只进行一次响应，必须消除按键抖动的影响。

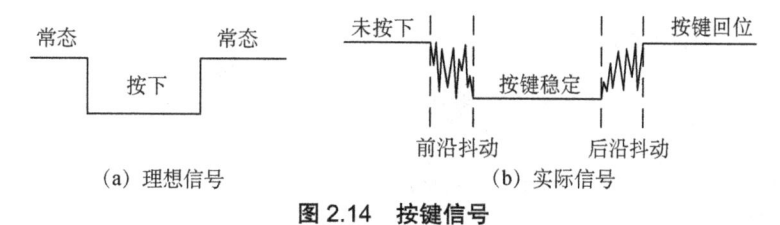

(a) 理想信号　　　　　　　　　　(b) 实际信号

图 2.14　按键信号

去抖是为了避免在按键按下或抬起时电平抖动带来的影响。按键的去抖，可采用硬件去抖和软件去抖两种方法。

1. 硬件去抖

硬件去抖的典型做法是：在按键输出端与单片机 I/O 口之间增设 R-S 触发器或 RC 积分电路。

2. 软件去抖

软件去抖的方法是不断检测按键值，直到按键值稳定。假设未按下按键时 I/O 口输入信号为高电平 1，按下按键后输入信号为低电平 0，抖动时输入信号不定，软件去抖的实现过程：检测到按键输入为 0 之后，延时 10ms，再次检测，如果按键输入还为 0，那么认为有按键输入。延时的 10ms 恰好避开了抖动期，从而消除了前沿抖动的影响。同理，在检测到按键释放后，再延时 10ms，消除后沿抖动，然后对键值进行处理。一般情况下，只对按键前沿去抖。

硬件去抖方法一般用在对按键操作过程比较严格，且按键数量较少的场合，而按键数量较多时，通常采用软件去抖。对于复杂且多任务的单片机系统来说，若简单地采用循环指令来实现软件延时，则会浪费 CPU 的时间，大大降低系统的实时性，所以，更好的做法是利用定时中断服务程序或利用标志位的方法实现软件去抖。

软件延时去抖应用举例如下。

【例 2.1】由单片机控制一盏 LED 的亮与灭，按下 START（启动）键，LED 点亮，按下 STOP（停止）键，LED 熄灭。LED 及按键与单片机的接口电路如图 2.15 所示。编写控制程序实现对 LED 的控制。

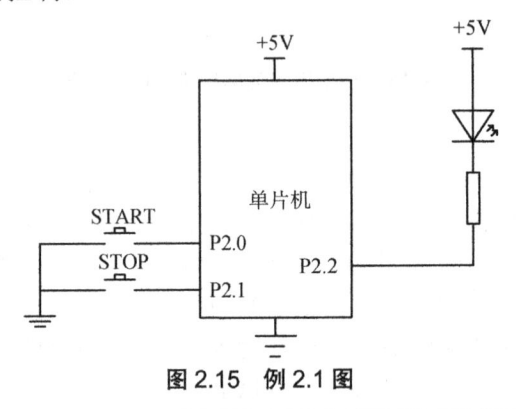

图 2.15　例 2.1 图

```
sbit START=P2^0;      //分配 I/O 口,启动键接 P2.0 口
sbit STOP=P2^1;
sbit LED=P2^2;
main ( )
{
    while(1)           //循环执行 while 语句
    {
        START=1;              //I/O 口输入信号时先置 1
        if(START==0)          //启动键按下
            delay(10);        //延时 10ms 去抖
        if(START==0)          //确认启动键按下
            LED=0;            //点亮 LED
        STOP=1;
        if(STOP==0&&LED==0)   //LED 发光时停止键按下
            delay(10);        //延时 10ms 去抖
        if(STOP==0)           //确认停止键按下
            LED=1;            //熄灭 LED
    }
}
```

注：程序中头文件省略，delay 函数同项目一任务五。

三、典型独立按键的应用

【例 2.2】已知按键 KEY 与单片机的接口电路如图 2.13（a）所示，编写程序实现：每按一次按键 KEY，变量 i 加 1 一次。（程序头文件、位定义、延时函数 delay 等部分省略）

方法 1 程序如下：

```
KEY=1;              //I/O 口输入信号时先置 1
if(KEY==0)          //按下按键
    delay(10);      //延时 10ms 去抖
if(KEY==0)          //确认按键按下
    i++;
```

该程序是在按下按键且去抖后执行变量 i 加 1 操作，由于按键闭合期间程序执行若干周期，语句"i++"执行若干次，该方法不可行。

方法 2 程序如下：

```
KEY=1;
if(KEY==0)
    delay(10);
if(KEY==0)
{
    while(KEY==0);    //条件满足时执行while语句,条件不满足时执行下一条语句
    i++;
}
```

注：按键抬起时无须去抖。

该程序是在释放按键后执行变量 i 加 1 操作，能实现按一次键变量 i 加 1 一次的功能，但按键闭合过程中，CPU 一直执行 while 语句，降低了 CPU 的执行效率。若程序中有 LED 数码管动态显示程序，在按键闭合过程中，LED 数码管将熄灭。

方法 3 程序如下：

```
KEY=1;
if(KEY==0)
    delay(10);
if(KEY==0)
    flag=1;            //键按下,标志位置位
if(KEY==1&&flag==1)    //释放按键
{
    flag=0;            //释放按键后,键按下,标志位清零
    i++;
}
```

该程序是在释放按键后执行变量 i 加 1 操作，既能实现按一次键变量 i 加 1 一次的功能，又不会降低 CPU 的执行效率。

【例 2-3】已知按键 KEY 与单片机的接口电路如图 2.13（a）所示，LED1~3 与单片机 I/O 口之间为低电平驱动连接。编写程序实现：按一次按键 KEY，LED1 发光，按两次按键 KEY，LED2 发光，按三次按键 KEY，LED1 与 LED2 均发光。按四次按键 KEY，LED1 与 LED2 均熄灭，如此循环。（程序头文件、位定义、延时函数 delay 等部分省略）

```
bit KEY_Flag;
unsigned char i;
while(1)
{
    KEY=1;
    if(KEY==0)
        delay(10);              //延时10ms去抖
    if(KEY==0)
        KEY_Flag=1;             //KEY键按下,标志位置位
    if(KEY==1&&KEY_Flag==1)     //释放KEY键
    {
        ++i;                    //KEY键按下次数统计
        KEY_Flag=0;             //KEY键按下,标志位清零
    }
```

```
    if(i==1)        //按一次 KEY 键
        LED1=0;
    if(i==2)        //按二次 KEY 键
        LED2=0;
    if(i==3)        //按三次 KEY 键
    {
        LED2=0;
        LED1=0;
    }
    if(i==4)        //按四次 KEY 键
    {
        LED2=1;
        LED1=1;
        i=0;
    }
```

知识储备——C 语言除法取余运算

一、除法运算

C 语言中的除法运算符是"/",不同类型的除数和被除数参与除法运算,会得到不同类型的运算结果:当除数和被除数都是整数时,运算结果也是整数,如果不能整除,则直接丢掉小数部分,只保留整数部分。一旦除数和被除数中有一个是小数,那么运算结果也是小数,并且是 double 类型的小数。

除法运算举例:

```
int a = 100;
int b = 12;
float c = 12.0;
p = a / b=8;
q = a / c=8.333333;
```

a 和 b 都是整数,a/b 的结果也是整数,所以赋给 p 变量的也是一个整数,这个整数就是 8。除数 c 为小数,故运算结果是 double 类型的小数。

二、取余运算

取余就是求余数,使用的运算符是"%"。C 语言中的取余运算只能针对整数,即取余运算符"%"的两边都必须是整数,不能出现小数,否则编译器会报错。另外,余数可以是正数也可以是负数,由取余运算符"%"左边的整数决定:如果%左边是正数,那么余数也是正数;如果"%"左边是负数,那么余数也是负数。

取余运算举例:

```
100%12=4
100%(-12)=4
-100%12=-4
-100%(-12)=-4
```

任务实施

一、方案确定

独立按键与单片机的接口电路属于简单的单片机控制系统，使用循环指令来实现软件延时，对系统的实时性影响不大，因此本任务按键去抖采用软件去抖的方法。

二、硬件电路设计

在本项目任务一电路图的基础上完成独立按键与单片机的接口电路图，图 2.16 为包括 LED 数码管显示部分的独立按键与单片机的接口参考电路图，参考电路所用元器件如表 2.3 所示。

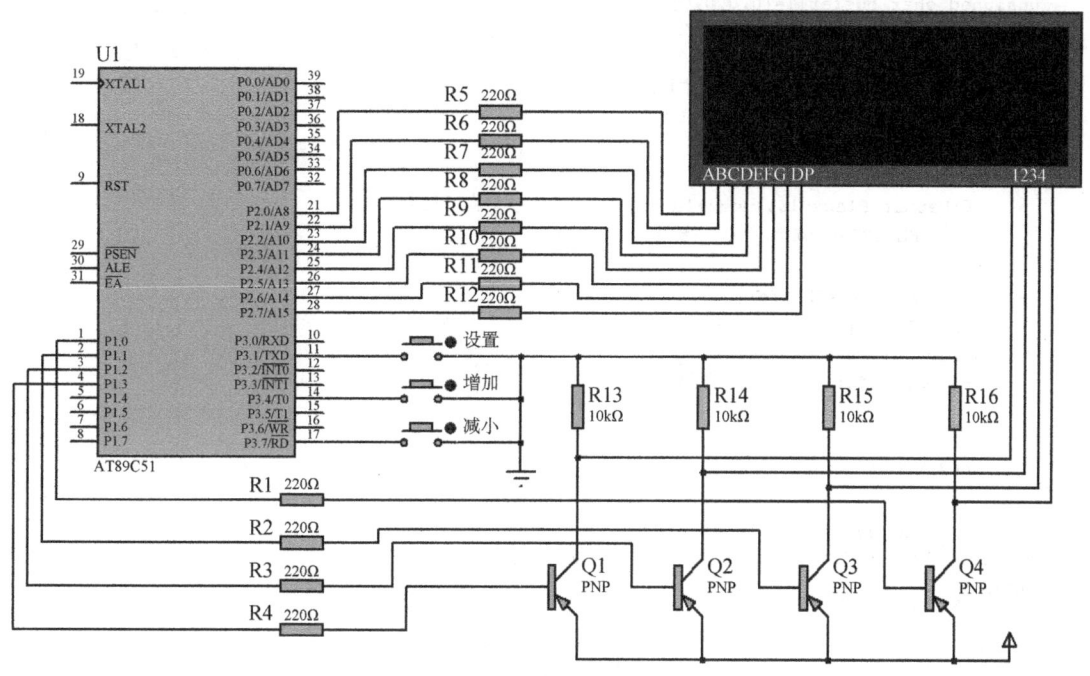

图 2.16 独立按键与单片机的接口参考电路图（含 LED 数码管显示部分）

表 2.3 独立按键与单片机的接口参考电路所用元器件表

元器件名称	关键字	参数	数量
单片机	AT89C51		1
LED 数码管	7SEG-MPX4-CA	4 位一体	1
电阻	RES	220Ω	12
电阻	RES	10kΩ	4
三极管	PNP		4
按键	BUTTON		3

三、源程序设计

编写控制程序，实现功能要求。本任务参考程序如下：

```c
#include <reg51.h>
unsigned char code a[]={0xc0,0xf9,0xa4,0xb0,0x99,0x92,0x82,0xf8,0x80,0x90};
                                                            //0~9共阳段码
unsigned char code b[]={0xfe,0xfd,0xfb,0xf7};    //位选
unsigned char Set_Num=20;
                    //设置值,在main与display函数中用到,需定义为全局变量
bit Permit_Flag;       //允许设置标志位
sbit SET=P3^1;         //"设置"键
sbit UP=P3^4;          //"增加"键
sbit DOWN=P3^7;        //"减小"键
#define SEGPORT P2     //段码输出口
#define BITPORT P1     //位选输出口
void display()         /*显示函数*/
{
    unsigned char u;
    unsigned char buffer[]={0,0,0,0};
    buffer[3]=2;       //千位数据,显示2
    buffer[2]=0;       //百位数据,显示0
    buffer[1]=Set_Num/10;    //十位数据
    buffer[0]=Set_Num%10;    //个位数据
    for(u=0;u<4;u++)
    {
        if(Permit_Flag==1&&(u==2||u==3))    //设置时高两位显示--
            SEGPORT=0xbf;   //--段码
        else
            SEGPORT=a[buffer[u]];
        BITPORT=b[u];
        delay(5);
        SEGPORT=0xff;      //灭影
    }
}
main()    /*主函数*/
{
    unsigned char i;
    bit Set_Flag,Up_Flag,Down_Flag;     //键按下标志位
    while(1)
    {
        SET=1;                          //输入信号时先置位该口
        if(SET==0)                      //按下"设置"键
            delay(10);                  //延时10ms去抖,delay函数同项目一任务五
        if(SET==0)  Set_Flag=1;         //"设置"键按下标志位置位
        if(SET==1&&Set_Flag==1)         //释放"设置"键
        {
            ++i;                        //"设置"键按下次数统计
            Set_Flag=0;                 //释放"设置"键后,SET键按下,标志位清零
        }
        if(i==1)                        //按一次"设置"键
            Permit_Flag=1;              //允许设置标志位置位
        if(i==2)                        //按两次"设置"键
        {
            i=0;
            Permit_Flag=0;              //允许设置标志位清零
        }
        UP=1;
        if(UP==0)  delay(10);
        if(UP==0)  Up_Flag=1;
```

```
    if(UP==1&&Up_Flag==1&&Permit_Flag==1)        //"增加"键松开且允许设置时
    {
        if(Set_Num<99)  ++Set_Num;   //最高设置为99
        Up_Flag=0;
    }
    DOWN=1;
    if(DOWN==0)  delay(10);
    if(DOWN==0)  Down_Flag=1;
    if(DOWN==1&&Down_Flag==1&&Permit_Flag==1)
    {
        if(Set_Num>1)   --Set_Num;   //最低设置为1
        Down_Flag=0;
    }
    display();
}
```

四、仿真分析

为独立按键与单片机的接口电路中的单片机加载本任务目标程序，仿真运行。

（1）图2.17为初始仿真界面，LED数码管显示"1000"。

（2）按下"设置"键时，进入图2.18所示的显示数字设置仿真界面，对千位与百位显示数字进行设置，初始设置值为"10"，十位与百位显示"--"。

（3）按五次"减小"键后，仿真界面如图2.19所示，千位与百位显示数字设置为"05"。

（4）再次按下"设置"键，完成显示数字设置，设置完成后的仿真界面如图2.20所示。

注：显示数字设置仿真界面、按五次"减小"键后的仿真界面、设置完成后的仿真界面除LED数码管显示部分不同于初始仿真界面外，其余元器件状态均与初始仿真界面一致。

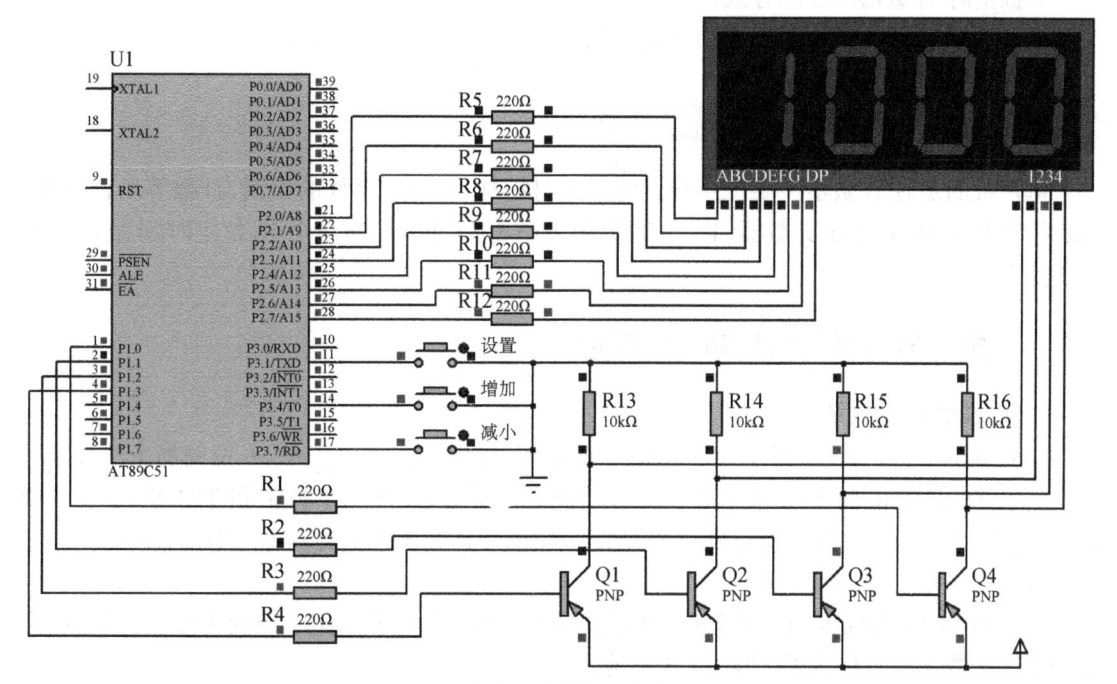

图2.17 初始仿真界面

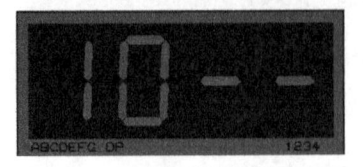

图 2.18　显示数字设置仿真界面 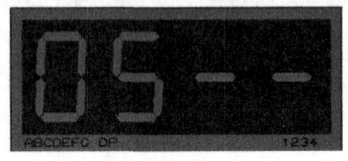　　图 2.19　按五次"减小"键后的　　图 2.20　设置完成后的仿真界面
　　　　　　　　　　　　　　　　　　　　　仿真界面

任务三　定时提醒器的整体设计

扫一扫看项目二任务三视频资源

任务要求

完成定时提醒器的整体设计，要求其工作过程为：上电后数码管显示"0000"，按下"设置"键，进入设置模式，LED 数码管显示"10--"（初始设置值为"10"），按"增加"或"减小"键，定时时间在"10"的基础上增减，设定完成后，再次按下"设置"键，定时提醒器开始工作，LED 数码管低两位显示秒，高两位显示分，定时时间到，LED 数码管熄灭，LED 点亮，2 秒后 LED 熄灭，一次定时提醒结束。

能力目标：

能使用定时/计数器编写定时程序。

知识目标：

熟悉定时/计数器的结构和工作原理；

掌握定时/计数器的控制方式；

掌握定时/计数器的工作方式和设置方法。

知识储备——单片机的定时/计数器

单片机的定时/计数器主要应用在定时或延时控制、对外部事件的检测、计数等场合。8051 单片机有两个 16 位定时/计数器（T0 和 T1），增强型 8051 单片机有 3 个 16 位定时/计数器（T0、T1 和 T2）。

一、定时/计数器的结构和工作原理

1. 定时/计数器的结构

8051 单片机定时/计数器 T0 和 T1 的结构如图 2.21 所示，各由一个 16 位的加 1 计数器组成，其中 T0 由 TH0 和 TL0 两个 8 位特殊功能寄存器组成，T1 由 TH1 和 TL1 组成。T0 和 T1 由定时/计数器工作方式寄存器（TMOD）与定时/计数器控制寄存器（TCON）控制，内部通过总线与 CPU 相连。

TMOD 用于设置定时/计数器的工作模式和工作方式。TCON 用于控制 T0、T1 的启动计数和停止计数，同时包含了 T0、T1 的状态。

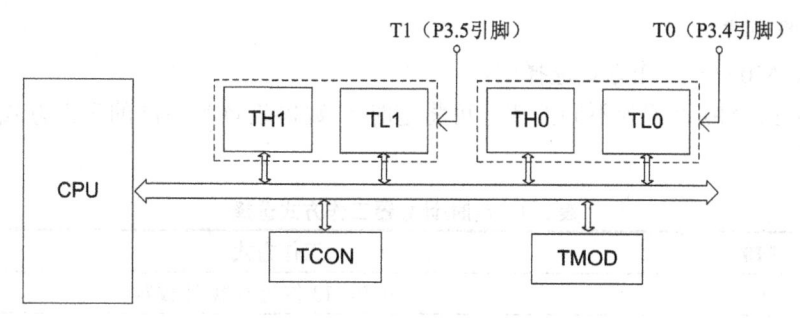

图 2.21　8051 定时/计数器 T0 和 T1 的结构

单片机复位时，加 1 计数器、TMOD 和 TCON 的所有位都被清零。

2. 定时/计数器的工作模式

定时/计数器有两种工作模式：计数器工作模式和定时器工作模式。计数器用来对外部输入的脉冲进行计数。定时器用来对单片机内部产生的标准脉冲进行计数，通过对脉冲计数实现定时，所以，定时器和计数器本质上是一样的。

（1）计数器工作模式。

计数脉冲来自相应的外部输入引脚 T0（P3.4）或 T1（P3.5），此时 P3.4 和 P3.5 不再是普通的 I/O 口，而是作为第二功能使用。当输入信号发生由 1 至 0 的负跳变（下降沿）时，计数器（TH0、TL0 或 TH1、TL1）的值增 1。计数脉冲的最高频率一般为振荡频率（晶振）的 1/24。

（2）定时器工作模式。

计数脉冲是来自内部的时钟脉冲，时钟脉冲的周期为一个机器周期，即每过一个机器周期，计数值增 1，所以定时时间计算式为

$$定时时间 = 计数值 \times 机器周期$$

$$机器周期 = 12 \text{ 个晶振周期} = 12/晶振频率$$

定时/计数器的工作方式、启动、停止、溢出标志等都是可编程的，通过设置 TMOD 与 TCON 来实现。

二、定时/计数器的控制

定时/计数器由两个特殊功能寄存器控制，可设置定时/计数器的工作模式与工作方式、控制定时/计数器的启停等。

1. 定时/计数器工作方式寄存器

TMOD 的地址为 0x89，无位地址，不能位寻址。TMOD 的 8 位分为两组，高 4 位控制 T1，低 4 位控制 T0，各位名称定义如下：

GATE	C/$\overline{\text{T}}$	M1	M0	GATE	C/$\overline{\text{T}}$	M1	M0

（1）GATE——门控位。

0：以 TRx（x=0，1）来启动定时/计数器运行。

1：用外中断引脚（INT0 或 INT1）上的高电平和 TRx 来启动定时/计数器运行。

（2）C/$\overline{\text{T}}$——计数器模式和定时器模式选择位。

0：定时器模式。

1：计数器模式。

（3）M1、M0——工作方式选择位。

通过将 M1、M0 设置为不同的值，可将定时/计数器设置为不同的工作方式，详细设置如表 2.4 所示。

表 2.4 定时/计数器工作方式选择

M1	M0	工作方式
0	0	方式 0，13 位定时器/计数器
0	1	方式 1，16 位定时器/计数器
1	0	方式 2，8 位常数自动重新装载
1	1	方式 3，仅适用于 T0，T0 分成两个 8 位计数器，T1 停止计数

2. 定时/计数器控制寄存器

TCON 的地址为 0x88，可位寻址，各位名称定义如下：

位地址	0x8F	0x8E	0x8D	0x8C	0x8B	0x8A	0x89	0x88
TCON	TF1	TR1	TF0	TR0	IE1	IT1	TE0	IT0

低 4 位与外部中断有关，在项目三任务一中介绍。高 4 位的定义如下。

（1）TF1、TF0——计数溢出标志位。

定时/计数器 T0 或 T1 计数溢出时，由硬件自动将此位置"1"；TFx（x=0，1）可由程序查询，也是定时或计数中断的请求源。

（2）TR1、TR0——计数启停控制位。

TRx（x=0，1）=1：启动定时/计数器工作。

TRx（x=0，1）=0：停止定时/计数器工作。

单片机复位后 TMOD 与 TCON 各位均为 0。

三、定时/计数器的工作方式

定时/计数器 T0 有 4 种工作方式，即工作方式 0、工作方式 1、工作方式 2 和方式 3。T1 有 3 种工作方式，即工作方式 0、工作方式 1 和工作方式 2。

1. 工作方式 0

工作方式 0 下，TMOD 中的 M1、M0 位设置为 00，定时/计数器被设置为 13 位计数器，以 T1 为例，图 2.22 为工作方式 0 的逻辑关系图。

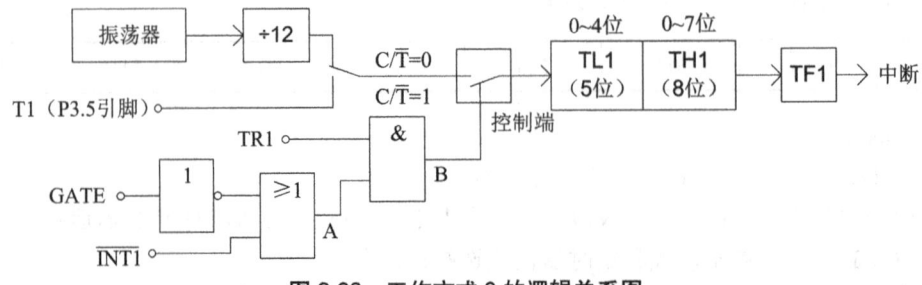

图 2.22 工作方式 0 的逻辑关系图

在工作方式 0 下，16 位寄存器 TH1 和 TL1 只用了 13 位，即 TH1 的 8 位和 TL1 的低 5 位，TL1 的高 3 位不定，13 位格式如下：

TH1								TL1							
D12	D11	D10	D9	D8	D7	D6	D5	×	×	×	D4	D3	D2	D1	D0

当 TL1 的低 5 位计数溢出时，向 TH1 进位。而 TH1 计数溢出时，硬件将 TF1 置 1，并请求中断。可通过查询 TF1 是否置 1 或考察中断是否发生来判定 T1 的计数完成与否。

当 $C/\overline{T}=0$ 时，定时/计数器为定时器工作模式，开关接到振荡器的 12 分频器输出端，计数器对机器周期脉冲计数，其定时时间为

$$(2^{13}-初值)\times 12\times 晶振周期$$

例如，若晶振频率为 12MHz，则最长的定时时间为

$$(2^{13}-0)\times 12\times (1/12)\mu s=8.192ms$$

当 $C/\overline{T}=1$ 时，定时/计数器为计数器工作模式，开关与外部引脚 T1（P3.5）接通，计数器对来自外部引脚 T1（P3.5）的输入脉冲计数。当外部信号发生负跳变时计数器当前值加 1。

GATE 控制 T1 的启动、停止方式：

当 GATE=0 时，"或门"输出恒为 1，"与门"的输出信号 B 由 TR1 决定，定时器不受 $\overline{INT1}$ 输入电平的影响，由 TR1 直接控制计数器的启动和停止。TR1=1 时，计数启动；TR1=0 时，计数停止。

当 GATE=1 时，"与门"的输出信号 B 由 $\overline{INT1}$ 输入电平和 TR1 位的状态一起决定，即当且仅当 TR1=1 且 $\overline{INT1}$=1（高电平）时，计数启动，否则，计数停止。

2. 工作方式 1

工作方式 1 下，TMOD 中的 M1、M0 位设置为 01，定时/计数器被设置为 16 位计数器，除位数外，其他与工作方式 0 相同。图 2.23 为工作方式 1 的逻辑关系图。

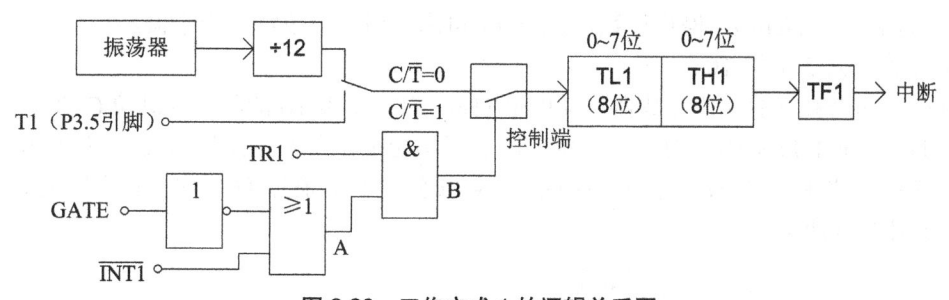

图 2.23 工作方式 1 的逻辑关系图

其定时时间为

$$(2^{16}-初值)\times 12\times 晶振周期$$

例如，若晶振频率为 12MHz，则最长的定时时间为

$$(2^{16}-0)\times 12\times (1/12)\mu s=65.536ms$$

若晶振频率为 12MHz，定时 5ms 时的初值为

$$THx =(65536-5000/1)/256$$
$$TLx =(65536-5000/1)\%256$$

x 为 0 或 1，65536 即 2^{16}，晶振频率为 12MHz，故机器周期为 1μs，定时 5ms 对应的计

数值为 5000/1。

3. 工作方式 2

工作方式 2 下，TMOD 中的 M1、M0 位设置为 10，定时/计数器被设置为自动恢复初值的 8 位计数器。图 2.24 为工作方式 2 的逻辑关系图，TL1 作为 8 位计数器，TH1 作为重装初值的缓冲器。当 TL1 计数溢出时，在硬件将 TF1 置 1 的同时，还自动将 TH1 中的初值送至 TL1，使 TL1 从初值开始重新计数。

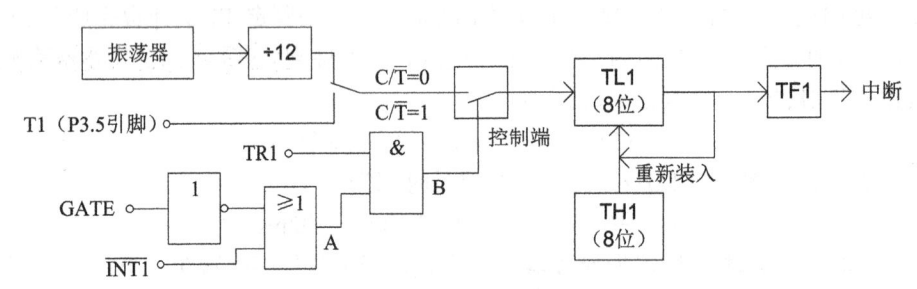

图 2.24 工作方式 2 的逻辑关系图

工作方式 0 和工作方式 1 用于循环重复定时，在每次计数器计满溢出后，计数器变为 0，若要进行新一轮的计数，就得重新装入计数初值，这样一来不仅造成编程麻烦，而且影响定时精度。工作方式 2 具有初值自动装入功能，克服了这个缺点，可实现精确定时。但工作方式 2 的计数器只有 8 位，定时时间短、计数范围小。其定时时间为

$$(2^8 - 初值) \times 12 \times 晶振周期$$

例如，若晶振频率为 12MHz，则最长的定时时间为

$$(2^8 - 0) \times 12 \times (1/12) \mu s = 0.256 ms$$

4. 工作方式 3

工作方式 3 只适用于定时/计数器 T0，T1 不能工作在工作方式 3。如果将 T1 设置为工作方式 3，则相当于 TR1=0，停止计数，此时 T1 可用作串行口波特率产生器。

1）工作方式 3 下的 T0

T0 分为两个独立的 8 位计数器：TL0 和 TH0。TL0 使用 T0 的状态控制位 C/$\overline{T}$、GATE、TR0 和 TF0，而 TH0 被固定为一个 8 位定时器（不能工作在外部计数模式），并使用定时器 T1 的状态控制位 TR1 和 TF1，同时占用定时器 T1 的中断请求源 TF1。T0 在工作方式 3 的逻辑关系如图 2.25 所示。

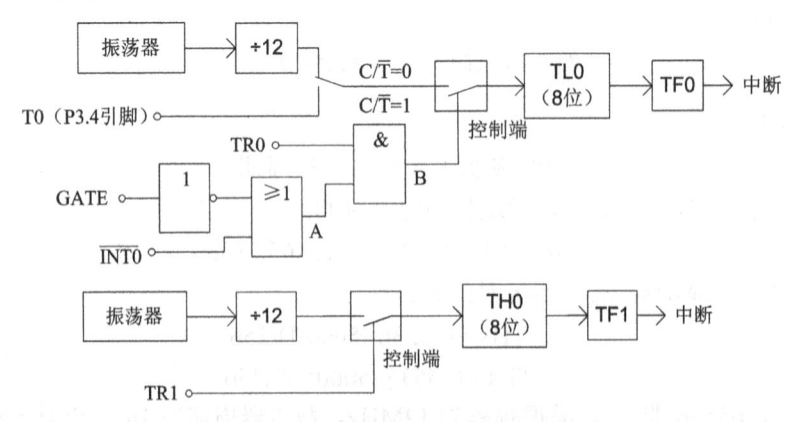

图 2.25 T0 在工作方式 3 的逻辑关系图

2）T0 在工作方式 3 下 T1 的各种工作方式

T0 处于工作方式 3 时，T1 可定义为工作方式 0、工作方式 1 和工作方式 2，用来作为串行口的波特率发生器，或用在不需要中断的场合。只要设置好工作方式，T1 自动启动，送入一个设置 T1 为工作方式 3 的方式字，则可停止 T1。

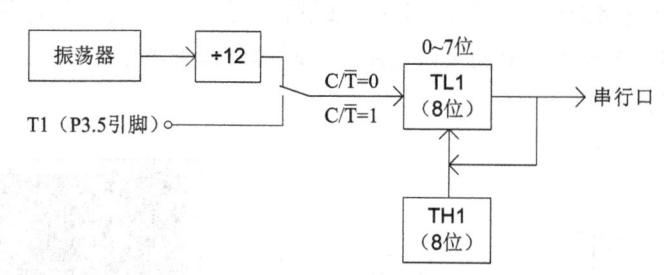

（1）T0 在工作方式 3 下 T1 在工作方式 0 时的逻辑关系如图 2.26 所示。

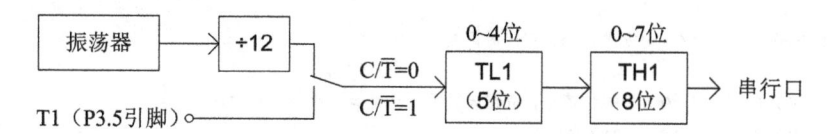

图 2.26　T0 在工作方式 3 下 T1 在工作方式 0 时的逻辑关系图

（2）T0 在工作方式 3 下 T1 在工作方式 1 时的逻辑关系如图 2.27 所示。

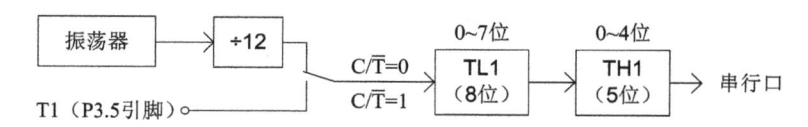

图 2.27　T0 在工作方式 3 下 T1 在工作方式 1 时的逻辑关系图

（3）T0 在工作方式 3 下 T1 在工作方式 2 时的逻辑关系如图 2.28 所示。

图 2.28　T0 在工作方式 3 下 T1 在工作方式 2 时的逻辑关系图

定时/计数器的 4 种工作方式中，工作方式 0 与工作方式 1 基本相同，由于工作方式 0 是为兼容 MCS-48 而设置的，初值计算复杂，在实际应用中，一般不用工作方式 0，而采用工作方式 1。

当设置了定时/计数器的工作方式并启动工作后，定时/计数器就按设定好的工作方式独立工作，不再占用 CPU，只有在计数器计满溢出时才向 CPU 申请中断，占用 CPU。由此可见，定时/计数器是单片机中工作效率高且应用灵活的部件。

四、定时/计数器应用实例

【例 2.4】系统时钟频率为 6MHz，编程实现在 P1.0 上输出如图 2.29 所示的周期为 2ms、占空比为 50%的方波。

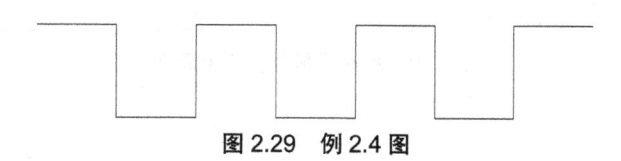

图 2.29　例 2.4 图

```
main ( )
{
    TMOD=0x01;          //定时器 T0 设定为工作方式 1
    TH0=(65536-1000/2)/256;      //1ms 定时初值（高 8 位）
    TL0=(65536-1000/2)%256;      //1ms 定时初值（低 8 位）
    TR0=1;              //启动 T0
    while(1)
    {
        if(TF0==1)      //查询方式，1ms 定时时间到
        {
            TF0=0;      //溢出标志位清零，查询方式下软件清零，硬件不自动清零
            TH0=(65536-1000/2)/256;
            TL0=(65536-1000/2)%256;
            P1.0=~P1.0;     //输出取反
        }
    }
}
```

任务实施

一、硬件电路设计

完成定时提醒器电路的设计，显示部分与按键输入部分在任务一与任务二中已完成，本任务只需设计报警 LED 与单片机的接口电路。定时提醒器参考电路如图 2.30 所示，参考电路所用元器件如表 2.5 所示。

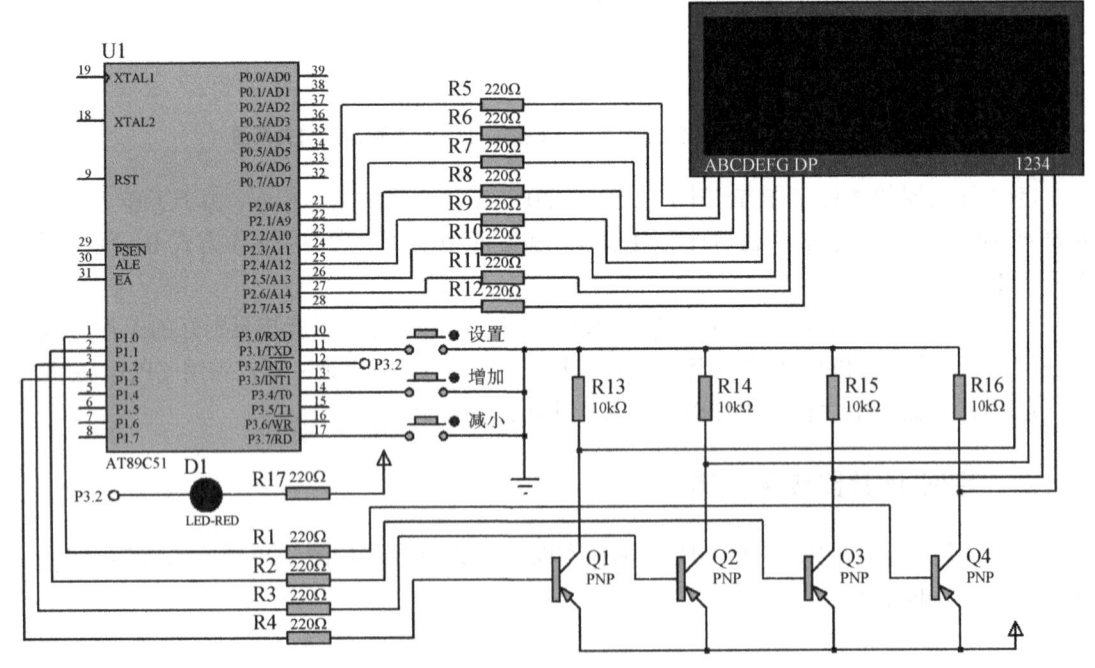

图 2.30 定时提醒器参考电路图

表 2.5　定时提醒器参考电路元器件表

元器件名称	关键字	参数	数量
单片机	AT89C51		1
LED 数码管	7SEG-MPX4-CA	4位一体	1
电阻	RES	220Ω	13
电阻	RES	10kΩ	4
三极管	PNP		4
按键	BUTTON		3
LED	LED-RED		1

二、源程序设计

编写定时提醒器控制程序，实现功能要求。参考源程序如下：

```c
#include <reg51.h>
unsigned char code a[]={0xc0,0xf9,0xa4,0xb0,0x99,0x92,0x82,0xf8,0x80,0x90};
                                        //0~9共阳段码
unsigned char code b[]={0xfe,0xfd,0xfb,0xf7};   //位选
unsigned char sec,min;    //秒,分。在main与display函数中用到,需定义为全局变量
unsigned char Set_Min=10;   //定时时间设置值
bit Permit_Flag;            //允许设置标志位
sbit SET=P3^1;              //"设置"键
sbit LED=P3^2;              //LED控制口
sbit UP=P3^4;               //"增加"键
sbit DOWN=P3^7;             //"减小"键
#define SEGPORT P2          //段码输出口
#define BITPORT P1          //位选输出口
void display()    /*显示函数*/
{
    unsigned char u;
    unsigned char buffer[]={0,0,0,0};
    if(Permit_Flag==1)    //设置时,分钟位显示设置值
    {
        buffer[3]=Set_Min/10;
        buffer[2]=Set_Min%10;
    }
    else
    {
        buffer[3]=min/10;      //分钟十位数据
        buffer[2]=min%10;      //分钟个位数据
    }
    buffer[1]=sec/10;          //秒十位数据
    buffer[0]=sec%10;          //秒个位数据
    for(u=0;u<4;u++)
    {
        if(Permit_Flag==1&&(u==0||u==1))     //设置时,秒显示--
            SEGPORT=0xbf;      //--段码
        else
            SEGPORT=a[buffer[u]];
```

```c
            BITPORT=b[u];
            delay(5);
            SEGPORT=0xff;       //灭影
    }
}
main()      /*主函数*/
{
    unsigned char i,j,k;
    bit Set_Flag,Up_Flag,Down_Flag;     //键按下标志位
    bit Done_Flag;                      //定时完成标志位
    TMOD=0x01;                          //定时器T0设定为工作方式1
    TH0=(65536-50000/1)/256;            //50ms定时，T0初值（高8位）
    TL0=(65536-50000/1)%256;            //50ms定时，T0初值（低8位）
    while(1)
    {
        SET=1;                          //输入信号时先置位该口
        if(SET==0)
            delay(10);                  //延时10ms去抖
        if(SET==0)
            Set_Flag=1;                 //"设置"键按下，标志位置位
        if(SET==1&&Set_Flag==1)         //释放"设置"键
        {
            ++i;                        //"设置"键按下次数统计
            Set_Flag=0;                 //"设置"键按下，标志位清零
        }
        if(i==1)    //按一次SET键
        {
            TR0=0;
            Permit_Flag=1;              //允许设置标志位置位
            Done_Flag=0;                //定时完成标志位清零，开启LED数码管
        }
        if(i==2)    //按两次SET键
        {
            i=0;
            Permit_Flag=0;              //允许设置标志位清零
            TR0=1;                      //启动定时器
        }
        UP=1;
        if(UP==0)
            delay(10);
        if(UP==0)
          Up_Flag=1;
        if(UP==1&&Up_Flag==1&&Permit_Flag==1)       //"增加"键松开且允许设置时
        {
          ++Set_Min;        //设置时间加1
          Up_Flag=0;
        }
        DOWN=1;
        if(DOWN==0)  delay(10);
        if(DOWN==0)  Down_Flag=1;
        if(DOWN==1&&Down_Flag==1&&Permit_Flag==1)
        {
          if(Set_Min>1)
                Set_Min--;
```

```
            Down_Flag=0;
        }
        if(TF0==1)       //查询方式，50ms定时时间到
        {
            TF0=0;       //溢出标志位清零，查询方式下软件清零，硬件不自动清零
            TH0=(65536-50000/1)/256;        //重新赋初值，继续下一个50ms定时
            TL0=(65536-50000/1)%256;
        if(++j==12)      //1s定时到条件成立
        {
            j=0;
            if(++sec==60)                   //60s定时到条件成立
            {
                sec=0;
                if(++min==99)
                    min=0;                  //99min定时到条件成立
            }
        }
        }
        if(Set_Min==min&&sec==0)    //定时完成
        {
            TR0=0;
            LED=0;
            Set_Min=10;      //按下"设置"键时，数码管高两位显示10，从10开始设置
            min=0;
            Done_Flag=1;     //定时完成，标志位置位
        }
        if(LED==0)           //定时完成，LED亮2s左右熄灭
        {
            for(k=0;k<20;k++)
                delay(100);  //延时2s左右，20×100ms
            LED=1;
        }
        if(Done_Flag==0)
            display();       //定时完成后数码管熄灭
    }
}
```

三、仿真分析

为定时提醒器电路中的单片机加载本任务目标程序，仿真运行。

（1）图2.31为定时提醒器初始仿真界面，图中LED数码管显示"0000"，LED处于熄灭状态。

（2）按下"设置"键，进入如图2.32所示的设定定时时间仿真界面，通过按"增加"或"减小"键设定定时时间，图中定时时间设为26min。

（3）再次按下"设置"键，进入如图2.33所示的定时提醒器运行仿真界面，图中定时时间运行至1分30秒。

（4）图2.34为定时完成仿真界面，LED数码管熄灭，报警LED点亮2s。

注：设定定时时间仿真界面与定时提醒器运行仿真界面除LED数码管以外的元器件状态同定时提醒器初始仿真界面。

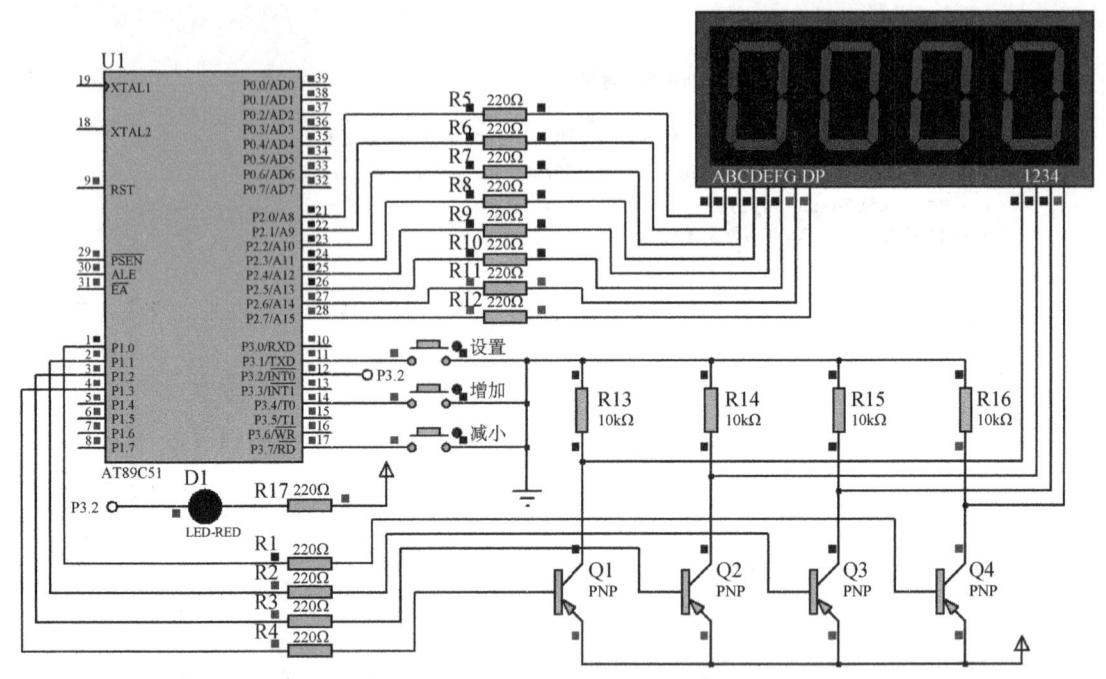

图 2.31 定时提醒器初始仿真界面

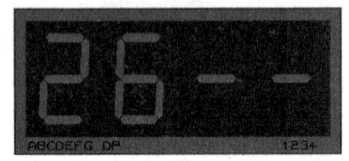

图 2.32 设定定时时间仿真界面

图 2.33 定时提醒器运行仿真界面

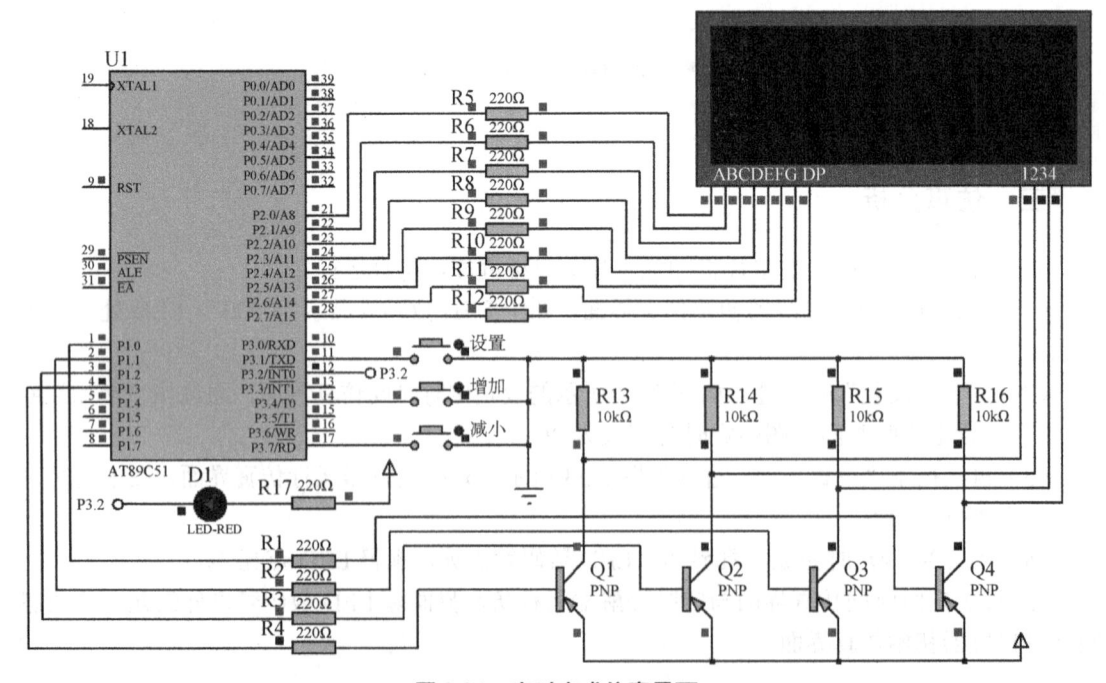

图 2.34 定时完成仿真界面

思考与练习题 2

一、填空题

1. 数码管小数点"h"段对应段码的最高位,"a"段对应段码的最低位,共阳与共阴数码管显示大写英文字母"H"时对应的段码分别是_____与_____。
2. 在单片机应用系统中,LED 数码管常用的显示方式是_____。
3. 在单片机应用系统中,有时需要进行人机交互,按键是最常见的输入方式,常见的按键有_____和_____两种。
4. 去抖是为了避免在按键按下或抬起时电平抖动带来的影响。按键的去抖,可采用_____去抖和_____去抖两种方法。
5. 已知无符号整型变量 a=19,则 a/11=_____,a%8=_____。
6. 已知一维数组初始化语句为 int a[10] = {1,2,3};,则 a[3]=_____。
7. 已知二维数组初始化语句为 int b[][4] = {8,20,13,24,9,0,11,102};,则 b[1][2]为_____。
8. 已知字符数组初始化语句为 char c[ ]={'d','a','n','p','i','a','n','j','i'};,则数组 c 的长度为_____。
9. 8051 单片机有_____个 16 位定时器/计数器,增强型 8051 单片机有_____个 16 位定时器/计数器。
10. 定时/计数器有两种工作模式:_____工作模式和_____工作模式。
11. 定时/计数器设置为计数器工作模式时,计数脉冲来自_____,设置为定时器工作模式时,计数脉冲来自_____。
12. 定时器 T0 设置为工作方式 1,晶振频率为 6MHz,定时 5ms 对应的初值为:TH0 =_____,TL0=_____。
13. 定时器 T1 在工作方式 0 下工作,TL1 最大为_____。
14. 已知晶振频率为 12MHz,定时器处于工作方式 0 与工作方式 1 时最大定时时间分别是_____和_____。
15. 系统复位时,TMOD 和 TCON 的初值为_____,其中 TCON 中的 TF0/TF1 在定时/计数器 T0/T1 _____时置位。

二、选择题

1. LED 数码管若采用动态显示方式,则下列说法错误的是_____。
   A. 将各位数码管的段选线并联
   B. 将段选线用一个 8 位 I/O 口控制
   C. 将各位数码管的公共端接+5V 或者 GND 端
   D. 将各位数码管的位选线用各自独立的 I/O 口控制
2. 下列元件或芯片不能驱动 LED 数码管的是_____。
   A. 二极管　　　　　　B. 三极管　　　　　　C. 74HC04　　　　　　D. 74HC373
3. 下列一维数组定义不正确的是_____。
   A. int a[ ];
   B. char min2[300];
   C. float b[n];
   D. long SEG_i[1+9];
4. 下列对字符数组初始化不正确的是_____。

A. char a[3]={"abc"};   B. char a[3]={'a','b','b'};
C. char a[3]=" ";   D. char a[2]="abc";

5. 启动计数器 T0 开始计数的语句是_____。

A. TF0=1;   B. TR0=1;   C. TR0=0;   D. TR1=1;

6. 8051 单片机的定时/计数器 T0 被设置为定时器工作模式，采用工作方式 1，则 TMOD 应设置为_____。

A. 0x01   B. 0x10   C. 0x50   D. 0x05

7. 定时/计数器工作于计数器模式时，计数脉冲的最高频率为晶振频率的_____。

A. 1/3   B. 1/6   C. 1/12   D. 1/24

8. 若要利用定时器 T1 产生串口通信的波特率，则 T1 工作在_____下。

A. 工作方式 0   B. 工作方式 1   C. 工作方式 2   D. 工作方式 3

9. 若要用定时器 T0 设定定时时间为 100ms，则 T0 应选择的工作方式为_____。

A. 工作方式 0   B. 工作方式 1   C. 工作方式 2   D. 工作方式 3

10. 若定时器 T1 受到外部输入引脚电平（高电平起作用）的影响，则要启动定时器 T1 运行软件，必须满足_____。

A. GATE=0，TR1=0   B. GATE=0，TR1=1
C. GATE=1，TR1=0   D. GATE=1，TR1=1

三、简答题

1. 简述静态显示与动态显示的优缺点。
2. 如何使用万用表检测 LED 数码管的各段？
3. 简述在 C51 程序中使用宏定义#define 的好处。
4. 简述定时器的 4 种工作方式的特点。如何选择和设定定时器的工作方式？
5. 当定时/计数器 T0 工作在工作方式 3 时，定时/计数器 T1 可以工作在何种方式下？如何控制 T1 的开启和关闭？

四、设计题

1. 使用共阳 LED 数码管显示当前年月日（月和日的十位为 0 时不显示），设计硬件电路，编写控制程序，使其实现显示要求。
2. 已知 8051 单片机的晶振频率为 12MHz，用定时器 T1 定时。编程实现由 P2.0 和 P2.1 引脚分别输出周期为 4ms 和 600μs 的方波。

项目三
计数器的设计

项目说明

设计一个以 8051 单片机为控制器的计数器，计数器的计数脉冲由按键提供，按一次按键提供一个计数脉冲，计数值加 1 一次，数码管实时显示计数值。计数器结构框图如图 3.1 所示。

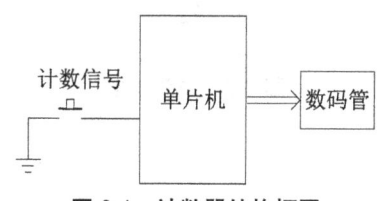

图 3.1 计数器结构框图

通过对计数器的设计与仿真调试，让读者学习单片机中断的编程和中断函数的应用；学习单片机计数程序的设计。

计数器的设计项目由计数器硬件电路设计及计数器软件设计两个任务组成。

任务一 计数器硬件电路设计

任务要求

设计计数器计数脉冲产生电路和 2 位数码管显示电路。
能力目标：
能设计计数器计数脉冲产生电路；
能设计 2 位一体数码管与单片机的接口电路。
知识目标：
熟悉中断的概念、中断的特点和中断系统的组成；
掌握 8051 单片机中断源的名称及中断信号来源。

知识储备——单片机中断的基本概念及中断系统的组成

一、中断的基本概念

1. 中断的概念

单片机在某一时刻只能处理一个任务，当要求单片机同时处理多个任务时，通过中断可实现多个任务的资源共享。

当单片机正在处理当前工作时，外界或者内部发生了紧急事件，要求单片机暂停正在处理的工作而去处理这个紧急事件，待处理完紧急事件后，再回到原来中断的地方，继续处理原来被中断的工作，这个过程称为单片机的中断。图 3.2 为一个完整的中断过程，包括中断请求、中断响应、中断服务和中断返回。

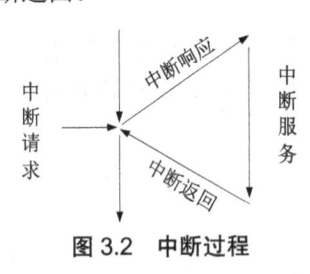

图 3.2 中断过程

2. 中断的特点

（1）同步工作。

中断是 CPU 与接口之间的信息传送方式之一，它使 CPU 与外设同步工作，较好地解决了 CPU 与慢速外设之间的配合问题。CPU 在启动外设工作后继续执行主程序，同时外设也在工作。每当外设做完一件事就发出中断申请，请求 CPU 中断正在执行的程序，转去执行中断服务程序。当中断处理完后，CPU 继续执行主程序，外设也继续工作。CPU 可启动多个外设同时工作，极大地提高了 CPU 的工作效率。

（2）异常处理。

针对难以预料的异常情况，如电源断电、存储器出错、程序执行出错等，可以通过中断系统由故障源向 CPU 发出中断请求，再由 CPU 转到相应的故障处理程序进行处理。

（3）实时处理。

在实时控制中，现场的各种参数、信息的变化是随机的。这些外界变量可根据要求随时向 CPU 发出中断申请，请求 CPU 及时处理。如果中断条件满足，CPU 马上就会响应，转去执行相应的处理程序，从而实现实时控制。

二、中断系统的组成

为实现中断功能而配置的硬件和编写的软件就是中断系统。图 3.3 为 8051 单片机中断系统的组成，中断系统包括中断源和与中断有关的特殊功能寄存器。

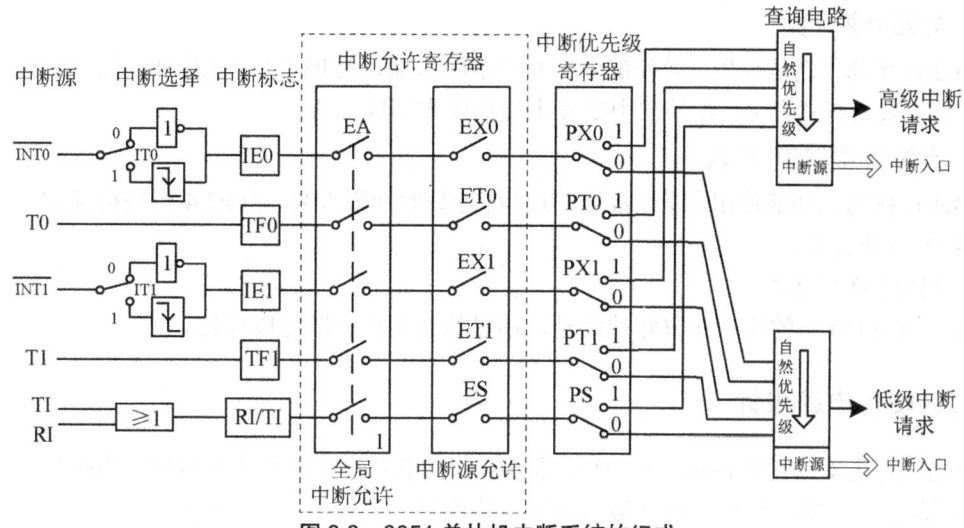

图 3.3 8051 单片机中断系统的组成

1. 中断源

中断源是指能够向 CPU 发出中断请求信号的部件或设备，中断请求信号可来自外部设备，也可由单片机内部硬件发出。8051 单片机有 5 个中断源，中断源的名称及中断信号来源如表 3.1 所示。增强型 8051 单片机有 6 个中断源，多出的一个中断源为定时/计数器 T2 中断。

表 3.1 8051 单片机中断源

中断源的名称	中断信号来源
外部中断 $\overline{INT0}$	从 P3.2 引脚引入的低电平脉冲或下降沿信号
定时/计数器 T0 中断	定时/计数器 T0 溢出时引发的中断请求
外部中断 $\overline{INT1}$	从 P3.3 引脚引入的低电平脉冲或下降沿信号
定时/计数器 T1 中断	定时/计数器 T1 溢出时引发的中断请求
串行口中断	一次串行发送或接收完成后发出的中断请求

2. 与中断有关的特殊功能寄存器

8051 单片机中断系统中，与中断有关的特殊功能寄存器有中断允许寄存器 IE、中断优先级寄存器 IP、定时/计数器控制寄存器 TCON 和串行口控制寄存器 SCON。

中断相关特殊功能寄存器中的中断标志位用于向 CPU 发出中断请求信号。通过对这些中断相关特殊功能寄存器的编程，可实现中断源信号的选择、中断的打开与关闭、中断的优先级设置等控制。中断相关特殊功能寄存器的详细内容在本项目任务二中介绍。

任务实施

一、确定设计方案

单片机可通过外部中断、定时/计数器的计数功能和扫描 I/O 口三种方法对外部脉冲信号计数，本任务设计这三种计数方法的硬件电路。

计数脉冲由按键提供，按下按键一次提供一个脉冲信号。使用 2 位一体共阳数码管显示计数值，数码管的阳极可使用三极管或非门驱动。

1. 外部中断计数

P3.2 口作第二功能使用,即外部中断 0 申请输入端,当 P3.2 口获得低电平脉冲或下降沿信号时,触发外部中断 0,在外部中断 0 中断程序中完成计数。

2. 定时/计数器 T0 计数

P3.4 口作第二功能使用,即计数器 T0 外部计数脉冲输入端,当 P3.4 口获得脉冲信号时,计数器 T0 完成计数。

3. 扫描 I/O 口计数

通过扫描 I/O 口的状态获取脉冲信号,通过执行用户程序完成计数。

二、硬件电路设计

根据设计方案使用 Proteus 设计计数器电路图,三种方案下的计数器参考电路如图 3.4～图 3.6 所示。计数器(外部中断计数)参考电路所用元器件如表 3.2 所示。

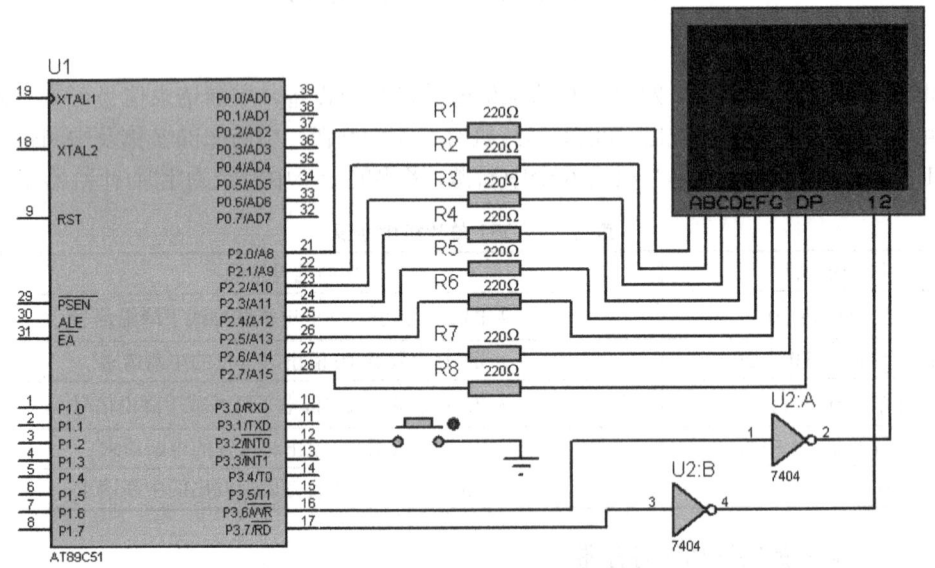

图 3.4 外部中断计数参考电路图

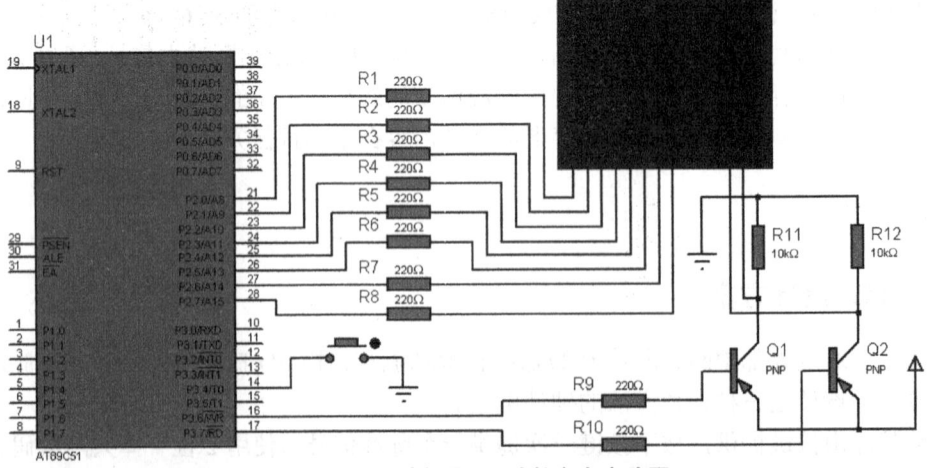

图 3.5 定时/计数器 T0 计数参考电路图

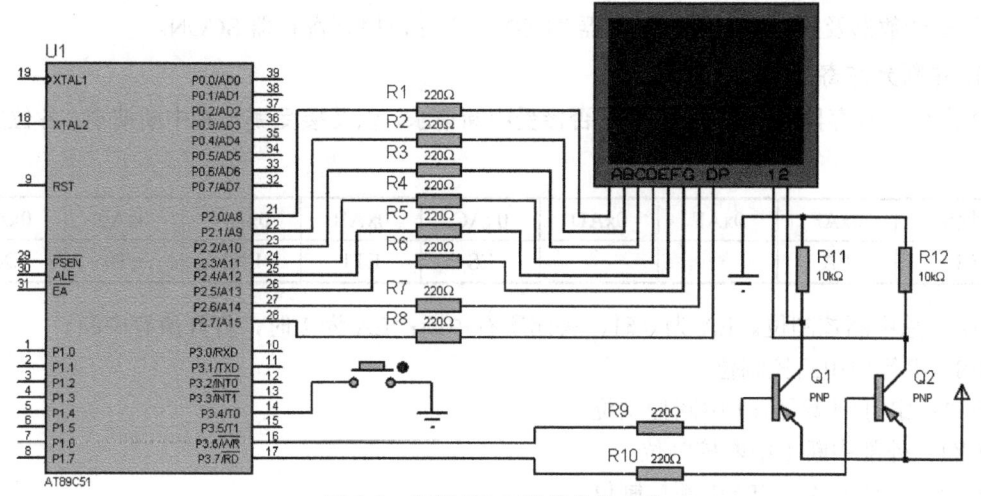

图 3.6　扫描 I/O 口计数参考电路

表 3.2　计数器（外部中断计数）参考电路元器件列表

元器件名称	关键字	参数	数量
单片机	AT89C51		1
数码管	7SEG-MP×2-CA	2 位一体数码管	1
非门	7404		2
电阻	RES	220Ω	8
按键	BUTTON		1

任务二　计数器软件设计

扫一扫看项目三任务二视频资源

任务要求

完成计数器软件的设计，要求：由按键提供计数脉冲，按一次按键，计数值加 1 一次，当计数值达到 20 后，再次按下按键，重新从 1 开始加 1 计数，数码管实时显示计数值。

能力目标：

能编写单片机计数程序。

知识目标：

掌握单片机中断相关特殊功能寄存器的定义及作用；

熟悉中断处理过程及中断嵌套的含义；

掌握单片机中断函数的定义形式。

知识储备——单片机中断的控制

一、中断的控制

单片机通过以下 4 个特殊功能寄存器控制中断：中断允许寄存器 IE、中断优先级寄存器

IP、定时/计数器及外部中断控制寄存器 TCON、串行口控制寄存器 SCON。

1. 中断允许寄存器 IE（0xA8）

中断允许寄存器 IE 控制单片机是否接受中断请求，以及接受哪一种中断请求，各位定义如下：

位地址	0xAF	0xAE	0xAD	0xAC	0xAB	0xAA	0xA9	0xA8
IE	EA	—	—	ES	ET1	EX1	ET0	EX0

EA：总中断控制位。EA 为 0 时，关闭所有中断；EA 为 1 时，打开所有中断。
ES：串行口中断控制位。
ET1：定时/计数器 T1 中断控制位。
EX1：外部中断 1 中断控制位。
ET0：定时/计数器 T0 中断控制位。
EX0：外部中断 0 中断控制位。

当中断允许控制位为 1 且总中断控制位为 1 时，打开对应中断；中断允许控制位为 0 时，禁止对应中断。

增强型 8051 单片机定时/计数器 T2 中断控制位为 ET2，位地址为 0xAD。

中断允许寄存器 IE 的地址为 0xA8，能被 8 整除，因此可以进行位寻址。可通过位赋值语句或整个字节赋值语句对中断进行控制。

例如，同时打开外部中断 0 和串行口中断的控制语句如下。

方法 1：

```
IE=0x91;
```

方法 2：

```
EA=1;
ES=1;
EX0=1;
```

2. 中断优先级寄存器 IP（0xB8）

中断优先级寄存器 IP 对中断进行高优先级或低优先级的设置。中断优先级寄存器 IP 各位定义如下：

位地址	0xBF	0xBE	0xBD	0xBC	0xBB	0xBA	0xB9	0xB8
IP	—	—	—	PS	PT1	PX1	PT0	PX0

当中断优先级控制位为 1 时，对应中断设置为高优先级；当中断优先级控制位为 0 时，对应中断设置为低优先级。

PS：串行口中断优先级控制位。
PT1：定时/计数器 T1 中断优先级控制位。
PX1：外部中断 1 中断优先级控制位。
PT0：定时/计数器 T0 中断优先级控制位。
PX0：外部中断 0 中断优先级控制位。

增强型 8051 单片机定时/计数器 T2 中断优先级控制位为 PT2，位地址为 0xBD。

中断优先级寄存器 IP 的地址为 0xB8，能进行位寻址。

例：令串行口为高优先级中断，外部中断 0 为低优先级中断，控制语句如下：

方法 1：

```
IE=0x91;      //打开中断
IP=0x10;      //设优先级
```

方法 2：

```
IE=0x91;
PS=1;
```

如果几个同级别的中断源同时申请中断，CPU 如何响应取决于单片机中断的自然优先级，自然优先级由硬件决定，用户不能更改，自然优先级排列如表 3.3 所示。增强型 8051 单片机前 5 个中断源的中断优先级同表 3.3，第 6 个中断源——定时/计数器 T2 中断的自然优先级最低。

表 3.3　中断源自然优先级排列

中断源	同级自然优先级
外部中断 $\overline{INT0}$	最高
定时/计数器 T0 中断	
外部中断 $\overline{INT1}$	↓
定时/计数器 T1 中断	最低
串行口中断	

3. 定时/计数器控制寄存器 TCON

定时/计数器控制寄存器 TCON 包含用于设置外部中断请求的形式控制位、控制定时/计数器工作的启停位和各中断源（串行口中断除外）是否申请中断的标志位。各位定义如下：

位地址	0x8F	0x8E	0x8D	0x8C	0x8B	0x8A	0x89	0x88
TCON	TF1	TR1	TF0	TR0	IE1	IT1	IE0	IT0

IT0：外部中断 0 的触发控制位。IT0=0 时，低电平触发；IT0=1 时，下降沿触发。

IE0：外部中断 0 请求标志位。当有外部中断 0 请求时该标志位由硬件自动置 1。

注：CPU 响应外部中断 0 之后，若外部中断 0 为下降沿触发方式，则 IE0 自动清零，采用软件查询（未开中断）时，IE0 需软件清零；若外部中断 0 为低电平触发方式，其中断请求撤除比较复杂，一般采用软件和硬件相结合的方式。

IE1 与 IT1 用于外部中断 1，同 IE0 与 IT0。

TF0：T0 溢出中断请求位。当 T0 计数计满溢出时该标志位由硬件自动置 1。

注：CPU 响应 T0 中断之后，TF0 自动清零，采用软件查询（未开中断）时，TF0 需软件清零。

TF1 用于 T1 溢出中断申请，同 TF0。

例：编程设定外部中断 1 为下降沿触发的高优先级中断源。

法 1：IT1=1;

```
        PX1=1;
        EX1=1;
        EA=1;
法 2:   IT1=1;
        IP=0x04;
        IE=0x84;
```

4. 串行口控制寄存器 SCON（0x98）

串行口控制寄存器 SCON 的地址为 0x98，能进行位寻址，各位定义如下：

位地址	0x9F	0x9E	0x9D	0x9C	0x9B	0x9A	0x99	0x98
SCON	—	—	—	—	—	—	TI	RI

SCON 中与串行口中断有关的位为 RI 与 TI。

RI：串行口接收中断请求标志位，当串行口接收完一帧串行数据时，RI 自动置 1，请求中断。CPU 响应该中断后，用软件对 RI 清零。

TI：串行口发送中断请求标志位，当串行口发送完一帧串行数据时，TI 自动置 1，请求中断。CPU 响应该中断后，用软件对 TI 清零。

串行口中断未打开时，若采用软件查询方式，RI 与 TI 均需软件清零。

二、中断处理过程

中断处理过程包括中断响应和中断处理两个阶段。

1. 中断响应

中断响应是指 CPU 对中断源请求的响应，CPU 并非任何时刻都能响应中断请求，而是在满足所有中断响应条件时才会响应。中断响应条件如下：

（1）无同级或高级中断正在服务。

（2）有中断请求信号。

（3）相应的中断源已打开，即 EA=1，中断源对应的中断允许位也为 1。

（4）当前执行的语句已经结束。

（5）如果当前正在执行访问 IE 和 IP 的语句，则至少要执行完一条语句。

2. 中断处理

中断处理就是自动调用并执行中断服务子程序（中断函数）的过程。中断处理过程中硬件要完成以下功能：

（1）根据响应的中断源的中断优先级，使相应的优先级状态触发器置 1；

（2）调用中断服务子程序，并把当前程序计数器的内容压入堆栈；

（3）清除相应的中断请求标志位（串行口中断请求标志位 RI 和 TI 除外）；

（4）把被响应的中断源所对应的中断服务程序的入口地址送入程序计数器，从而转入相应的中断服务程序。

中断处理过程如图 3.7 所示。

图 3.7 中断处理过程

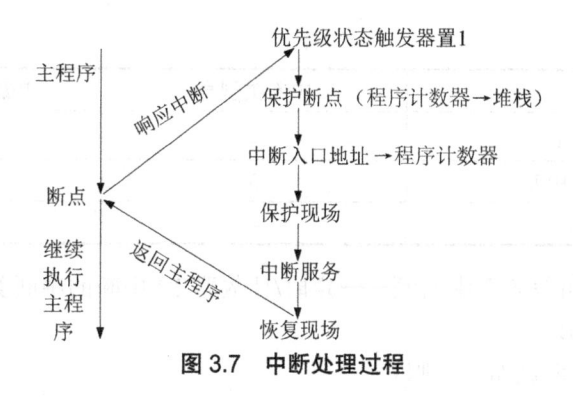

三、中断嵌套

当 CPU 正在执行中断服务程序时，又有新的中断源发出中断请求，CPU 要进行分析判断，决定是否响应：若为同级或低级中断源申请中断，CPU 不予理睬。如果是高级中断源申请中断，CPU 就要响应。待执行完高级中断服务程序后再继续执行低级中断服务程序，这就是中断嵌套。图 3.8 为二级中断嵌套的执行过程。

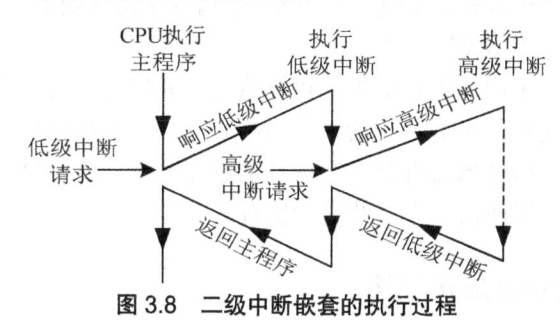

图 3.8 二级中断嵌套的执行过程

知识储备——单片机的中断函数及应用实例

一、单片机的中断函数

C51 编译器支持在 C 语言源程序中直接以函数形式编写中断服务程序。中断函数的定义格式如下：

```
void 函数名( ) interrupt n
{
    语句组；
}
```

其中，n 为中断类型号，8051 单片机提供的 5 个中断源所对应的中断类型号和中断服务程序入口地址如表 3.4 所示。

表 3.4 8051 单片机中断源对应的中断类型号及中断服务程序入口地址

中断源	中断类型号	中断服务程序入口地址
外部中断 $\overline{INT0}$	0	0x0003
定时/计数器 T0 中断	1	0x000B

中断源	中断类型号	中断服务程序入口地址
外部中断 $\overline{INT1}$	2	0x0013
定时/计数器 T1 中断	3	0x001B
串行口中断	4	0x0023

增强型 8051 单片机第 6 个中断源——定时/计数器 T2 中断的中断类型号为 5，中断服务程序入口地址为 0x002B。

编写中断函数时应遵循如下规则。

（1）不能进行参数传递且中断函数无返回值。

（2）任何情况下不能调用中断函数。

（3）可以在中断函数定义中使用 using 指令指定当前使用的寄存器组，格式如下：

```
void 函数名( ) interrupt n [using m]
```

51 单片机有 4 组寄存器 R0～R7，程序具体使用哪一组寄存器由程序状态字 PSW 中的 RS1 和 RS0 来确定，在中断函数定义时可使用 using 指令指定该函数具体使用哪一组寄存器，m 的取值范围为 0～3，对应 4 组寄存器。

不同的中断函数使用不同的寄存器组，可以避免中断嵌套调用时的资源冲突。

（4）在中断函数中调用的函数使用的寄存器组必须与中断函数使用的寄存器组相同，当没有使用 using 指令时，编译器会选择一个寄存器组作为绝对寄存器，用户必须保证按要求使用相应的寄存器组，C 编译器不会对此进行检查。

二、定时/计数器中断应用实例

【例 3.1】系统时钟频率为 12MHz，编程实现在 P1.0 引脚上输出如图 3.9 所示周期为 2ms、占空比为 50%的方波。

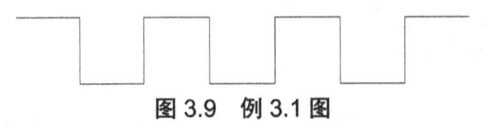

图 3.9　例 3.1 图

控制程序如下：

```
main ( )
{
    TMOD=0x01;          //将定时/计数器 T0 设定为定时器,工作在工作方式 1 下
    IE=0x82;            //允许 T0 中断
    TH0=(65536-1000/1)/256;   //1ms 定时初值（高 8 位）
    TL0=(65536-1000/1)%256;   //1ms 定时初值（低 8 位）
    TR0=1;              //启动 T0
    while( 1 );
}
void t0( ) interrupt 0        //T0 中断函数
{
    TH0=(65536-1000/2)/256;
    TL0=(65536-1000/2)%256;
    P1.0=~P1.0;               //输出取反
}
```

任务实施

一、设计控制程序实现计数器的功能要求

1. 采用外部中断方式进行计数源程序设计

参考源程序如下：

```c
#include<reg51.h>
unsigned char code a[]={0xc0,0xf9,0xa4,0xb0,0x99,0x92,0x82,0xf8,0x80,0x90};
unsigned char buffer[]={0,0};
unsigned char count=0;
sbit SEG2=P3^6;
sbit SEG1=P3^7;
#define SEGPORT P2
void delay(unsigned int x)
{
    unsigned char j;
    while(x--)
        for(j=0;j<10;j++);
}
void display()
{
    unsigned char i;
    buffer[1]=count/10;
    buffer[0]=count%10;
    if(buffer[1]==0)
        buffer[1]=10;
    switch(i)
    {
        case 0:
        {
            SEGPORT=0xff;
            SEG2=0;
            SEG1=1;
            SEGPORT=a[buffer[0]];
            i++;
            break;
        }
        default:
        {
            SEGPORT=0xff;
            SEG2=1;
            SEG1=0;
            SEGPORT=a[buffer[1]];
            i=0;
            break;
        }
    }
    delay(5);
}
main()
{
    IE=0x81;      //允许 INT0 中断
```

```
    IT0=1;          //下降沿触发
    while(1)
        display();
}
void int0( ) interrupt 0
{
    count++;        //计数值递增
    if(count>20)
        count=1;
}
```

2. 使用定时/计数器的计数功能进行计数源程序设计

参考源程序如下：

```
#include<reg51.h>
unsigned char code a[]={0xc0,0xf9,0xa4,0xb0,0x99,0x92,0x82,0xf8,0x80,0x90};
unsigned char buffer[]={0,0};
unsigned char count=0;
sbit SEG2=P3^6;
sbit SEG1=P3^7;
#define SEGPORT P2
void delay(unsigned int x)      //delay函数语句同方案一
void display()
{
    unsigned char i;
    buffer[1]=TL0/10;
    buffer[0]=TL0%10;
    //display函数中的其余语句同方案一
}
main()
{
    TMOD=0x04;          //设T0为计数器工作模式，工作在工作方式0下
    TR0=1;
    IE=0x82;            //允许T0中断
    while(1)
    {
        display();
        if(TL0>20)
            TL0=1;
    }
}
```

3. 通过扫描 I/O 口进行计数源程序设计

参考源程序如下：

```
#include<reg51.h>
unsigned char code a[]={0xc0,0xf9,0xa4,0xb0,0x99,0x92,0x82,0xf8,0x80,0x90};
unsigned char buffer[]={0,0};
unsigned char count,flag;
sbit seg2=P3^6;
sbit seg1=P3^7;
sbit IN=P3^1;
#define SEGPORT P2
void delay(unsigned int x)      //delay函数语句同方案一
void display()
```

```
{
    unsigned char i;
    buffer[1]=count/10;
    buffer[0]=count%10;
    //display 函数中的其余语句同方案一
}
main()
{
    while(1)
    {
        display();
        IN=1;
        if(IN==0)
            flag=1;
        if(IN==1&&flag==1)
        {
            f lag=0;
            if(++count==21)
                count=1;
        }
    }
}
```

二、仿真分析

为三种方案计数器电路中的单片机分别加载各自的目标程序，仿真运行。

（1）外部中断计数仿真，第5次按下按键时的仿真界面如图3.10所示。由于外部中断由下降沿触发，因此在按下按键的瞬间完成计数。

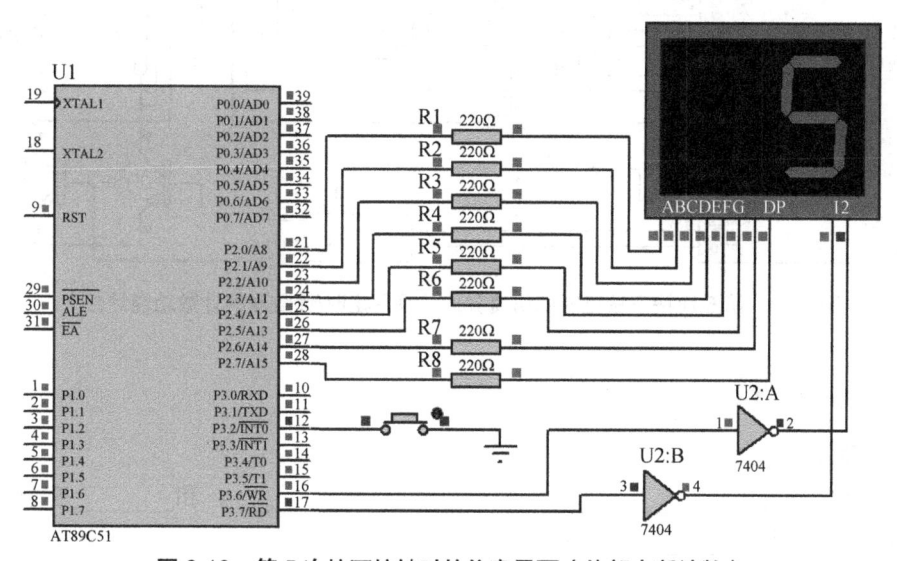

图3.10 第5次按下按键时的仿真界面（外部中断计数）

（2）扫描I/O口计数仿真，第5次按下按键时的仿真界面，如图3.11所示。由于按键抬起时获得计数脉冲，因此在按下按键的瞬间不会计数。

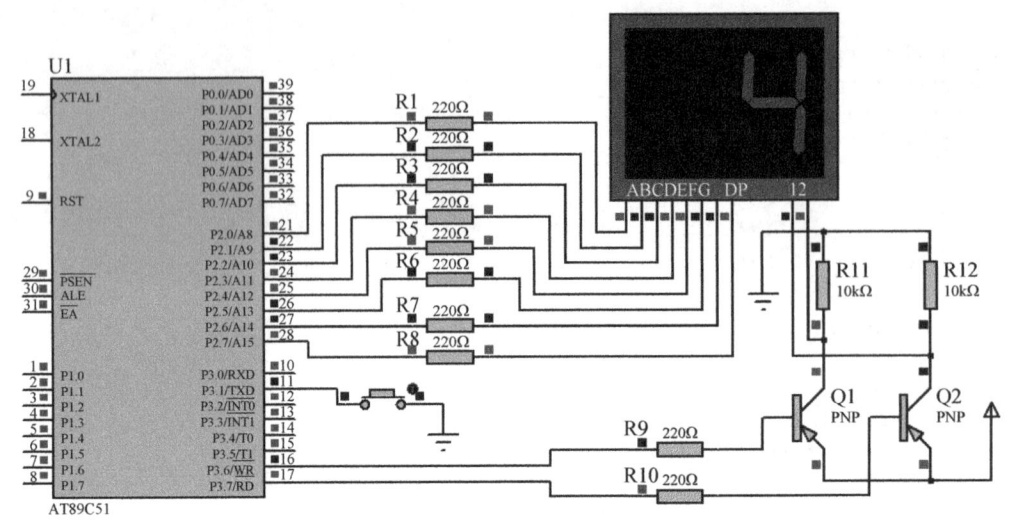

图 3.11 第 5 次按下按键时的仿真界面（扫描 I/O 口计数）

（3）采用定时/计数器的计数功能计数仿真，第 5 次按下按键时的仿真界面如图 3.12 所示。由于外部中断为下降沿触发，因此在按下按键的瞬间完成计数。

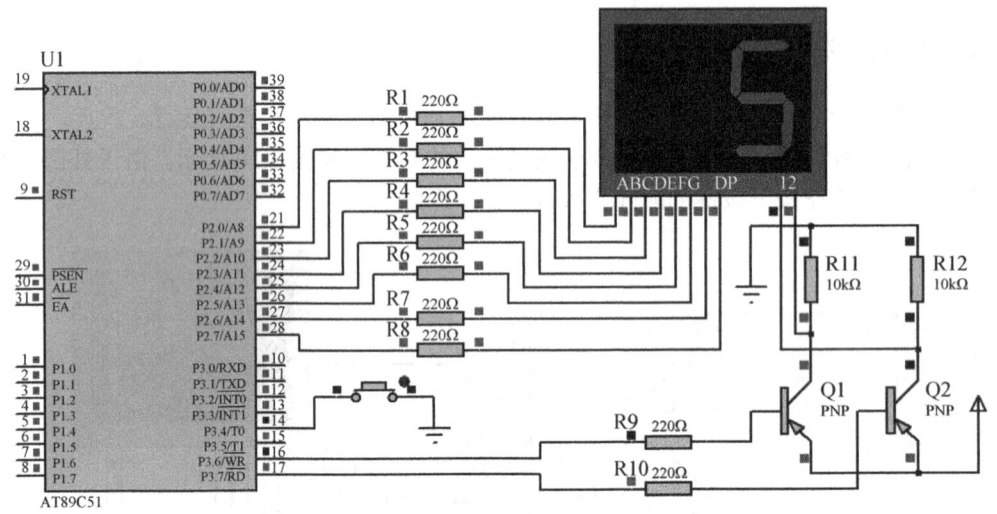

图 3.12 第 5 次按下按键时的仿真界面（采用定时/计数器的计数功能计数）

思考与练习题 3

一、填空题

1. 8051 单片机有_____、_____、_____、_____、和_____5 个中断源。增强型 8051 单片机有_____个中断源。

2. 8051 单片机共有_____个中断优先级。

3. 串行口中断所对应的中断类型号为_____，中断服务程序入口地址为_____。

4. 增强型 8051 单片机定时/计数器 T2 中断的中断类型号为_____，中断服务程序入口地址为_____。

5. 若 IP=00010100，则中断优先级最高者为_____。

6. CPU 响应 T0 中断之后，中断标志位 TF0_____清零，采用软件查询（未开中断）时，TF0_____清零。

7. 如果定时/计数器控制寄存器 TCON 中的 IT1 位和 IT0 位均为 0，则外部中断请求信号的方式为_____。

8. 对中断进行查询时，查询的中断标志位有_____、_____、_____、_____、_____。

9. 单片机复位后，IE 的状态为_____，IP 的状态为_____。

10. 已知中断函数定义为 void t0( ) interrupt 1 [using 2]，则工作寄存器 R0 的地址为_____。

二、选择题

1. CPU 响应中断后，能自动对中断请求标志位清零的是_____。
   A. INT0/INT1 采用电平触发方式　　　B. INT0/INT1 采用下降沿触发方式
   C. 定时/计数器 T0/T1 中断　　　　　D. 串行口中断 TI/RI

2. 当 CPU 响应定时/计数器 T1 的中断请求后，程序计数器的内容是_____。
   A. 0x0003　　　B. 0x000B　　　C. 0x0013　　　D. 0x001B

3. 8051 单片机的中断源处于同一优先级，则下列中断源同时申请中断时，CPU 优先响应的中断源是_____。
   A. 定时/计数器 T0 溢出中断　　　　B. 定时/计数器 T1 溢出中断
   C. 串行口中断　　　　　　　　　　D. 外部中断 1

4. 以下寄存器与定时/计数器无关的是_____。
   A. IE　　　　　B. SCON　　　　C. IP　　　　　D. TCON

5. 以下寄存器不能实施中断控制的是_____。
   A. TMOD　　　B. SCON　　　　C. IP　　　　　D. IE

6. 8051 单片机中断的打开与关闭是通过对_____寄存器编程实现的。
   A. TCON　　　B. SCON　　　　C. IP　　　　　D. IE

7. 8051 单片机的中断源中，对中断优先级的设置是通过对_____寄存器编程实现的。
   A. TCON　　　B. SCON　　　　C. IP　　　　　D. IE

8. 当外部中断 0 发出中断请求后，中断响应的条件是_____。
   A. ET0=1　　　B. EX0=1　　　C. IE=0x81　　　D. IE=0x61

9. 各中断源发出的中断请求信号，都会标记在 8051 单片机的_____中。
   A. TMOD　　　B. TCON 和 SCON　　　C. IE　　　　　D. IP

10. 在响应中断时，下列哪种操作不会发生_____。
    A. 保护现场　　　　　　　　　　　B. 保护程序计数器
    C. 找到中断入口　　　　　　　　　D. 保护程序计数器转入中断入口

三、简答题

1. 什么是中断？其主要功能是什么？
2. 简述中断响应的条件。
3. 外部中断有哪两种触发方式?如何选择和设定？

4. 简述中断嵌套的含义。

5. 中断服务子程序与普通子程序有哪些相同和不同之处？

四、程序设计题

1. 设系统时钟频率为 6MHz，编程实现：P1.0 引脚上输出周期为 1s、占空比为 20%的脉冲信号。（定时器采用中断方式定时）

2. 单片机控制系统有 8 个 LED，在 P3.3 引脚连接一个按键，通过按键改变 LED 的显示方式。正常情况下 8 个 LED 依次顺序点亮，循环显示，时间间隔为 1s。当按键按下后 8 个 LED 同时点亮 1s，然后同时熄灭。（按键动作采用外部中断 1 实现）

项目四
LED 广告字显示屏的设计

项目说明

设计一 LED 广告字显示屏，要求：
（1）该显示屏为能显示汉字的 16×16 LED 点阵显示屏；
（2）运行时，点阵显示屏向左移动循环显示广告字。

通过对 LED 广告字显示屏的设计与仿真调试，让读者学习 LED 点阵显示屏与单片机的接口电路设计及编程控制方法。

LED 广告字显示屏的设计项目包括 LED 点阵显示屏与单片机的接口电路设计及 LED 广告字显示屏软件设计两个任务。

任务一 LED 点阵显示屏与单片机的接口电路设计

任务要求

设计 16×16 LED 点阵与单片机的接口电路。
能力目标：
能设计 LED 点阵与单片机的接口电路。
知识目标：
熟悉 LED 点阵内部结构及显示原理；
掌握 16×16 点阵显示汉字的原理；
掌握 LED 点阵驱动芯片 74HC595 的使用方法。

知识储备——LED 点阵与单片机的接口技术

一、LED 点阵的结构

LED 点阵模块（简称 LED 点阵或点阵）是由一个一个的点（LED）组成的矩形阵列。常见的 LED 点阵有 4×4（4 行 4 列）、4×8、5×7（5 行 7 列）、5×8、8×8、16×16、24×24 及 40×40 等多种，点阵总点数为行与列的乘积。通过对每个 LED 的控制，LED 点阵可显示各种字符或图形。图 4.1 是 8×8 LED 点阵外形图，由 64 个 LED 组成。

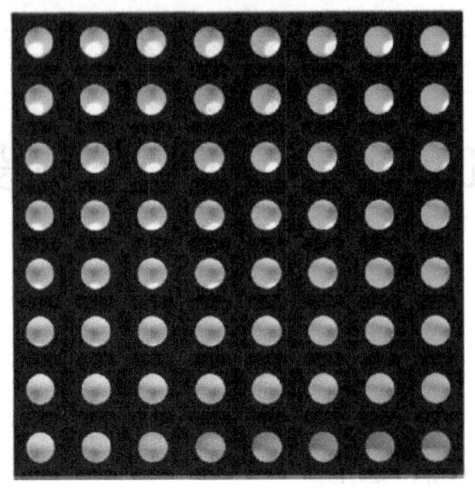

图 4.1　8×8 LED 点阵外形图

若干 LED 点阵组成 LED 点阵显示屏。LED 点阵显示屏不仅能显示数字、符号和文字，还能显示图片、动画、视频等，是常用的显示器件。LED 点阵显示屏有单色、双色和全彩三类，可显示红、橙、黄、绿等颜色。LED 点阵显示屏制作简单，安装方便，被广泛应用于各种公共场合，如汽车报站器、广告屏及公告牌等。

显示一个汉字一般采用 16×16 LED 点阵。本任务显示汉字时使用的 16×16 LED 点阵由 4 个 8×8 LED 点阵组成。

8×8 LED 点阵内部结构如图 4.2 所示，由 8 行 8 列 LED 组成，引出 16 个引脚，8 根行线用 R0～R7 表示，8 根列线用 C0～C7 表示。点阵内部 LED 有两种接法：共阴和共阳接法，图 4.2（a）为共阳点阵，图 4.2（b）为共阴点阵。这里的共阴和共阳是指同一行 LED 的连接方法，二者本质上是一样的。

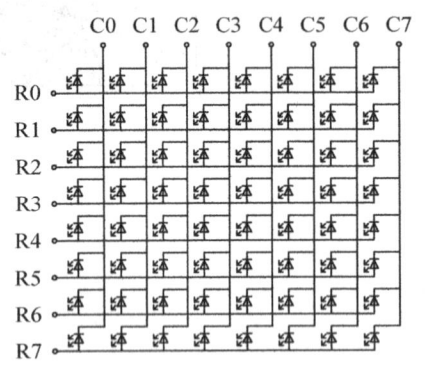

（a）共阳点阵 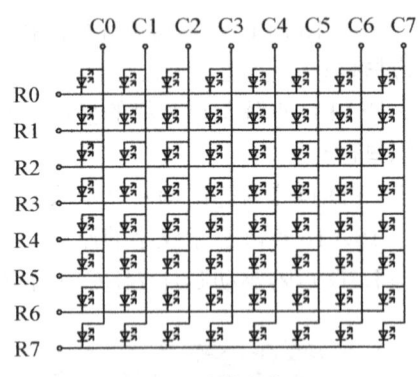　　　　　　　　　　（b）共阴点阵

图 4.2　8×8 LED 点阵内部结构

二、LED 点阵显示原理

LED 点阵一般采用动态显示方式，下面以共阴点阵为例，介绍 8×8 LED 点阵和 16×16 LED 点阵显示原理。

1. 8×8 LED 点阵显示原理

行线（R0~R7）上加载扫描选通信号（低电平），列线（C0~C7）为数据输入端，当行线上有一个负脉冲选通信号时，列端 8 位数据中为 "1" 的 LED 导通点亮。显示时采用逐行扫描方式，列端不断输入数据，行扫描按自上而下的顺序逐行选通，扫描一个周期（8 次）产生一帧画面。

8×8 共阳 LED 点阵显示时，列线上加载扫描选通信号，行线为数据输入端。

在如图 4.3 所示的 8×8 共阴 LED 点阵中，"山"字显示时，行线自上而下逐行依次获得一个负脉冲选通信号，列端依次获得的 8 位数据（C0 为最高位，C7 为最低位）为 0x00、0x08、0x08、0x08、0x49、0x49、0x7F、0x00。

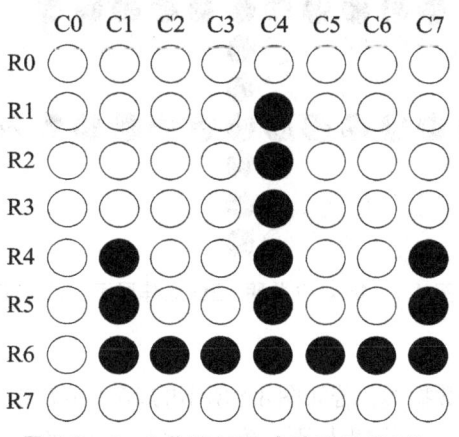

图 4.3　8×8 共阴 LED 点阵显示"山"

2. 16×16 LED 点阵显示原理

显示汉字一般采用 16×16 LED 点阵，16×16 LED 点阵显示原理与 8×8 LED 点阵显示原理类似，不同之处为，16×16 LED 点阵的列线有 16 根（C0~C15），行线有 16 根（R0~R15）。当行线（共阳点阵为列线）上获得一个负脉冲选通信号时，列端（共阳点阵为行端）数据分为两组，即 C0~C7 一组，C8~C15 一组，因此显示一个汉字需要 32 个 8 位数据，这 32 个 8 位数据称为该汉字显示对应的字模，获取汉字对应字模的过程称为取模。

LED 点阵显示的汉字取模方式有逐行取模方式、逐列取模方式、列行取模方式和行列取模方式，其中前两种取模方式应用较多，本任务只介绍逐行取模方式与逐列取模方式。

1）逐行取模方式

行线为选通线，列线为数据线。若如图 4.4 所示的 16×16 LED 点阵为共阴点阵，显示汉字"单"采用逐行取模方式时，取模过程如下：第一行（R0）选通时，列端数据为 0x08（C0 为最高位，C7 为最低位）与 0x08（C8 为最高位，C15 为最低位）。第二行（R1）选通时，列端数据为 0x10（C0~C7）与 0x04（C8~C15）。依次逐行选通，显示汉字"单"，列端依次获得的数据如下：

0x08, 0x08, 0x10, 0x04, 0x20, 0x02, 0xFC, 0x1F, 0x84, 0x10, 0x84, 0x10, 0xFC, 0x1F, 0x84, 0x10, 0x84, 0x10, 0xFC, 0x1F, 0x80, 0x00, 0x80, 0x00, 0xFF, 0x7F, 0x80, 0x00, 0x80, 0x00, 0x80, 0x00

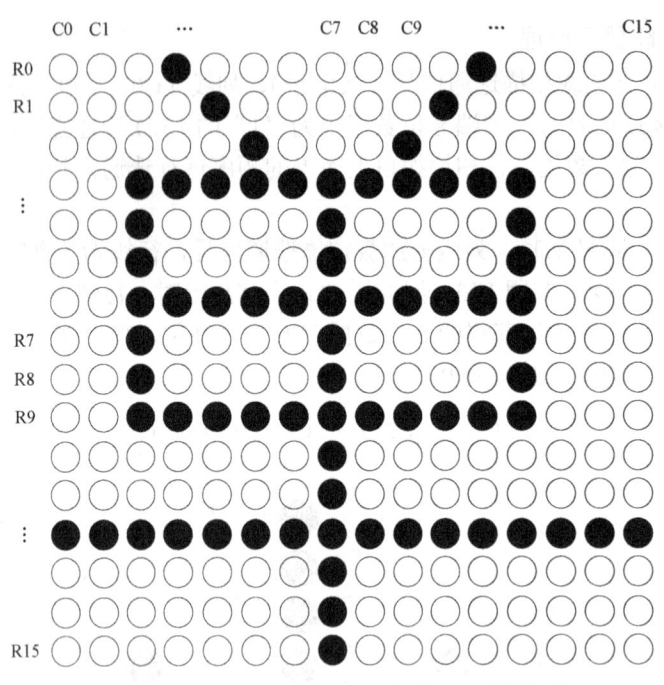

```
         C0 C1    ...    C7 C8 C9    ...       C15
    R0  ○○●○○○○○○●○○○○○○
    R1  ○○○●○○○●○○○○○○○○
        ○○○○●○○●○○○○○○○○
        ○○●●●●●●●●●●●●○○
     ⋮  ○○●○○○○●○○○○●○○○
        ○○●○○●●●●●●○●○○○
        ○○●○○○○●○○○○●○○○
        ○○●○○●●●●●●○●○○○
    R7  ○○●○○○○●○○○○●○○○
    R8  ○○●○○●●●●●●○●○○○
    R9  ○○●○○○○●○○○○●○○○
        ○○●●●●●●●●●●●●○○
        ○○○○○○○●○○○○○○○○
     ⋮  ○●●●●●●●●●●●●●●○
        ○○○○○○○●○○○○○○○○
        ○○○○○○○●○○○○○○○○
    R15 ○○○○○○○●○○○○○○○○
```

图 4.4　16×16 共阴 LED 点阵显示 "单" 字

2）逐列取模方式

列线为选通线，行线为数据线。若如图 4.4 所示的 16×16 LED 点阵为共阳点阵，显示汉字 "单" 采用逐列取模方式时，取模过程如下：第一列（C0）选通时，行端数据为 0x00（R0 为最高位，R7 为最低位）与 0x08（R8 为最高位，R15 为最低位）。第二列（C1）选通时，行端数据为 0x00（R0~R7）与 0x08（R8~R15）。依次逐列选通，显示汉字 "单"，行端数据如下：

0x00, 0x08, 0x00, 0x08, 0x1F, 0xC8, 0x92, 0x48, 0x52, 0x48, 0x32, 0x48, 0x12, 0x48, 0x1F, 0xFF, 0x12, 0x48, 0x32, 0x48, 0x52, 0x48, 0x92, 0x48, 0x1F, 0xC8, 0x00, 0x08, 0x00, 0x08, 0x00, 0x00

LED 点阵左右移动显示时，选用逐列取模方式；上下移动显示时，选用逐行取模方式。

三、LED 点阵与单片机的接口电路

点阵中 LED 的点亮采用阳极驱动法，单片机 I/O 口处于 "拉电流" 工作模式，这种模式下 LED 点阵往往亮度不够，因此在点阵的数据输入端需加驱动芯片将单片机输出电流放大，常用的点阵驱动芯片有 74HC573、74HC595、74HC164 等。74HC573 为 8 并入 8 并出，占用单片机 I/O 口资源较多。74HC595 与 74HC164 均为串入并出，占用单片机 I/O 口资源较少。

为克服 LED 点阵行选通（共阳 LED 点阵为列选通）需 I/O 口较多的问题，常使用 3-8、4-16 等译码器扩展行选线（共阳 LED 点阵为列选线）。

下面介绍 LED 点阵数据输入端驱动芯片 74HC595 及行选通（共阳 LED 点阵为列选通）所用 4-16 译码器 74HC154 的功能、引脚及使用方法。

1. 74HC595

74HC595 由 8 位移位寄存器和 8 位 D 型锁存器组成并行三态输出，图 4.5 为 74HC595 的内部逻辑结构图。移位寄存器接受串行数据输入和提供串行数据输出。移位寄存器还向锁

存器提供并行数据。移位寄存器和锁存器具有独立的时钟输入端。移位寄存器具有独立的复位输入端。

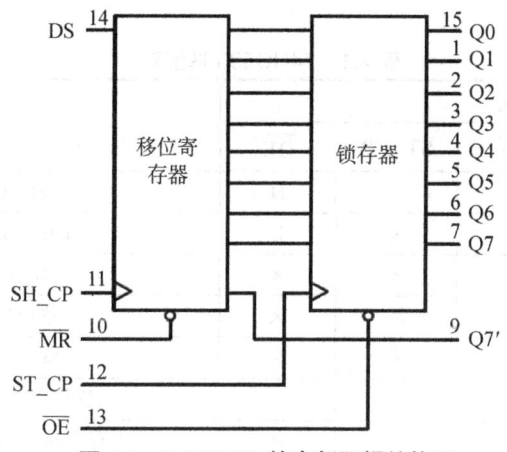

图 4.5　74HC595 的内部逻辑结构图

1）74HC595 外部引脚说明

图 4.6 为 74HC595 外部引脚图，具体说明如下。

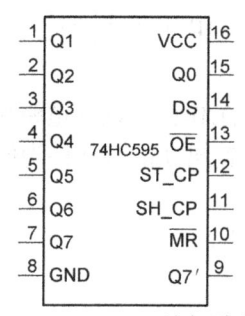

图 4.6　74HC595 外部引脚图

DS（14 脚）：串行数据输入引脚，引脚上的输入数据被移到 8 位串行移位寄存器。

Q0～Q7（15 脚，1～7 脚）：并行三态输出引脚，输出 8 位并行数据，Q0 输出最低位，Q7 输出最高位。

Q7'（9 脚）：串行数据输出引脚，多芯片级联时使用。

SH_CP（11 脚）：移位寄存器时钟输入引脚，在时钟上升沿，将串行数据输入引脚上的数据移到 8 位移位寄存器中。

$\overline{MR}$（10 脚）：复位引脚，低电平有效，移位寄存器复位输入。引脚信号为低电平时移位寄存器清零。8 位数据被锁存，不受影响。

ST_CP(12 脚)：锁存器时钟输入引脚，在时钟上升沿，将移位寄存器中数据锁存到锁存器中。

$\overline{OE}$（13 脚）：输出使能端，低电平有效。此引脚输入为低电平时，锁存器数据输出至 Q0～Q7 输出引脚；输入为高电平时，Q0～Q7 输出引脚为高阻状态。串行输出不受此引脚状态影响。

2）74HC595 真值表

表 4.1 为 74HC595 真值表，在移位寄存器时钟信号上升沿，串行数据依次存入移位寄存

器中，存入过程中复位引脚 $\overline{MR}$ 保持高电平。在锁存器时钟信号上升沿，将移位寄存器中 8 位数据锁存至锁存器中。当输出使能端为低电平时，锁存至锁存器的数据并行输出至引脚 Q0～Q7。

表 4.1 74HC595 真值表

输入					输出
DS	SH_CP	$\overline{MR}$	ST_CP	$\overline{OE}$	
×	×	×	×	H	Q0～Q7 输出高阻
×	×	×	×	L	Q0～Q7 输出有效值
×	×	L	×	×	移位寄存器清零
L	↑	H	×	×	移位寄存器存储 L
H	↑	H	×	×	移位寄存器存储 H
×	↓	H	×	×	移位寄存器存储状态保持
×	×	×	↑	×	锁存器锁存移位寄存器的状态值
×	×	×	↓	×	锁存器状态保持

注：↑表示上升沿，↓表示下降沿。

3）74HC595 工作模式

74HC595 有两种工作模式，即单芯片工作模式与级联工作模式。

（1）单芯片工作模式。

实现 8 位数据串入并出，单芯片工作模式硬件电路如图 4.7 所示，复位引脚 $\overline{MR}$ 保持为高电平，防止移位寄存器数据清零。输出使能端保持为低电平，使锁存至锁存器的数据并行实时输出至引脚 Q0～Q7。

8 位数据串入并出的控制程序如下：

```
for(i=0;i<8;i++)
{
    SCK=0;      //给移位寄存器时钟送低电平
    if((dat&0x80)==0x80)    //dat 为 8 位数据
        SI=1;
    else
        SI=0;
    dat<<=1;
    SCK=1;      //给移位寄存器时钟送高电平
}
LCK=0;
LCK=1;
```

（2）级联工作模式。

级联工作模式硬件电路如图 4.8 所示，两片 74HC595 芯片级联使用可并行输出 16 位数据。复位引脚 $\overline{MR}$ 保持高电平，输出使能端保持低电平。1#74HC595 的串行输出作为 2#74HC595 的串行输入。级联工作模式下，16 位数据低 8 位经 1#74HC595 并行输出，高 8 位经 2#74HC595 并行输出。

2. 译码器 74HC154

4-16 译码器 74HC154 用于将 4 个二进制编码输入译成 16 个彼此独立的输出之一。图 4.9 为 74HC154 的芯片引脚图，$\overline{E0}$（18 脚）、$\overline{E1}$（19 脚）为 74HC154 的使能输入端，低电平有效。

A0～A3 为 4 个二进制编码输入端，$\overline{Y0}$～$\overline{Y15}$ 为 16 个彼此独立的输出端。表 4.2 为 74HC154 真值表，任意 4 个二进制编码输入均可译成 16 个彼此独立的输出之一。本任务中 16 个彼此独立的输出用于 16×16 LED 点阵的列选通（共阴 LED 点阵为行选通）。

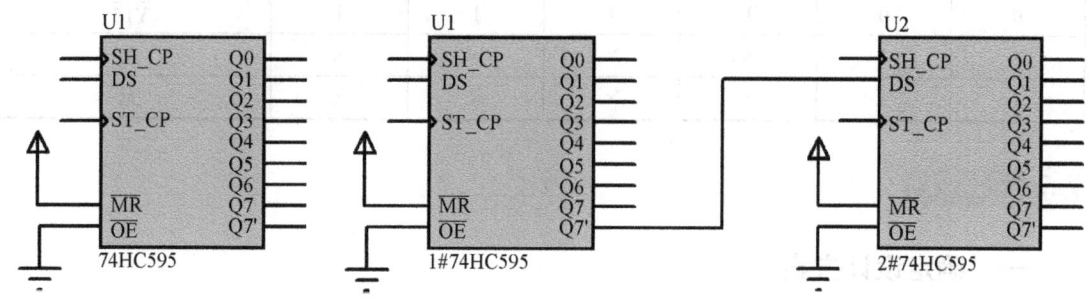

图 4.7 单芯片工作模式硬件电路

图 4.8 级联工作模式硬件电路

图 4.9 74HC154 的芯片引脚图

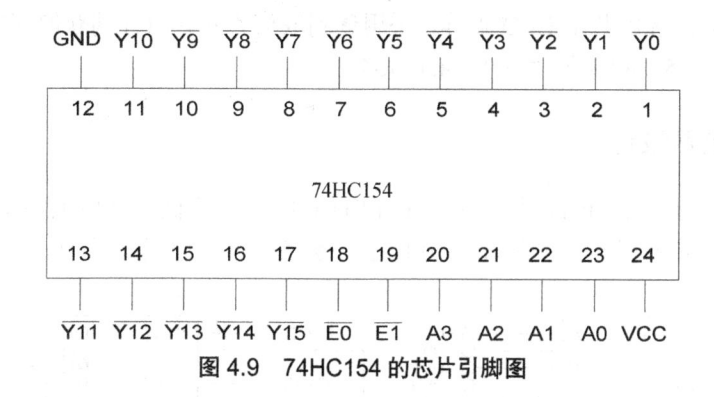

表 4.2 74HC154 真值表

输入						输出端选择（低电平有效）
$\overline{E0}$	$\overline{E1}$	A3	A2	A1	A0	
0	0	0	0	0	0	$\overline{Y0}$
		0	0	0	1	$\overline{Y1}$
		0	0	1	0	$\overline{Y2}$
		0	0	1	1	$\overline{Y3}$
		0	1	0	0	$\overline{Y4}$
		0	1	0	1	$\overline{Y5}$
		0	1	1	0	$\overline{Y6}$
		0	1	1	1	$\overline{Y7}$
		1	0	0	0	$\overline{Y8}$
		1	0	0	1	$\overline{Y9}$
		1	0	1	0	$\overline{Y10}$
		1	0	1	1	$\overline{Y11}$
		1	1	0	0	$\overline{Y12}$
		1	1	0	1	$\overline{Y13}$
		1	1	1	0	$\overline{Y14}$

续表

输入						输出端选择 （低电平有效）
$\overline{E0}$	$\overline{E1}$	A3	A2	A1	A0	
0	0	1	1	1	1	$\overline{Y15}$
×	1	×	×	×	×	无
1	×	×	×	×	×	无

任务实施

一、确定设计方案

本项目中，使用 4 个 8×8 LED 点阵组成一个 16×16 LED 点阵显示汉字。待显示汉字依次左移出点阵，因此选用共阳 LED 点阵，采用逐列取模方式，由行端获取字模数据。行端驱动芯片选用 74HC595，列选芯片选用 74HC154。

二、硬件电路设计

根据设计方案使用 Proteus 设计 16×16 LED 点阵与单片机的接口电路图，16×16 LED 点阵与单片机的接口参考电路图如图 4.10 所示，参考电路所用元器件如表 4.3 所示。

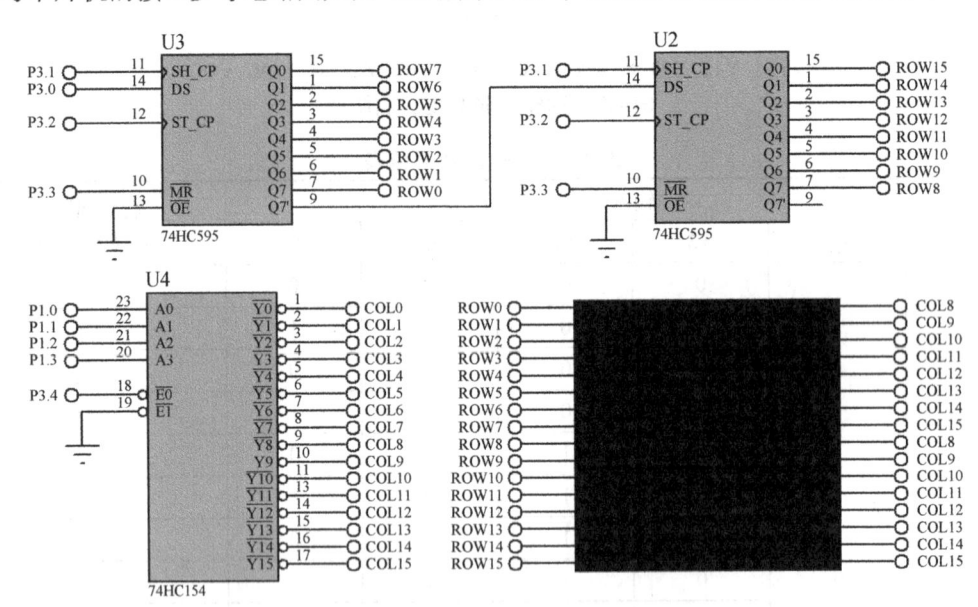

图 4.10 16×16 LED 点阵与单片机的接口参考电路图

表 4.3 16×16 LED 点阵参考电路元器件表

元器件名称	关键字	参数	数量
单片机	AT89C51		1
LED 点阵	MATRIX-8×8-GREEN	8×8 共阴	4
驱动芯片	74HC595		2
4-16 译码器	74HC154		1

任务二　LED 广告字显示屏软件设计

任务要求

设计控制程序实现：16×16 LED 点阵显示屏向左移动循环显示"单片机原理及接口技术"。

能力目标：

能设计 LED 点阵向左移动显示的控制程序。

知识目标：

熟悉 LED 点阵取模软件 PCtoLCD 的使用方法；

熟悉 LED 点阵移动显示原理。

扫一扫看项目四任务二视频资源

知识储备——LED 点阵向左移动显示原理

以 8×8 LED 点阵左移显示"山"字的编程思路来介绍 LED 点阵向左移动显示原理。由于"山"字依次左移出 LED 点阵，因此选用共阳 LED 点阵，由行端获取字模数据，第一行对应字模数据的最高位，第八行对应字模数据的最低位。

"山"字左移显示程序按图 4.11 中（a）～（h）分成 8 步：

（1）显示图 4.11（a），第一列到第八列显示时对应的字模数据如下：

0x00, 0x0E, 0x02, 0x02, 0x7E, 0x02, 0x02, 0x0E

（2）显示图 4.11（b），字模数据如下：

0x0E, 0x02, 0x02, 0x7E, 0x02, 0x02, 0x0E, 0x00

（3）显示图 4.11（c），字模数据如下：

0x02, 0x02, 0x7E, 0x02, 0x02, 0x0E, 0x00, 0x00

（4）显示图 4.11（d），字模数据如下：

0x02, 0x7E, 0x02, 0x02, 0x0E, 0x00, 0x00, 0x00

（5）显示图 4.11（e），字模数据如下：

0x7E, 0x02, 0x02, 0x0E, 0x00, 0x00, 0x00, 0x00

（6）显示图 4.11（f），字模数据如下：

0x02, 0x02, 0x0E, 0x00, 0x00, 0x00, 0x00, 0x00

（7）显示图 4.11（g），字模数据如下：

0x02, 0x0E, 0x00, 0x00, 0x00, 0x00, 0x00, 0x00

（8）显示图 4.11（h），字模数据如下：

0x0E, 0x00, 0x00, 0x00, 0x00, 0x00, 0x00, 0x00

执行完步骤（8）后，"山"字便逐列左移出点阵。

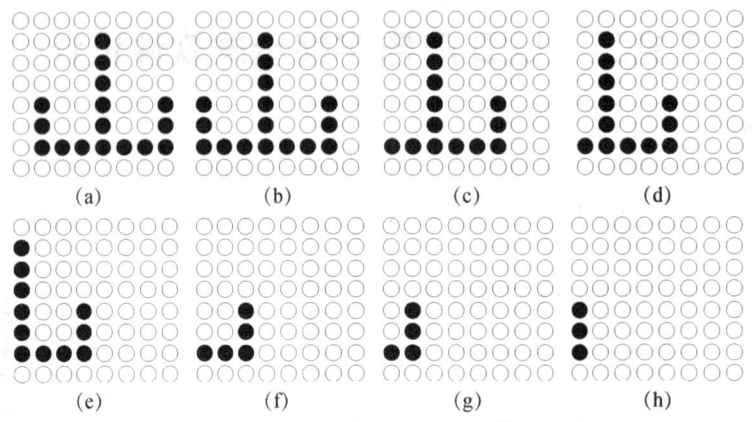

(a)　　　　(b)　　　　(c)　　　　(d)

(e)　　　　(f)　　　　(g)　　　　(h)

图 4.11　"山"字左移显示原理

知识储备——点阵取模软件 PCtoLCD

点阵显示汉字的字模数据可通过点阵取模软件 PCtoLCD 获取，下面通过获取汉字"单片机原理及接口技术"字模数据来介绍点阵取模软件 PCtoLCD 的使用方法。

（1）打开点阵取模软件 PCtoLCD，默认界面如图 4.12 所示。

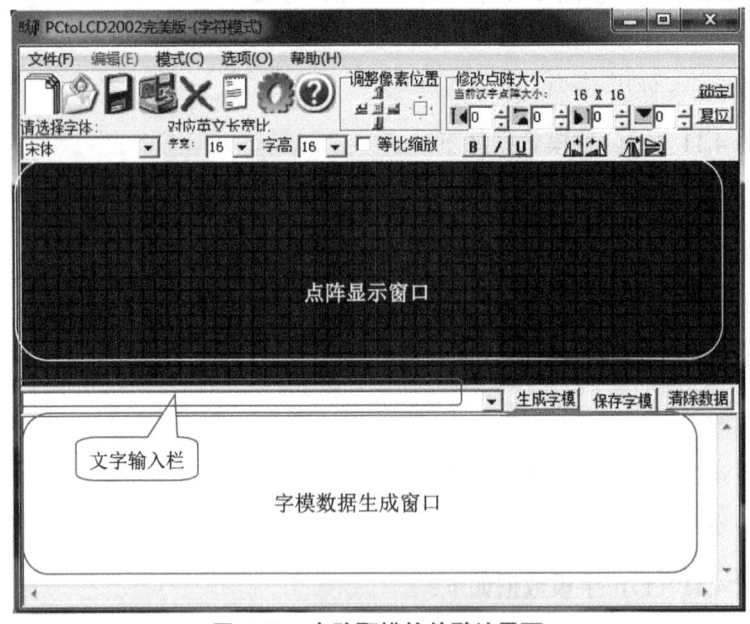

图 4.12　点阵取模软件默认界面

PCtoLCD 默认界面包括文字输入栏、字模数据生成窗口、点阵显示窗口、"生成字模"按钮、"保存字模"按钮、菜单和工具栏等。

（2）字模选项设置。选择"选项"命令，弹出如图 4.13 所示的"字模选项"对话框。

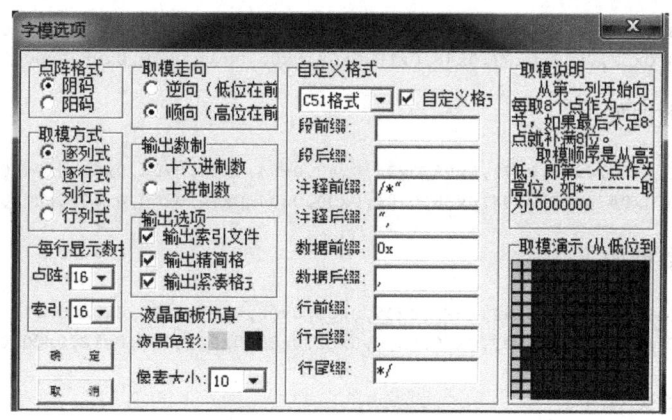

图 4.13　字模选项设置

① 点阵格式设置为"阴码"。
② 取模方式设置为"逐列式",因点阵显示汉字要左移显示。
③ 每行显示数据设置为"16",即 32 个段码分两行给出,每行 16 个。
④ 取模走向设置为"顺向",即 Px.7 口输出段码最高位,Px.0 口输出段码最低位。
⑤ 输出数制为十六进制,自定义格式选择"C51 格式"。
⑥ 行前缀与行后缀不需加"{}"。

（3）取模:首先在文字输入栏输入待取模汉字,如图 4.14 所示,可输入单个汉字,也可将待显示的汉字全部输入。单击"生成字模"按钮完成汉字取模。

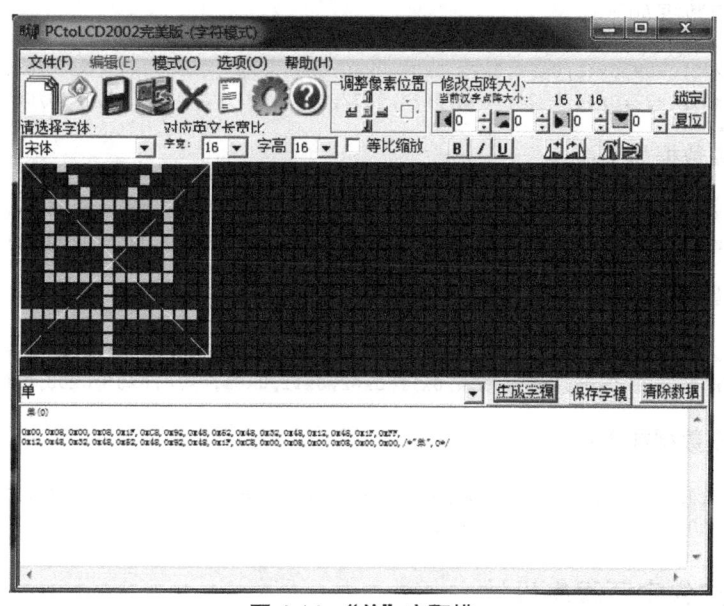

图 4.14　"单"字取模

任务实施

一、显示内容取模

"单"字字模数据如下:

0x00,0x08,0x00,0x08,0x1F,0xC8,0x92,0x48,0x52,0x48,0x32,0x48,0x12,0x48,0x1F,0xFF,
0x12,0x48,0x32,0x48,0x52,0x48,0x92,0x48,0x1F,0xC8,0x00,0x08,0x00,0x08,0x00,0x00

"片"字字模数据如下：

0x00,0x00,0x00,0x01,0x00,0x06,0x7F,0xF8,0x04,0x40,0x04,0x40,0x04,0x40,0x04,0x40,
0x04,0x40,0xFC,0x40,0x04,0x7F,0x04,0x00,0x04,0x00,0x04,0x00,0x00,0x00,0x00,0x00

"机"字字模数据如下：

0x08,0x20,0x08,0xC0,0x0B,0x00,0xFF,0xFF,0x09,0x00,0x08,0xC1,0x00,0x06,0x7F,0xF8,
0x40,0x00,0x40,0x00,0x40,0x00,0x7F,0xFC,0x00,0x02,0x00,0x02,0x00,0x1E,0x00,0x00

"原"字字模数据如下：

0x00,0x01,0x00,0x06,0x7F,0xF8,0x40,0x02,0x40,0x04,0x4F,0xE8,0x49,0x22,0x59,0x21,
0x69,0x3E,0x49,0x20,0x49,0x20,0x4F,0xE8,0x40,0x04,0x40,0x02,0x40,0x00,0x00,0x00

"理"字字模数据如下：

0x20,0x04,0x21,0x06,0x21,0x04,0x3F,0xF8,0x21,0x08,0x21,0x08,0x00,0x02,0x7F,0x22,
0x49,0x22,0x49,0x22,0x7F,0xFE,0x49,0x22,0x49,0x22,0x7F,0x22,0x00,0x02,0x00,0x00

"及"字字模数据如下：

0x00,0x01,0x00,0x02,0x40,0x0C,0x40,0x30,0x7F,0xC1,0x42,0x01,0x41,0x82,0x40,0x62,
0x42,0x14,0x4E,0x08,0x72,0x14,0x02,0x62,0x03,0x82,0x00,0x01,0x00,0x01,0x00,0x00

"接"字字模数据如下：

0x08,0x20,0x08,0x22,0x08,0x41,0xFF,0xFE,0x08,0x80,0x0A,0x41,0x22,0x41,0x2A,0x52,
0xA6,0x6A,0x63,0xC4,0x22,0x44,0x26,0x4A,0x2A,0x72,0x22,0x41,0x02,0x40,0x00,0x00

"口"字字模数据如下：

0x00,0x00,0x00,0x00,0x3F,0xFE,0x20,0x04,0x20,0x04,0x20,0x04,0x20,0x04,0x20,0x04,
0x20,0x04,0x20,0x04,0x20,0x04,0x20,0x04,0x3F,0xFE,0x00,0x00,0x00,0x00,0x00,0x00

"技"字字模数据如下：

0x08,0x20,0x08,0x22,0x08,0x41,0xFF,0xFE,0x08,0x80,0x09,0x01,0x10,0x01,0x11,0x02,
0x11,0xC2,0x11,0x34,0xFF,0x08,0x11,0x14,0x11,0x62,0x11,0x81,0x10,0x01,0x00,0x00

"术"字字模数据如下：

0x00,0x08,0x08,0x10,0x08,0x20,0x08,0x40,0x08,0x80,0x0B,0x00,0x0C,0x00,0xFF,0xFF,
0x0C,0x00,0x0B,0x00,0x48,0x80,0x38,0x40,0x08,0x20,0x08,0x10,0x00,0x08,0x00,0x00

二、移动广告字源程序设计

编写移动广告字控制程序，实现功能要求。参考源程序如下：

```
#include <REGX51.H>
#define uint unsigned int
#define uchar unsigned char
sbit DS=P3^0;
sbit SH_CP=P3^1;
```

```c
sbit ST_CP=P3^2;
sbit MR=P3^3;
sbit E1=P3^4;
uchar code a[]={ ....};        //单片机原理及接口技术和首尾两个空格对应的字模数据
void delay_ms(uchar ms)
{
    uchar i;
    while(ms--)
        for(i=0;i<124;i++);
}
void main()
{
    uchar t=0;
    uchar j,k;
    uchar dat;
    uchar f=0;
    uchar col=0;
    MR=1;
    while(1)
    {
        for(t=0;t<=384;t=t+2)     //12个汉字（包括两个空），每个汉字对应32个数据
        {
            for(f=0;f<5;f++)      //每个字块显示5次
            {
                for(col=0;col<16;col++)
                {
                    E1=0;
                    MR=0;         //清理行输出，将移位寄存器的数据清零
                    MR=1;
                    ST_CP=0;      //上升沿
                    ST_CP=1;
                    dat=a[t+col*2+1];
                    for(j=0;j<8;j++)
                    {
                        SH_CP=0;  //给移位寄存器时钟送低电平
                        if((dat&0x80)==0x80)
                            DS=1;
                        else
                            DS=0;
                        dat<<=1;
                        SH_CP=1;  //给移位寄存器时钟送高电平，产生上升沿
                    }
                    dat=a[t+col*2];
                    for(k=0;k<8;k++)
                    {
                        SH_CP=0;  //给移位寄存器时钟送低电平
                        if((dat&0x80)==0x80)
                            DS=1;
                        else
                            DS=0;
                        dat<<=1;
                        SH_CP=1;  //给移位寄存器时钟送高电平，产生上升沿
                    }
                    P1=col;       //列控制
```

```
                    ST_CP=0;              //上升沿
                    ST_CP=1;
                    delay_ms(1);          //显示1ms
                }
            }
        }
    }
}
```

三、仿真分析

为 LED 广告字电路中的单片机加载本任务目标程序，仿真运行。图 4.15 为 LED 广告字仿真界面，图中"单"字即将移出显示屏幕，"片"字正移入显示屏幕。

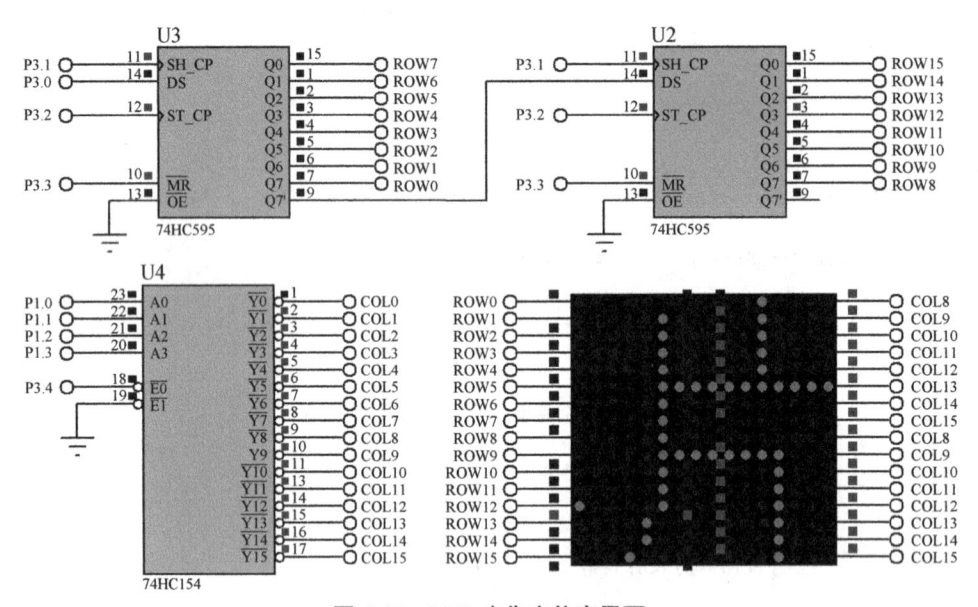

图 4.15 LED 广告字仿真界面

思考与练习题 4

一、填空题

1. 4×4 LED 点阵由_____个 LED 组成。

2. 根据点阵内部同一行 LED 的连接方法，LED 点阵分_____与_____两种。

3. LED 点阵一般采用_____显示方式。

4. 在如图 4.8 所示级联工作模式下，16 位数据低 8 位经_____并行输出。

5. LED 点阵左右移动显示汉字时，选用_____取模方式。上下移动显示时，选用_____取模方式。

6. 8×8 LED 点阵显示数字时，采用逐行扫描方式，扫描_____次可产生一帧数字显示画面。

二、选择题

1. 显示一个汉字一般采用_____LED 点阵模块。

A. 64×64　　　　　B. 32×32　　　　　C. 16×16　　　　　D. 8×8

2. 下列点阵驱动芯片使用单片机 I/O 口最少的是_____。

A. 74HC244　　　B. 74HC595　　　C. 74HC373　　　D. 74HC573

3. 可实现 2 个 16×16 共阴 LED 点阵行选的是_____。

A. 1 片 74HC138　B. 1 片 74HC154　C. 2 片 74HC154　D. 4 片 74HC138

4. 16×16 LED 点阵左移显示单个汉字时，至少需显示_____屏才能将汉字逐列左移出屏幕。

A. 16　　　　　　B. 32　　　　　　C. 64　　　　　　D. 128

5. 由两个 16×16 LED 点阵组成的 16×32 点阵左移显示三个汉字时，至少需显示_____屏才能将三个汉字逐列左移出屏幕。

A. 64　　　　　　B. 128　　　　　C. 160　　　　　D. 192

三、简答题

1. 简述 LED 点阵显示原理。

2. 若如图 4.3 所示 LED 点阵为共阴点阵，显示"山"字时，若采用列选通方式，写出行端依次获得的 8 位数据（R7 为最高位，R0 为最低位）。

3. 简述 LED 点阵左移显示原理。

四、设计题

1. 设计 8×8 共阴 LED 点阵与单片机的接口电路，编写控制程序，使点阵显示符号"+"。

2. 编写控制程序，实现本项目广告字由上至下循环移动显示。

项目五 简易计算器的设计

项目说明

设计一简易计算器,要求:
(1) 能进行两个操作数的加、减、乘、除运算;
(2) 计算器显示屏分两行显示,第一行靠左显示运算式,第二行靠左显示计算结果。

通过对简易计算器的设计与仿真调试,让读者学习单片机与LCD1602的接口电路设计及编程控制方法;学习单片机与矩阵键盘的接口电路设计及编程方法;学习C语言的条件编译命令的格式、作用和应用技术;学习C语言switch选择语句的格式及应用技术;学习C语言字符串输入输出函数sscanf与sprintf的定义、作用及应用技术;学习算术运算程序的设计方法等内容。

简易计算器的设计项目由LCD1602与单片机的接口电路设计、矩阵键盘与单片机的接口电路设计和简易计算器的整体设计三个任务组成。

任务一 LCD1602与单片机的接口电路设计

任务要求

设计简易计算器的显示电路,即LCD1602与单片机的接口电路,编写控制程序,使LCD1602第一行居中显示"LCD calculator",第二行居中显示"+ - × /"。

能力目标:
能设计LCD1602与单片机的接口电路;
能设计LCD1602简单显示程序。

知识目标:
了解LCD1602的显示内容;
掌握LCD1602外部引脚的名称、作用;
熟悉LCD1602内部存储器的种类、作用;
掌握LCD1602常用指令的格式及使用方法;
熟悉C语言条件编译命令的格式、作用和使用方法;
掌握指针变量的定义方法、赋值方法和指针的运算方法。

知识储备——LCD1602 与单片机的接口技术

一、LCD1602 概述

LCD1602 也称 1602 字符型液晶显示器，是一种专门用来显示英文字母、阿拉伯数字、日文假名和一般性符号等的点阵型液晶模块，能够同时显示 16×2（16 列 2 行）即 32 个字符。图 5.1 为 LCD1602 外形图。

LCD1602 由若干个 5×8 或 5×10 等点阵字符位组成，每个点阵字符位都可以显示一个字符，每位之间有一个点距的间隔，每行之间也有间隔。正因为如此，它不能很好地显示图形。

图 5.1 LCD1602 外形图

大部分 LCD1602 的内部控制器为 HD44780，本任务以内部控制器为 HD44780 的 LCD1602 为例，介绍其外部引脚、寄存器及指令等内容。

二、LCD1602 的外部引脚

LCD1602 采用标准的 16 脚接口，如图 5.2 所示。

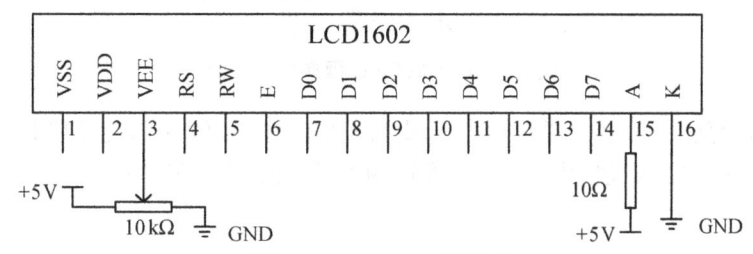

图 5.2 LCD1602 引脚图

（1）VSS 为电源地引脚。
（2）VDD 为电源引脚，接+5V。
（3）VEE 为液晶显示器对比度调整端，接+5V 电源时对比度最低，接 GND 时对比度最高，对比度过高会产生"鬼影"，使用时可以通过一个 10kΩ 的电位器调整对比度（如图 5.2 中所示）。
（4）RS 为寄存器选择引脚，为 1 时选择数据寄存器，为 0 时选择指令寄存器。
（5）RW 是读/写选择引脚，当 RW 为低电平时，向 LCD1602 写入命令或数据；当 RW 为高电平时，从 LCD1602 读取状态或数据。如果不需要进行读取操作，可以直接将其接 VSS。
（6）E 为使能端，为 1 时读取信息，下降沿（1→0）时执行指令。
（7）D0~D7，并行数据输入/输出引脚，可接单片机的 P0~P3 任意 8 个 I/O 口。如果接 P0 口，P0 口应该接 4.7~10kΩ 的上拉电阻。如果是 4 线并行驱动，只需接 4 个 I/O 口。
（8）A 为背光正极，可通过一个 10~47Ω 的限流电阻接到+5V 电源上，图 5.2 中限流电阻为 10Ω。
（9）K 为背光负极，接电源地。

三、LCD1602 的读写操作

1. LCD1602 的基本操作

LCD1602 有 4 种基本操作，各基本操作及对应的输入、输出信号如下：

（1）读状态。输入：RS=0，RW=1，E=1。输出：D0～D7 为状态字。

（2）读数据。输入：RS=1，RW=1，E=1。输出：D0～D7 为数据。

（3）写命令。输入：RS=0，RW=0，E=1。输出：无。

（4）写数据。输入：RS=1，RW=0，E=1。输出：无。

2. LCD1602 的操作时序

LCD1602 的读操作时序如图 5.3 所示。由读操作时序图知：当使能端 E 为高脉冲时，读取的状态字或数据才能建立。读取过程中，RW 需保持为"1"。RS 为"1"时，读取状态字；RS 为"0"时，读取数据。

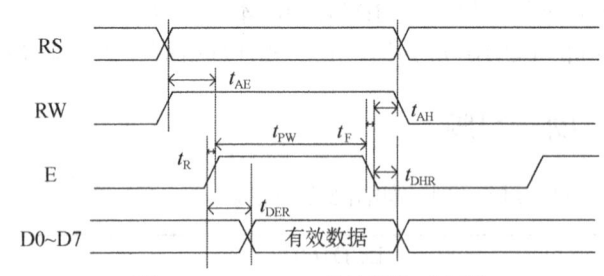

图 5.3 LCD1602 的读操作时序图

LCD1602 的写操作时序如图 5.4 所示。由写操作时序图可知：当使能端 E 出现上升沿时，写命令或数据有效。写入过程中，RW 需保持为"0"。RS 为"0"时，写入命令；RS 为"1"时，写入数据。

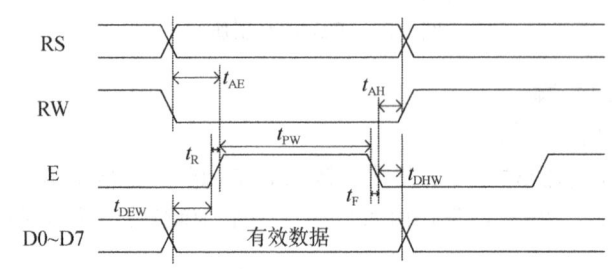

图 5.4 LCD1602 的写操作时序图

时序时间参数如表 5.1 所示，可知：使能端 E 的高脉冲持续时间最少为 0.15μs。

表 5.1 时序时间参数

时序参数	符号	极限值			单位	测试条件
		最小值	典型值	最大值		
E 信号周期	t_C	400	—	—	ns	引脚 E
E 脉冲宽度	t_{PW}	150	—	—	ns	
E 上升沿/下降沿时间	t_R，t_F	—	—	25	ns	
地址建立时间	t_{AE}	30	—	—	ns	引脚 E、RS、RW
地址保持时间	t_{AH}	10	—	—	ns	

续表

时序参数	符号	极限值			单位	测试条件
		最小值	典型值	最大值		
数据建立时间（读操作）	t_{DER}	—	—	100	ns	引脚 D0~D7
数据保持时间（读操作）	t_{DHR}	20	—	—	ns	
数据建立时间（写操作）	t_{DEW}	40	—	—	ns	
数据保持时间（写操作）	t_{DHW}	10	—	—	ns	

3. LCD1602 基本操作举例

（1）向 LCD 写命令程序段如下：

```
RS=0;
RW=0;
E=1;        //使能端 E 出现上升沿时，写入命令有效
P0=cmd;     //P0 口与 LCD1602 的 D7~D0 连接，输出待写命令"cmd"至 LCD1602
_nop_();
E=0;        //使能端 E 高脉冲持续时间最少为 0.15μs
```

（2）向 LCD 写数据程序段如下：

```
RS=1;
RW=0;
E=1;
P0=dat;     //P0 口与 LCD1602 的 D7~D0 连接，输出待写数据"dat"至 LCD1602
_nop_();
E=0;
```

四、LCD1602 内部存储器

LCD1602 内部存储器包括 DDRAM、CGROM 和 CGRAM。

1. 字符的字模数据

LCD1602 是一种字符点阵显示器，显示字符时，必须有该字符的字模数据。图 5.5 为字符"A"的 5×8 点阵显示图形及对应字模数据，图中左边为字符"A"的字模数据，右边就是将左边数据用"○"代表 0，用"■"代表 1，从而显示出"A"这个字符。

```
01110   ○■■■○
10001   ■○○○■
10001   ■○○○■
10001   ■○○○■
11111   ■■■■■
10001   ■○○○■
10001   ■○○○■
00000   ○○○○○
```

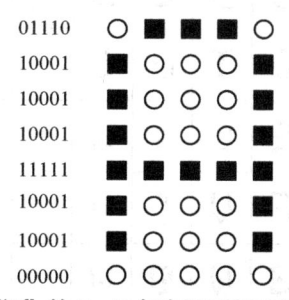

图 5.5 字符"A"的 5×8 点阵显示图形及对应字模数据

5×8 点阵为 8 行 5 列（第 8 行为光标），定义一个 5×8 点阵字符需要 8 个字模数据，占用 8 字节空间，每个字模数据的高 3 位未使用。5×10 点阵为 10 行 5 列（第 10 行为光标），每个 5×10 点阵字符需要 10 个字模数据，占用 10 字节空间。例如，定义字符"A"时，若

采用 5×8 点阵显示，则字模数据为{0x0E，0x11，0x11，0x11，0x1F，0x11，0x11，0x00}。若采用 5×10 点阵显示，则字模数据为{0x0E，0x11，0x11，0x11，0x1F，0x11，0x11，0x00，0x00，0x00}。

2. DDRAM

DDRAM（Display Data RAM）即显示数据 RAM，用来存储待显示的字符代码，共 80 字节，其地址和 LCD1602 屏幕（图中阴影部分）的对应关系如图 5.6 所示。

00	01	02	03	04	05	06	07	08	09	0a	0b	0c	0d	0e	0f	10	11	…	27
40	41	42	43	44	45	46	47	48	49	4a	4b	4c	4d	4e	4f	50	51	…	67

图 5.6　LCD1602 屏幕和 DDRAM 地址的对应关系

在 LCD1602 上显示字符时，把该字符的代码（见表 5.2）写入 DDRAM 即可。例如，要在屏幕左上角显示字符"A"，把字符"A"的代码 0x41 写入 DDRAM 的 0x00 地址处即可。字符"A"的代码恰好与"A"的 ASCII 码一致，在单片机编程中可以用字符型常量（如'A'）赋值，因此在向 DDRAM 写字符"A"的代码时，可以直接用 P1='A'这样的语句，编译器编译后把字符"A"转换为代码 0x41。

LCD1602 的显示屏幕大小如图 5.6 中阴影部分所示，因此，并不是所有写入 DDRAM 的字符代码都能在屏幕上显示出来，只有写在图 5.6 所示屏幕范围内的字符才可显示，写在屏幕范围外的字符不能显示。在程序中可利用光标或显示移动指令使字符移动到屏幕范围内显示。

表 5.2　字符代码与字符对照表

低 4 位	高 4 位															
	0000	0001	0010	0011	0100	0101	0110	0111	1000	1001	1010	1011	1100	1101	1110	1111
xxxx0000	CGRAM (1)			0	@	P	`	p				—	タ	ミ	α	p
xxxx0001	CGRAM (2)		!	1	A	Q	a	q			。	ア	チ	ム	ä	q
xxxx0010	CGRAM (3)		"	2	B	R	b	r			「	イ	ツ	メ	β	θ
xxxx0011	CGRAM (4)		#	3	C	S	c	s			」	ウ	テ	モ	ε	∞
xxxx0100	CGRAM (5)		$	4	D	T	d	t			、	エ	ト	ヤ	μ	Ω
xxxx0101	CGRAM (6)		%	5	E	U	e	u			・	オ	ナ	ユ	σ	Ü
xxxx0110	CGRAM (7)		&	6	F	V	f	v			ヲ	カ	ニ	ヨ	ρ	Σ
xxxx0111	CGRAM (8)		'	7	G	W	g	w			ア	キ	ヌ	ラ	g	π
xxxx1000	CGRAM (1)		(	8	H	X	h	x			イ	ク	ネ	リ	√	x̄
xxxx1001	CGRAM (2)		)	9	I	Y	i	y			ウ	ケ	ノ	ル	⁻¹	y

续表

低4位	高4位															
	0000	0001	0010	0011	0100	0101	0110	0111	1000	1001	1010	1011	1100	1101	1110	1111
xxxx1010	CGRAM(3)		∗	:	J	Z	j	z			エ	コ	ハ	レ	j	千
xxxx1011	CGRAM(4)		+	;	K	[	k	{			オ	サ	ヒ	ロ	x	万
xxxx1100	CGRAM(5)		,	<	L	¥	l	|			ヤ	シ	フ	ワ	¢	円
xxxx1101	CGRAM(6)		−	=	M	]	m	}			ユ	ス	ヘ	ン	ŧ	÷
xxxx1110	CGRAM(7)		.	>	N	^	n	→			ヨ	セ	ホ	ˇ	ñ	
xxxx1111	CGRAM(8)		/	?	O	_	o	←			ッ	ソ	マ	▪	ö	█

3. CGROM 和 CGRAM

LCD1602 模块上固化了字模存储器 CGROM 和 CGRAM，HD44780 内置了 192 个常用字符的字模，存储于 CGROM（Character Generator ROM）中，另外还有 8 个允许用户自定义的 CGRAM（Character Generator RAM）。表 5.2 中字符代码 00000000 与字符代码 00001000 所定义的字符相同，依此类推。如果要在屏幕上显示已存储于 CGROM 中的字符，只需将该字符的代码写入 DDRAM 即可，但如果要显示 CGROM 中没有的字符，比如摄氏温标的符号，需先在 CGRAM 中定义该字符，然后将该字符的代码写入 DDRAM。程序退出后，CGRAM 中定义的字符消失，下次使用时，必须重新定义。

五、LCD1602 指令

1. 工作方式设置指令

D7	D6	D5	D4	D3	D2	D1	D0
0	0	1	DL	N	F	×	×

DL：设置数据接口位数。DL=1，设置为 8 位数据接口（D7～D0）；DL=0，设置为 4 位数据接口（D7～D4）。

N：设置显示行数。N=0，一行显示；N=1，两行显示。

F：点阵字符设置位。F=0，为 5×8 点阵字符；F=1，为 5×10 点阵字符。

×：0 或 1 都可以，一般取 0。

说明：因为是写指令字，所以 RS 和 RW 都是 0。LCD1602 只能用并行方式驱动，不能用串行方式驱动。而并行方式又可以选择 8 位数据接口或 4 位数据接口。

例如，将 LCD1602 进行以下设置：8 位数据接口（D7～D0），两行显示，字符以 5×8 点阵显示。该指令为 00111000，即 0x38。

2. 显示开关控制指令

D7	D6	D5	D4	D3	D2	D1	D0
0	0	0	0	1	D	C	B

D：设置显示的开与关。D=1，显示开；D=0，显示关。
C：光标显示设置位。C=1，光标显示；C=0，光标不显示。
B：光标闪烁设置位。B=1，光标闪烁；B=0，光标不闪烁。
例如，将 LCD1602 设置为显示开，不显示光标，光标不闪烁，设置字节为 0x0C。

3. 进入模式设置指令

D7	D6	D5	D4	D3	D2	D1	D0
0	0	0	0	0	1	I/D	S

I/D：设置光标的移动方向。I/D=1，写入新数据后光标右移；I/D=0，写入新数据后光标左移。
S：显示移动设置位。S=1，显示移动；S=0，显示不移动。

4. 光标或显示移动指令

D7	D6	D5	D4	D3	D2	D1	D0
0	0	0	1	S/C	R/L	×	×

S/C=0，R/L=0：光标向左移动。
S/C=0，R/L=1：光标向右移动。
S/C=1，R/L=0：显示左移，光标跟随显示移动。
S/C=1，R/L=1：显示右移，光标跟随显示移动。

说明：在需要进行整屏移动时，这个指令非常有用，可以实现屏幕的滚动显示效果。初始化时不使用这个指令。

5. 清屏指令

D7	D6	D5	D4	D3	D2	D1	D0
0	0	0	0	0	0	0	1

功能：清除屏幕显示内容，光标返回屏幕左上角。执行这个指令时需要一定时间。

6. 光标归位指令

D7	D6	D5	D4	D3	D2	D1	D0
0	0	0	0	0	0	1	×

D0 位可为 1，也可为 0。
功能：光标返回屏幕左上角，该指令不改变屏幕显示内容。

7. 设置 CGRAM 地址指令

D7	D6	D5	D4	D3	D2	D1	D0
0	1	a	a	a	a	a	a

该指令可设置 64 个地址，即 64 字节。一个 5×8 点阵字符占用 8 字节空间，64 字节一共可以定义 8 个字符。D3~D5 用来表示 8 个自定义的字符，D0~D2 用来表示每个字符的 8 字节。D3~D5 所表示的 8 个自定义字符即写入 DDRAM 中的字符代码。5×10 点阵每个字符占用 16 字节空间，所以 CGRAM 中只能定义 4 个这样的自定义字符。

8. 设置 DDRAM 地址指令

D7	D6	D5	D4	D3	D2	D1	D0
1	a	a	a	a	a	a	a

该指令用于设置 DDRAM 地址。在对 DDRAM 进行读写之前，首先要设置 DDRAM 地址，然后才能进行读写。DDRAM 即 LCD1602 的显示存储器，要在它上面进行显示，就要把待显示的字符写入 DDRAM。同样，要获取 DDRAM 某个地址上有什么字符，也要先设置 DDRAM 地址，然后将它读入单片机。

9. 读忙信号和地址计数器指令

D7	D6	D5	D4	D3	D2	D1	D0
BF	a	a	a	a	a	a	a

BF：判断 LCD1602 是否忙的标志位。BF=1 表示 LCD1602 正忙，不能接收单片机的指令；BF=0 表示 LCD1602 空闲，可以接收单片机的指令。

D0~D4：地址计数器 AC 的值。

该指令用来读取 LCD1602 的状态。对于单片机来说，LCD1602 属于慢速设备。当单片机向其发送一个指令后，它将去执行这个指令。这时如果单片机又发送一个指令，由于 LCD1602 速度较慢，前一个指令还未执行完毕，它将不接收新的指令，导致新的指令丢失。因此该指令可以用来判断 LCD1602 是否忙，能否接收单片机发来的指令。

该指令还可以得到地址计数器（Address Counter，AC）的值，记录下一次读写 CGRAM 或 DDRAM 的位置。

指令应用举例：判断 1602 是否忙的程序段如下。

```
RS=0;
RW=1;  //进行读状态操作
E=0;
_nop_();
E=1;   //使能端 E 为 1 时，读取状态建立
return (bit)(P0&0x80);
```

10. 写数据到 CGRAM 或 DDRAM 指令

D7	D6	D5	D4	D3	D2	D1	D0
d	d	d	d	d	d	d	d

说明：该指令执行时，要在 D7~D0 中设置好要写入的数据，然后执行写命令。

11. 从 CGRAM 或 DDRAM 读数据指令

D7	D6	D5	D4	D3	D2	D1	D0
d	d	d	d	d	d	d	d

说明：先设置好 CGRAM 或 DDRAM 的地址，然后执行读取命令，数据就被读至 D7~D0。

六、LCD1602 的初始化

LCD1602 上电时，必须对其进行初始化。LCD1602 的初始化流程如图 5.7 所示。

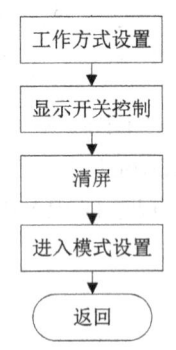

图 5.7　LCD1602 的初始化流程

1. 工作方式设置

通过写入工作方式设置指令，完成以下设置：

设置单片机与液晶屏的数据接口位数。DL=1，设置为 8 位数据接口；DL=0，设置为 4 位数据接口（D7~D4）。

设置显示行数。N=0，一行显示；N=1，两行显示。

设置点阵字符类型。F=0，为 5×8 点阵字符；F=1，为 5×10 点阵字符。

例如，写入 0x38，将 LCD1602 设置为：数据接口位数为 8 位，两行显示，字符点阵为 5×8。

2. 显示开关控制

通过写入显示开关控制指令，完成以下设置：

设置屏幕显示与否。D=1，显示开；D=0，显示关。

设置光标显示与否。C=1，光标显示；C=0，光标不显示。

设置光标闪烁与否。B=1，光标闪烁；B=0，光标不闪烁。

例如，写入 0x0C，将 LCD1602 设置为显示开，不显示光标，光标不闪烁。

3. 清屏

通过写入清屏指令 0x01，实现清屏。

4. 进入模式设置

通过写入进入模式设置指令，完成以下设置：

设置光标的移动方向。I/D=1，写入新数据后光标右移；I/D=0，写入新数据后光标左移。

设置显示移动与否。S=1，显示移动；S=0，显示不移动。

例如，写入 0x06，将 LCD1602 设置为写入新数据后光标右移，显示不移动。

🌐 知识储备——C 语言条件编译命令

在 C 语言中，若要对程序中的代码段有条件地进行编译，就要用到条件编译命令，条件编译命令主要有如下几种。

一、#if 命令

#if 命令格式如下：

```
#if 表达式
    语句组 1;
#else
    语句组 2;
#endif
```

功能：当表达式的值为真时，编译语句组 1，否则编译语句组 2。其中，#else 和语句组 2 可有可无。

二、#ifdef 命令

#ifdef 命令格式如下：

```
#ifdef 标识符
    语句组 1;
#else
    语句组 2;
#endif
```

标识符若为头文件名，则将该头文件名全部大写，前后加下画线，并把文件名中的"."也变成下画线。

功能：检查预编译标识符在前面是否已经被宏定义（用#define 定义），如果标识符在前面已被宏定义，则语句组 1 被包含进来进行编译处理。相反，如果标识符在前面未被宏定义，则语句组 2 被包含进来进行编译处理。其中"#else"和语句组 2 可有可无。

三、#ifndef 命令

#ifndef 命令格式如下：

```
#ifndef 标识符
    语句组 1;
#else
    语句组 2;
#endif
```

功能：检查预编译标识符在前面是否已经被宏定义（用#define 定义），如果标识符在前面没有被宏定义，则语句组 1 被包含进来进行编译处理。相反，如果标识符在前面已被宏定义，则语句组 2 被包含进来进行编译处理。其中"#else"和语句组 2 可有可无。#ifndef 命令的主要作用是防止头文件的重复包含和编译。

例如，本任务程序中的 LCD.H 文件中用到条件编译命令#ifndef：

```
#ifndef __LCD_H__      //先检查__LCD_H__是否被宏定义过，若未被定义，则执行下面语句
bit LCD_Check_Busy(void) ;
void LCD_Write_Com(unsigned char com) ;
void LCD_Write_Data(unsigned char Data) ;
void LCD_Clear(void) ;
void LCD_Write_String(unsigned char x,unsigned char y,unsigned char *s) ;
void LCD_Write_Char(unsigned char x,unsigned char y,unsigned char Data) ;
void LCD_Init(void) ;
#endif
```

知识储备——C 语言指针

一、指针变量的定义

一个变量实际上代表内存中的某个存储单元，变量的值即对应存储单元所存放的数据，内存是以字节为单位的一片连续存储空间，每字节有一个编号，即内存地址或变量的地址，变量的地址就是变量的指针。

专用于存放地址的变量称为指针变量。指针变量也是变量，要先定义后使用。为了与一般变量区分，定义指针变量时要加星号"*"。例如：

```
int *p, *s, k=20;      //定义了两个指针变量 p、s 和一个普通变量 k
```

指针变量也在内存中存放，也有地址。存放指针变量地址的变量在被定义时要有两个星号，如"int **t;"。

二、指针变量的赋值

给指针变量赋值的方法有：将变量的地址赋给指针变量、在指针变量之间赋值，举例如下：

【例 5.1】

```
int k=20,*p,*q,*r,a[];
p=&k;        //将变量的地址赋给指针变量
r=a;         //将第一个数组变量（a[0]）的地址赋给指针变量
p=q;         //在指针变量之间赋值
```

用于指针的星号"*"有两种用法：一是出现在定义语句中，表示此变量与一般变量不同，是一个指针变量；二是出现在可执行语句中，星号"*"是间接运算符，表示该指针对应的变量。例 5.1 中*p 即 k，值为 20。

【例 5.2】

```
unsigned char *s;            //定义了一个指针变量 s
s=" LCD calculator";         //将字符串常量的首地址赋给指针变量 s
```

可以将两句合并为一句，为 char *s=" LCD calculator";。

三、指针变量的运算

指针变量在进行加 1 运算后，指向下一个存储单元，例如：

```
int *p,i;
unsigned char *s,j;
p=&i;
s=&j;
++p;
++s;
```

已知变量 i 的地址为 0，变量 j 的地址为 100，执行完以上语句后 p=1，s=101。

任务实施

一、硬件电路设计

使用 Proteus 设计简易计算器 LCD1602 显示电路图。简易计算器 LCD1602 显示参考电路图如图 5.8 所示，参考电路所用元器件如表 5.3 所示。

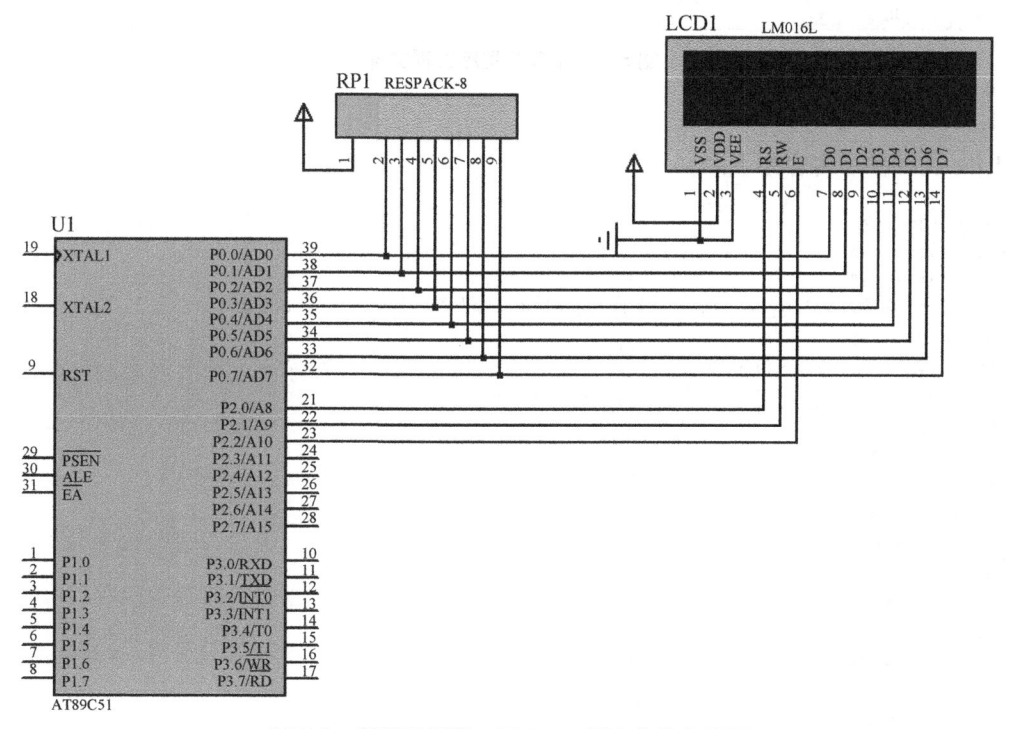

图 5.8 简易计算器 LCD1602 显示参考电路图

表 5.3 简易计算器 LCD1602 显示参考电路元器件表

元器件名称	关键字	参数	数量
单片机	AT89C51		1
LCD1602	LM016L		1
排阻	RESPACK-8	4.7～10kΩ	1

二、源程序设计

编写控制程序，实现功能要求。图5.9为参考源程序工程文件，包括lcd.c文件、delay.c文件、main.c文件、lcd.h文件、delay.h文件。lcd.h文件与delay.h文件分别对lcd.c文件和delay.c文件中的子函数进行函数声明，以便在程序中使用该文件中的子函数。

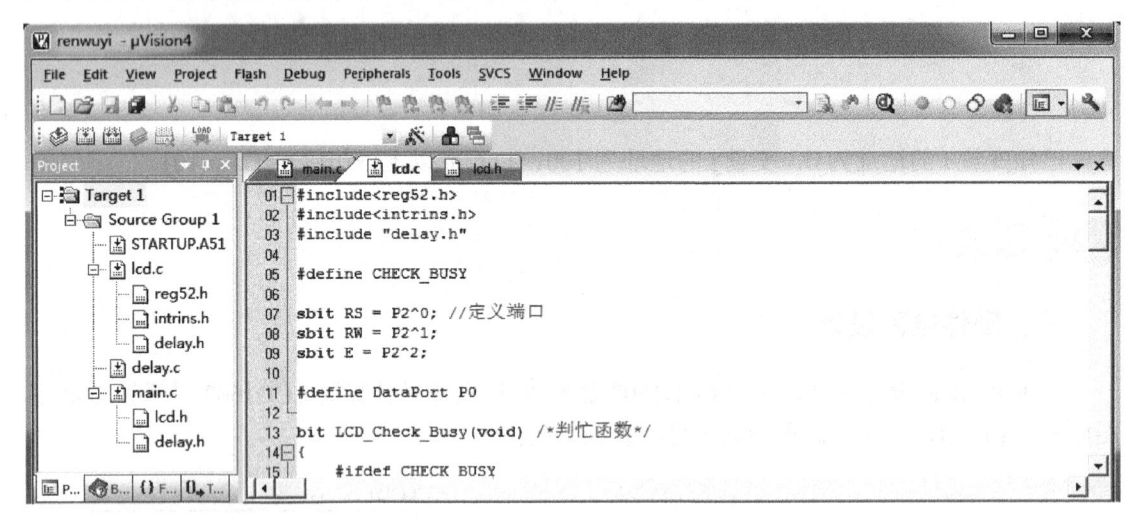

图5.9 参考源程序工程文件

1. lcd.c 文件参考内容

lcd.c 文件参考内容如下：

```c
#include<reg52.h>
#include<intrins.h>
#include "delay.h"
//本程序中用到延时函数delay_ms()，故需要将定义延时函数的头文件"delay.h"包含进来
#define CHECK_BUSY
sbit RS = P2^0;      //定义端口
sbit RW = P2^1;
sbit E  = P2^2;
#define RS_CLR RS=0
#define RS_SET RS=1
#define RW_CLR RW=0
#define RW_SET RW=1
#define E_CLR E=0
#define E_SET E=1
#define DataPort P0
bit LCD_Check_Busy(void)    /*判忙函数*/
{
    #ifdef CHECK_BUSY
    DataPort=0xff;
    RS_CLR;
    RW_SET;
    E_CLR;
    _nop_();
    E_SET;
    return (bit)(DataPort&0x80);
    #else
    return 0;
```

```c
    #endif
}
void LCD_Write_Com(unsigned char com)          /*写入命令函数*/
{
    delay_ms(5);
    RS_CLR;
    RW_CLR;
    E_SET;
    DataPort= com;
    _nop_();
    E_CLR;
}
void LCD_Write_Data(unsigned char Data)        /*写入数据函数*/
{
    delay_ms(5);
    RS_SET;
    RW_CLR;
    E_SET;
    DataPort= Data;
    _nop_();
    E_CLR;
}
void LCD_Clear(void)        /*清屏函数*/
{
    LCD_Write_Com(0x01);
    delay_ms(5);
}
void LCD_Write_Char(unsigned char x,unsigned char y,unsigned char Data)
{                                              /*写入字符函数*/
    if (y==0)
        LCD_Write_Com(0x80+x);
    else
        LCD_Write_Com(0xC0+x);
    LCD_Write_Data(Data);
}
void LCD_Write_String(unsigned char x,unsigned char y,unsigned char *s)
{                                              /*写入字符串函数*/
    while (*s)
    {
        LCD_Write_Char(x,y,*s);
        s++;
        x++;
    }
}
void LCD_Init(void)         /*初始化函数*/
{
    LCD_Write_Com(0x38);    //显示模式设置
    delay_ms(5);
    LCD_Write_Com(0x01);    //清屏
    LCD_Write_Com(0x0c);    //显示光标移动设置
    delay_ms(5);
}
```

2. lcd.h 文件参考内容

lcd.h 文件参考内容如下：

```c
#ifndef __LCD_H__
#define __LCD_H__
bit LCD_Check_Busy(void) ;
void LCD_Write_Com(unsigned char com) ;
void LCD_Write_Data(unsigned char Data) ;
void LCD_Clear(void) ;
void LCD_Write_String(unsigned char x,unsigned char y,unsigned char *s) ;
void LCD_Write_Char(unsigned char x,unsigned char y,unsigned char Data) ;
void LCD_Init(void) ;
#endif
```

3. delay.c 文件参考内容

delay.c 文件参考内容如下：

```c
void delay_ms(unsigned char ms)      /*12MHz 晶振毫秒延时函数，最大值为 25s*/
{
    unsigned char i;
    while(ms--)
        for(i=0;i<124;i++);
}
```

4. delay.h 文件参考内容

delay.h 文件参考内容如下：

```c
#ifndef __DELAY_H__
#define __DELAY_H__
void delay_ms(unsigned char ms);
#endif
```

5. main.c 文件参考内容

main.c 文件参考内容如下：

```c
#include"lcd.h"
#include"delay.h"
//本程序中用到延时函数lcd.c 与 delay.c 中的子函数，故需要将定义这些子函数的头文件 lcd.h 与 delay.h 包含进来
void main()
{
    LCD_Init();
    delay_ms(10);
    LCD_Clear();
    LCD_Write_String(0,0," LCD calculator");
    LCD_Write_String(0,1,"    + - x /");
    while (1);
}
```

三、仿真分析

为简易计算器 LCD1602 显示电路中的单片机加载本任务目标程序，仿真运行。图 5.10 为电路仿真运行时 LCD1602 显示界面。

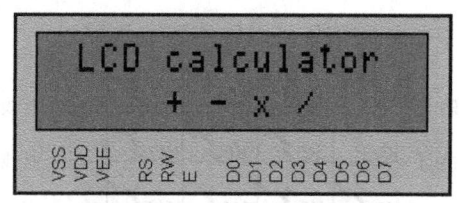

图 5.10　LCD1602 显示界面

任务二　矩阵键盘与单片机的接口电路设计

任务要求

设计简易计算器矩阵键盘与单片机的接口电路，编写矩阵键盘扫描及按键信号的 LCD1602 显示程序。要求：按下按键时，LCD1602 显示该按键对应的信号，各按键信号定义如图 5.11 所示。

图 5.11　各按键信号定义

能力目标：
能设计 4×4 矩阵键盘与单片机的接口电路；
能设计 4×4 矩阵键盘扫描程序。
知识目标：
掌握 4×4 矩阵键盘扫描原理；
掌握 switch 语句的格式。

知识储备——4×4 矩阵键盘与单片机接口技术

一、4×4 矩阵键盘结构

计算器输入数字和实现其他功能要用到很多按键，如果采用独立按键，编程会变得简单，但是会占用单片机的大量的 I/O 口资源，因此在很多情况下不采用这种方式，而是采用矩阵键盘的方式。矩阵键盘采用 4 条 I/O 线作为行线，4 条 I/O 线作为列线组成键盘，在行线和列线的每个交叉点上设置一个按键。这样键盘上按键的个数为 4×4 个，用 8 个 I/O 口就可以对 16 个按键进行识别，比使用独立按键节约 8 个 I/O 口，这种行列式键盘结构节省了 I/O 口资源，有效地提高了单片机中 I/O 口的利用率。图 5.12 为 4×4 矩阵键盘结构及其与单片机的接口电路图，若矩阵键盘与单片机的接口为 P0 口，在列线和行线上要接上拉电阻。

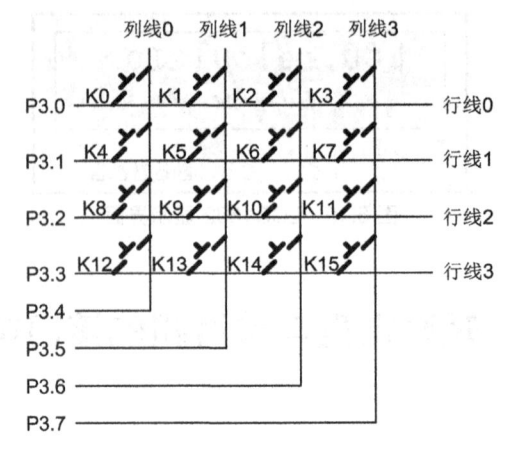

图 5.12 4×4 矩阵键盘结构及其与单片机的接口电路图

二、按键识别方法

确定矩阵键盘上何键被按下的方法有行列扫描法、行列反转法及状态机法。

1. 行列扫描法

行列扫描法又称为逐行（或列）扫描法，是一种常用的按键识别方法。行列扫描法识别按键被按下过程如下。

1）判断键盘中有无按键被按下

如图 5.12 所示，令 P3 口输出为 0xFE，即向所有列线输出高电平，向全部行线输出低电平，然后读入所有的列信号，如果有按键被按下，那么读入的列信号不全为高电平；如果没有按键被按下，则读入的列信号全为高电平。例如，如果仅 K5 键被按下，则 K5 键所在的列线与行线导通，P3.5 口读入的列信号为低电平，P3.4 口、P3.6 口和 P3.7 口读入的列信号为高电平。

2）判断闭合键所在的位置

在确认有按键被按下后，即可进入确定具体闭合键的过程。其方法是：依次往行线上送低电平（P3 口依次输出 0xFE、0xFD、0xFB、0xF7），先将行线 0 置为低电平，其他行线为高电平（P3 口输出 0xFE），读入的列信号的电平状态则显示了位于行线 0 的 K0、K1、K2、K3 四个按键的状态，例如，K1 键按下时，读入的列信号的电平状态为 1101。若读入的列信号全为高电平，则表示无按键被按下；再将行线 1 置为低电平，行线 0、行线 2、行线 3 为高电平（P3 口输出 0xFD），读入列电平的状态则显示了位于行线 1 的 K4、K5、K6、K7 四个按键的状态，依此类推，直至 4 行全部扫描完，再重新从行线 0 开始。

3）形成键值

逐行扫描时读入的列信号作为按键键值的高 4 位，扫描该行时单片机输出的行信号作为按键键值的低 4 位。例如，K1 键按下时对应的键值为 11011110（0xDE）。16 个按键对应的键值如图 5.13 所示。键值的形成还可以采用其他方法，此处不再讲述。

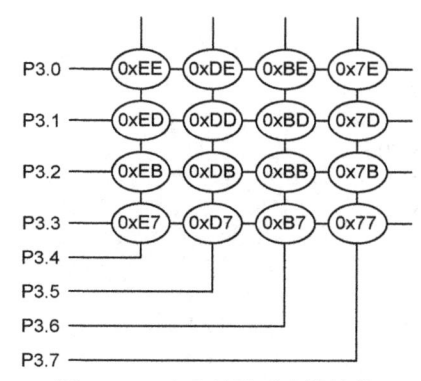

```
         P3.0 ─┤(0xEE)(0xDE)(0xBE)(0x7E)
         P3.1 ─┤(0xED)(0xDD)(0xBD)(0x7D)
         P3.2 ─┤(0xEB)(0xDB)(0xBB)(0x7B)
         P3.3 ─┤(0xE7)(0xD7)(0xB7)(0x77)
         P3.4 ───────┘    │    │    │
         P3.5 ────────────┘    │    │
         P3.6 ─────────────────┘    │
         P3.7 ──────────────────────┘
```

图 5.13 16 个按键对应的键值

逐行扫描法识别按键程序如下：

```c
unsigned char KeyScan(void)
{
    unsigned char Val;          //键值
    P3=0xf0;                    //高4位置高电平，低4位置低电平
    if(P3!=0xf0)                //表示有按键被按下
    {
        DelayMs(10);            //延时10ms去抖
        if(P3!=0xf0)            //表示确定有按键被按下
        {
            P3=0xfe;            //检测第一行
            if(P3!=0xfe)
            {
                Val=P3&0xf0;
                Val+=0x0e;
                while(P3!=0xfe);
                DelayMs(10);    //去抖
                while(P3!=0xfe);
                return Val;
            }
            P3=0xfd;            //检测第二行
            if(P3!=0xfd)
            {
                Val=P3&0xf0;
                Val+=0x0d;
                while(P3!=0xfd);
                DelayMs(10);    //去抖
                while(P3!=0xfd);
                return Val;
            }
            P3=0xfb;            //检测第三行
            if(P3!=0xfb)
            {
                Val=P3&0xf0;
                Val+=0x0b;
                while(P3!=0xfb);
                DelayMs(10);    //去抖
                while(P3!=0xfb);
                return Val;
            }
            P3=0xf7;            //检测第四行
```

```
                if(P3!=0xf7)
                {
                    Val=P3&0xf0;
            Val+=0x07;
                    while(P3!=0xf7);
                    DelayMs(10);            //去抖
                    while(P3!=0xf7);
                    return Val;
                }
            }
        }
        return 0xff;
}
```

2. 行列反转法

行列反转法的基本原理是通过给行、列端口输出两次相反的值，再将分别读入的行值和列值进行按位"或"运算，进而得到每个按键的键值。行列反转法识别按键被按下过程如下。

（1）读入行值。

向所有的列线输出低电平，向所有的行线输出高电平，然后读入行信号。如果无按键被按下，读入的行信号全为高电平；如果任一按键被按下，那么读入的行信号不全为高电平，记录此时的行值。

（2）读入列值。

向所有的行线输出低电平，向所有的列线输出高电平（行列反转），然后读入列信号，记录此时的列值。

（3）形成键值。

将读入的行值和列值按位"或"合成按键对应的键值。

例如，图 5.12 所示 4×4 矩阵键盘按键键值获取过程如下：

P3 口输出 0x0F（00001111），假设 K0 按键被按下，此时读入的 P3 口的值为 00001110。然后 P3 口输出状态取反，即 0xF0（11110000），此时读入 P3 口的值为 11100000。把两次读入的 P3 口的值按位"或"，得到 11101110，即 0xEE，这个值就是按键 K0 对应的键值，依此类推，可以得到其余 15 个按键的键值，如图 5.13 所示。

采用行列反转法识别按键相关函数见本任务中的 KeyScan( )和 KeyPro( )函数。

3. 状态机法

采用状态机法识别按键的方法如下：

（1）给按键设定以下 3 种状态。状态 0：无按键被按下。状态 1：按键已经被按下。状态 2：按键已经被释放。按键可以一直处于状态 0，也可以由状态 0 转变为状态 1，也可以由状态 1 转变为状态 2，然后恢复到状态 0。如此循环。

（2）通过定时（如定时器中断），每隔一段时间（如 10ms）查询一次按键状态，将上次查询到的状态与当前查询到的状态进行比较，根据比较结果来确定应该做什么。在上述时间间隔内，单片机可以执行其他任务。一旦确认按键被按下，就可以立即找出键值并执行随后的键值处理程序而无须等待按键被释放。

采用第一种方法和第二种方法识别按键时，均使用了延时函数,占用了 CPU 的大量时间,降低了 CPU 的效率,在实时性要求较高的控制系统中，延时函数的存在可能导致 CPU 无法处理一些突发任务。第三种方法采用查询方式检查按键状态，相比于前两种采用延时函数的方法，大大提高了 CPU 的效率。

知识储备——switch 语句

C 语言中，当程序中有多个分支时，可以使用 if 嵌套实现，但当分支较多时，嵌套的 if 语句层数会较多，程序冗长且可读性降低。C 语言提供了 switch 语句处理多分支选择。switch 语句的格式如下：

```
switch（条件表达式）
{
   case 常量1 :语句;break;
   case 常量2 :语句;break;
   case 常量3 :语句;break;
   ...
   case 常量n:语句;break;
   default :语句;break;
}
```

switch 语句的使用说明如下：

（1）switch 后面括号内的条件表达式，可以是整型表达式或字符型表达式。

（2）当条件表达式所表达的值与其中一个 case 语句中的常量相符时，就执行此 case 语句后面的语句，遇到 break 则跳出 switch 结构。如果常量表达式的值与所有 case 语句的常量都不相符，就执行 default 后面的语句，然后退出 switch 结构。

（3）每个 case 常量表达式的值必须不同，否则会出现自相矛盾的现象。

（4）case 语句和 default 语句出现的顺序对执行过程没有影响。

（5）每个 case 语句后面可以有 break 语句，也可以没有。若有 break 语句，执行到 break 语句则退出 switch 结构；若没有，则会顺次执行后面的语句，直到遇到 break 语句或结束。

（6）每个 case 后的语句可以是一条或多条，还可以没有语句。语句可以用花括号括起，也可以不括。

（7）多个 case 可以共用一组执行语句。

任务实施

一、确定方案

本任务属于简单控制，对控制的实时性要求不高，采用延时函数的方法识别按键不会影响 LCD1602 的显示。本任务及任务三中均采用编程调试较简单的行列反转法识别按键。

二、硬件电路设计

使用 Proteus 设计简易计算器电路（包括矩阵键盘与单片机的接口电路和 LCD1602 显示电路）。图 5.14 为简易计算器参考电路图，参考电路所用元器件如表 5.4 所示。

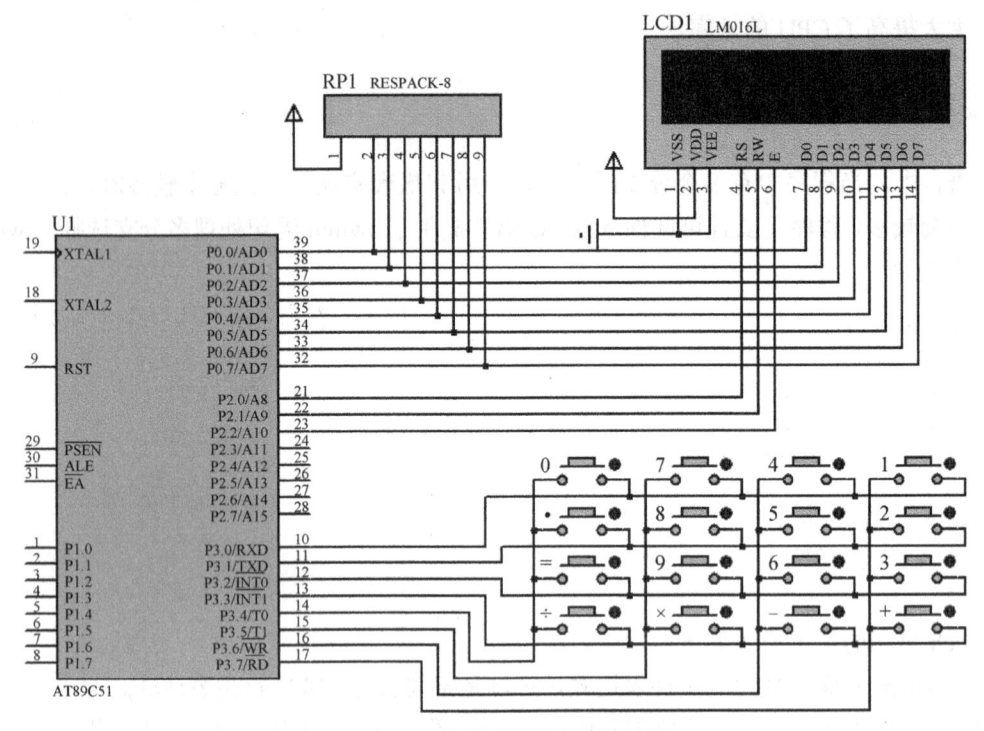

图 5.14 简易计算器参考电路图

表 5.4 简易计算器参考电路元器件表

元器件名称	关键字	参数	数量
单片机	AT89C51		1
LCD1602	LM016L		1
排阻	RESPACK-8	4.7～10kΩ	1
按键	BUTTON		16

三、源程序设计

编写控制程序，实现功能要求。图 5.15 为键盘按键信息显示参考源程序工程文件，包括 main.c 文件、lcd.c 文件、lcd.h 文件、delay.c 文件、delay.h 文件、key.c 文件和 key.h 文件。delay.c 文件、lcd.c 文件、delay.h 文件和 lcd.h 文件同本项目任务一，此处只给出 main.c 文件、key.c 文件和 key.h 文件的参考内容。

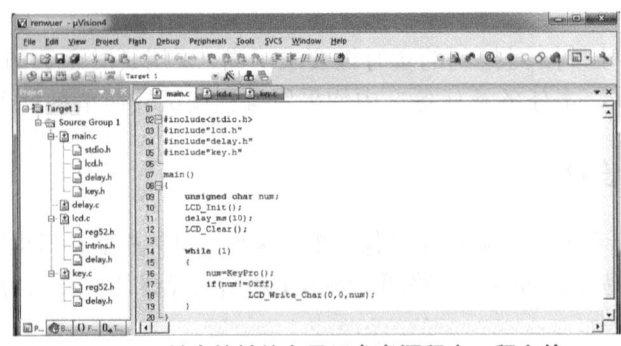

图 5.15 键盘按键信息显示参考源程序工程文件

1. key.c 文件参考内容

key.c 文件参考内容如下：

```c
#include<reg52.h> /
#include"delay.h"/
#define KeyPort P3/
unsigned char KeyScan(void)              //键盘扫描函数，使用行列反转法
{
    unsigned char cord_h,cord_l;         //行列值中间变量
    KeyPort=0x0f;                        //行线输出全为0
    cord_h=KeyPort&0x0f;                 //读入列线值
    if(cord_h!=0x0f)                     //先检测有无按键被按下
    {
        delay_ms(10);                    //去抖
        if((KeyPort&0x0f)!=0x0f)
        {
            cord_h=KeyPort&0x0f;         //读入列线值
            KeyPort=cord_h|0xf0;         //输出当前列线值
            cord_l=KeyPort&0xf0;         //读入行线值
            while((KeyPort&0xf0)!=0xf0); //等待按键被松开并输出
            return(cord_h+cord_l);       //键盘最后组合码值
        }
    }
    return(0xff);                        //返回该值
}
unsigned char KeyPro(void)
{
    switch(KeyScan())
    {
        case 0x7e:return '1';break;
        case 0x7d:return '2';break;
        case 0x7b:return '3';break;
        case 0x77:return '+';break;
        case 0xbe:return '4';break;
        case 0xbd:return '5';break;
        case 0xbb:return '6';break;
        case 0xb7:return '-';break;
        case 0xde:return '7';break;
        case 0xdd:return '8';break;
        case 0xdb:return '9';break;
        case 0xd7:return 'x';break;
        case 0xee:return '0';break;
        case 0xed:return '.';break;
        case 0xeb:return '=';break;
        case 0xe7:return '/';break;
        default:return 0xff;break;
    }
}
```

2. key.h 文件参考内容

key.h 文件参考内容如下：

```c
#ifndef __KEY_H__
#define __KEY_H__
```

```
unsigned char KeyScan(void);
unsigned char KeyPro(void);
#endif
```

3. main.c 文件参考内容

main.c 文件参考内容如下：

```
#include<stdio.h>
#include"lcd.h"
#include"key.h"
main()
{
    unsigned char num;
    LCD_Init();
    delay_ms(10);
    LCD_Clear();
    while (1)
    {
        num=KeyPro();
        if(num!=0xff)
            LCD_Write_Char(0,0,num);
    }
}
```

四、仿真分析

为简易计算器电路中的单片机加载本任务目标程序，仿真运行。图 5.16 为键盘按键信息显示仿真界面，此时按下数字"8"对应的按键，LCD1602 显示数字"8"。

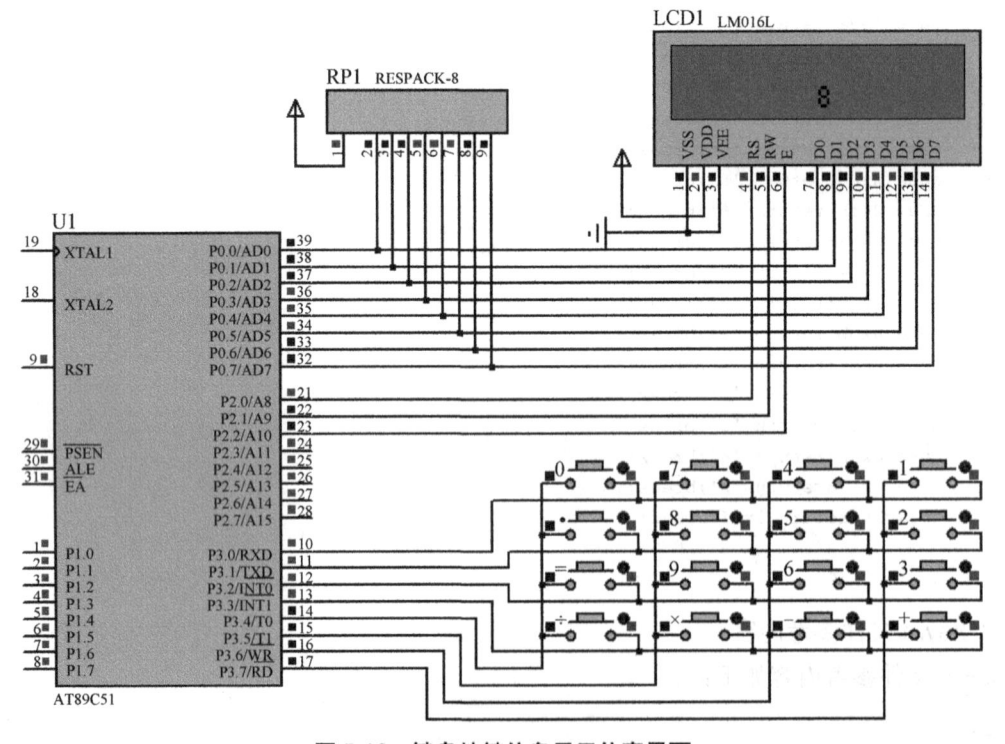

图 5.16 键盘按键信息显示仿真界面

任务三　简易计算器的整体设计

任务要求

编写控制程序，实现简易计算器的功能要求。

能力目标：

能设计算术运算控制程序。

知识目标：

熟悉字符串输入输出函数 sscanf 与 sprintf 的定义及使用方法。

知识储备——C 语言字符串输入输出函数 sscanf 与 sprintf

一、字符串输入函数 sscanf

字符串输入函数 sscanf 的作用是从一个字符串中读入与指定格式相符的数据。利用它可以从字符串中取出整数、浮点数和字符串等类型数据。

sscanf 函数的一般调用格式如下：

```
sscanf (存储的数据地址,"格式字符串",读入项地址表);
```

格式字符串的一般形式如下：

```
%[*][宽度][h | I | I64 | L]类型字符
```

其中，[]中的控制字符为可选项。

（1）*：表示跳过此数据不读入，也就是不把此数据读入参数中。

（2）宽度：表示读入字符串的长度。

（3）h | I | I64 | L：参数的大小，通常 h 表示 1 字节；I 表示 2 字节；I64 表示 8 字节；L 表示 4 字节。

（4）类型字符：指定要被读取的数据类型以及数据读取方式。d 表示读入十进制整数，o 表示读入八进制整数，x 表示读入十六进制整数，u 表示读入无符号十进制整数，f 或 e 表示读入实型数（小数形式或指数形式），c 表示读入单个字符，s 表示读字符串。

读入项地址表的一般形式如下：

```
&读入变量名
```

本任务中字符串输入函数 sscanf 应用实例如下：

```
unsigned char temp[16];
float a=0;
sscanf(temp,"%f",&a);    //将变量 temp 的值以浮点数格式读入变量 a 中
```

二、字符串输出函数 sprintf

字符串输出函数 sprintf 的主要功能是把格式化的数据写入某个字符数组中。

sprintf 函数的一般调用格式如下：

```
sprintf(字符数组名,"格式字符串",存储的数据地址表);
```

格式字符串的一般形式如下：

```
%[标识][宽度][.精度][长度]类型字符
```

其中，[]中的控制字符为可选项。

（1）类型字符。c 表示输出字符，d 或 i 表示输出有符号十进制整数，e 表示输出实型数（小数形式或指数形式），f 表示输出十进制浮点数，g 表示自动选择%e 或%f 中合适的表示法，o 表示输出有符号八进制数，s 表示输出字符串，u 表示输出无符号十进制整数，x 表示输出无符号十六进制整数，p 表示输出指针地址，n 表示无输出，%表示输出字符。

（2）标识。-：在给定的字符串宽度内左对齐，默认是右对齐。

+：强制在结果之前显示加号或减号（+或-），即正数前面会显示"+"号。默认情况下，只有负数前面会显示"-"号。

#：与 o、x 类型字符一起使用时，非零值前面会分别显示 0、0x。与 e 和 f 一起使用时，会强制输出包含一个小数点的数，即使后边没有数字也会显示小数点。默认情况下，如果后边没有数字，不会显示小数点。与 g 一起使用时，结果和与 e 一起使用时相同，但尾部的 0 不会被移除。

（3）宽度：要输出的字符的最小数目。如果要输出的字符的数目小于该数，结果会用空格填充；如果要输出的字符的数目大于该数，结果不会被截断。

（4）精度：对于整数类型（d、i、o、u、x），指定了要写入的数字的最小位数。如果要写入的数字的位数小于该数，结果会用前导零来填充；如果要写入的数字的位数大于该数，结果不会被截断。精度为 0 意味着不写入任何字符。对于 e 和 f 类型，精度为小数点后输出的小数位数。对于 g 类型，精度为输出的最大有效位数。对于 s 类型，精度为输出的最大字符数。默认情况下，所有字符都会被输出，直到遇到末尾的空字符。

（5）长度。h：短整型或无符号短整型（仅适用于整数类型字符 i、d、o、u、x ）。

l：长整型或无符号长整型，适用于整数类型字符（i、d、o、u、x 和 X）及类型字符 c（表示一个宽字符）和类型字符 s（表示宽字符字符串）。

L：长双精度型（仅适用于浮点数类型字符 e、f、g）。

本任务中字符串输入函数 sprintf 应用实例如下：

```
sprintf(temp,"%g",a);    //将变量 a 的值以浮点数格式写入字符数组 temp 中
```

任务实施

一、源程序设计

编写控制程序，实现功能要求。图 5.17 为简易计算器参考源程序工程文件结构，包括 delay.c 文件、lcd.c 文件、key.c 文件、main.c 文件、delay.h 文件、lcd.h 文件和 key.h 文件，其中 delay.c 文件、lcd.c 文件、key.c 文件、delay.h 文件、lcd.h 文件和 key.h 文件同本项目任务二。此处只给出 main.c 文件的参考内容。

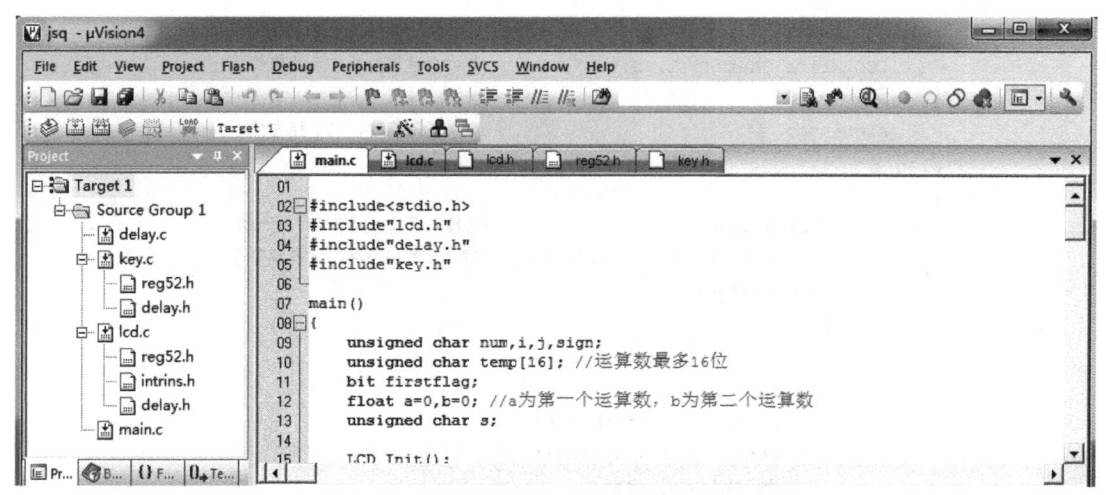

图 5.17 简易计算器参考源程序工程文件结构

```c
#include<stdio.h>
#include"lcd.h"
#include"delay.h"
#include"key.h"
main()
{
    unsigned char num,i,j,sign;
    unsigned char temp[16];     //运算数最多16位
    bit firstflag;
    float a=0,b=0;     //a为第一个运算数，b为第二个运算数
    unsigned char s;
    LCD_Init();
    delay_ms(10);      //延时
    LCD_Clear();       //清屏
    LCD_Write_String(0,0," LCD calculator");
    LCD_Write_String(0,1,"    + - x /");
    while(1)
    {
        num=KeyPro();
        if(num!=0xff)       //有按键被按下
        {
            if(i==0)        //输入第一个字符的时候清屏
                LCD_Clear();
            if((i==16)||('+'==num)||('-'==num)||('x'==num)|| ('/'==num)||('='==num))
            {
                i=0;                   //计数器复位
                if(firstflag==0)   //如果是输入的第一个数据，赋值给a，并把标志位置1
                {
                    sscanf(temp,"%f",&a);   //将变量temp的值以浮点数格式写入a中
                    firstflag=1;
                }
                else
                    sscanf(temp,"%f",&b);
                for(s=0;s<16;s++)   //赋值完成后把缓冲区清零，防止下次输入影响结果
                    temp[s]=0;
```

```c
            if(num!='=')
                LCD_Write_Char((j+1),0,num);        //第一个运算数后显示运算符号
            if(num!='=')
                sign=num;                           //如果不是等号,记下标志位
            else
            {
                firstflag=0;                        //已输入第二个运算数,需清零
                LCD_Write_String(0,1,"=");          //第二行第一个字符位显示等号
                switch(sign)
                {
                    case '+':a=a+b;break;
                    case '-':a=a-b;break;
                    case 'x':a=a*b;break;
                    case '/':a=a/b;break;
                    default:break;
                }
                sprintf(temp,"%g",a);               //输出浮点型,无用的0不输出
                LCD_Write_String(1,1,temp);         //从第二行第二个字符位开始显示结果
                sign=0;a=b=0;                       //用完后所有数据清零
                for(s=0;s<16;s++)
                    temp[s]=0;
            }
        }
        else if(i<16)
        {
            if((i==1)&&(temp[0]=='0'))              //如果第一个字符是0,判读第二个字符
            {
                if(num=='.')                        //如果是小数点,则正常输入
                {
                    temp[1]='.';
                    LCD_Write_Char(1,0,num);        //输出数据
                    i++;
                }
                else                                //第一个输入字符不是小数点
                {
                    temp[0]=num;                    //直接替换第一位0
                    LCD_Write_Char(0,0,num);        //输出数据
                }
            }
            else                                    //如果第一个字符不是0或不是第一个字符
            {
                temp[i]=num;
                LCD_Write_Char(i,0,num);            //输出数据
                j=i;
                i++;                                //输入数值累加
            }
        }
    }
}
```

二、程序说明

本程序大小为 4757B，超过了仿真用单片机 AT89C51 片内 ROM 容量，故在进行如图 5.18 所示的输出设置中，不可勾选 "Use On-chip ROM（0x0-0xFFF）"复选框，即不可将程序下载到片内。

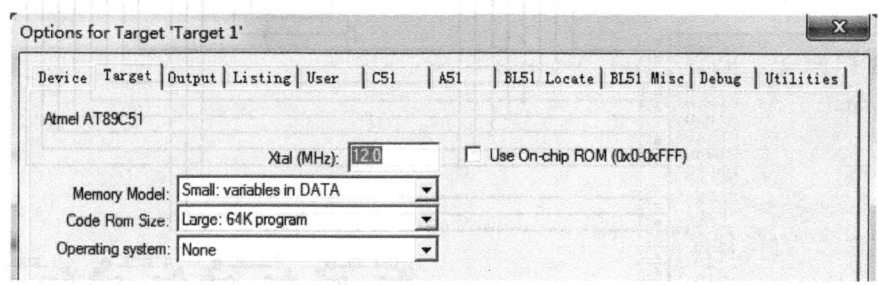

图 5.18 输出设置

三、仿真分析

为简易计算器电路中的单片机加载本任务目标程序，仿真运行。

（1）图 5.19 为计算器初始化仿真界面，第一行居中显示 "LCD calculator"，第二行居中显示 "+ - × /"。

（2）图 5.20 为计算器计算 7.8+10.35=18.15 的计算仿真界面。

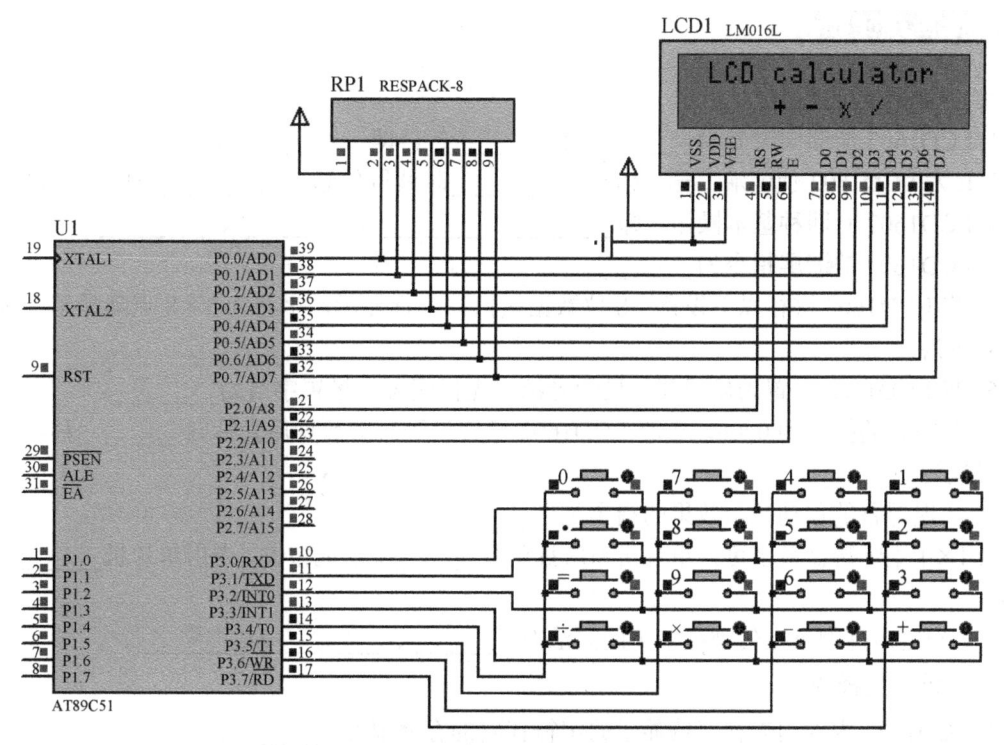

图 5.19 计算器初始化仿真界面

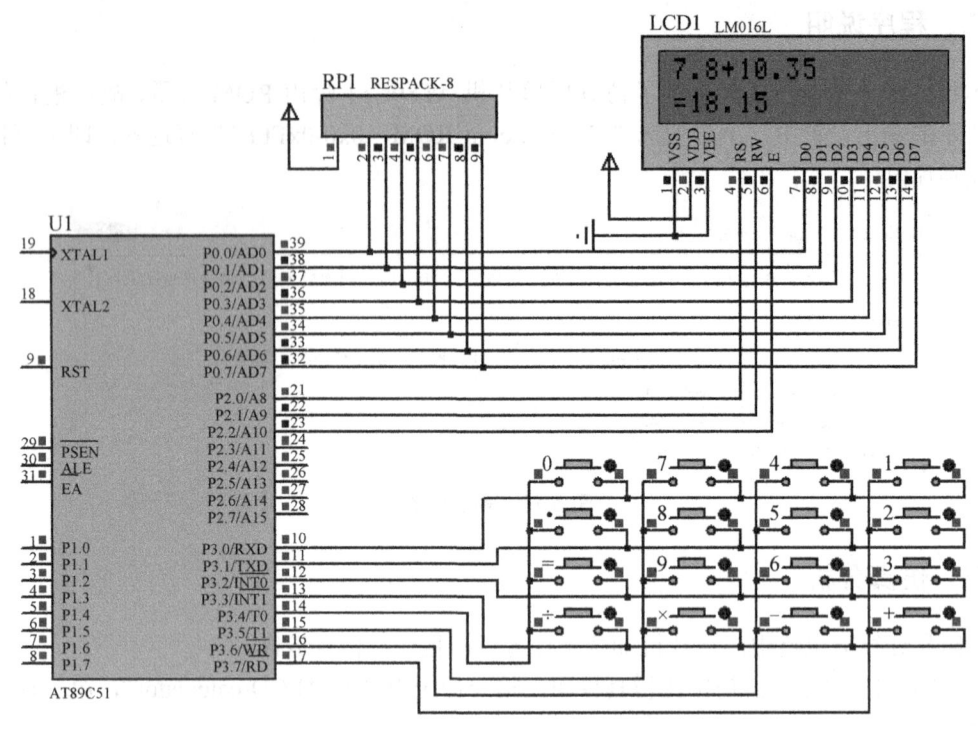

图 5.20　计算器计算仿真界面

思考与练习题 5

一、填空题

1. LCD1602 能够同时显示_____列_____行，即_____个字符。

2. E 为 LCD1602 使能端，输入信号为_____时读取信息，为_____时执行指令。

3. LCD1602 有四种基本操作，即_____、_____、_____、_____。

4. LCD1602 的清屏指令为_____。

5. 将 LCD1602 进行以下设置：8 位数据接口，一行显示，字符为 5×8 点阵显示。则写入的指令为_____。

6. 将 LCD1602 设置为显示开，显示光标，光标闪烁，设置字节为_____。

7. 若写入的指令为 0x06，则将 LCD1602 设置为写入新数据后光标向_____移，显示移动设置为_____。

8. 实现屏幕的移动显示效果的指令是_____。

9. 4×4 矩阵键盘最多可为单片机系统提供_____个功能按键，占用单片机_____个 I/O 口。

10. 确定矩阵键盘上何键被按下的方法有_____、_____及_____。

二、单项选择题

1. LCD1602 内部用来存储待显示的字符代码的存储器是_____。
A. CGROM　　　　B. CGRAM　　　　C. DDRAM　　　　D. DDROM

2. LCD1602 模块上固化了字模存储器，内置的常用字符字模的存储器是_____。
A. CGROM　　　　B. CGRAM　　　　C. DDRAM　　　　D. DDROM

3. LCD1602 模块上固化了字模存储器，允许用户自定义字符字模的存储器是_____。
   A. CGROM　　　　　B. CGRAM　　　　　C. DDRAM　　　　　D. DDROM
4. LCD1602 在进行写命令操作时，引脚 RS 与 RW 的输入信号分别为_____。
   A. RS=0，RW=0　　　　　　　　　　B. RS=0，RW=1
   C. RS=1，RW=0　　　　　　　　　　D. RS=1，RW=1
5. LCD1602 在进行写数据操作时，引脚 RS 与 RW 的输入信号分别为_____。
   A. RS=0，RW=0　　　　　　　　　　B. RS=0，RW=1
   C. RS=1，RW=0　　　　　　　　　　D. RS=1，RW=1
6. 确定矩阵键盘上何键被按下的三种方法中，占用 CPU 时间最短，CPU 效率最高的是_____。
   A. 行列扫描法　　　B. 行列反转法　　　C. 状态机法　　　D. 前两种方法
7. 下列符合条件编译命令#ifndef<标识>中标识命名规则的是_____。
   A. __LCD_H__　　　B. __lcd_H__　　　C. __LCD.H__　　　D. LCD_H
8. 以下选项可作为 switch 后面括号内的表达式的是_____。
   A. 返回值为无符号整型子函数 KeyScan()　　B. 无符号字符变量 i
   C. 整型变量 a　　　　　　　　　　　　　　D. 常数 0x67
9. 关于 switch 语句的使用说明，不正确的是_____。
   A. 每个 case 常量表达式的值必须不同
   B. case 语句必须在 default 语句之前
   C. 每个 case 后的语句可以是一条或多条，还可以没有语句
   D. 每个 case 语句后面可以有 break，也可以没有
10. 设无符号字符变量 j 的初值为 0，i=2，执行一次如下 switch 语句后，j 为_____。

```
switch(i)
{
   case 1:j=j+1;break;
   case 2:j=j+2;
   case 3:j=j+3;break;
   case 4:j=j+4;break;
   default:j=0;break;
}
```

   A. 4　　　　　　　B. 5　　　　　　　C. 6　　　　　　　D. 0

三、简答题

1. 简述 LCD1602 的初始化步骤。
2. 简述行列扫描法识别按键被按下的过程。
3. 简述行列反转法识别按键被按下的过程。
4. 简述状态机法识别按键被按下的过程。
5. 简述条件编译命令 "#ifndef" 的作用。

四、设计题

设计 LCD1602 与单片机的接口电路，编写控制程序，在 LCD1602 屏幕第一行居中显示当前日期。

项目六

温度控制系统的设计

> 扫一扫看温度控制系统仿真视频

📰 项目说明

设计图 6.1 所示温度控制系统，该系统由单片机、温度传感器、按键、LCD12864 显示器和加热设备等部分组成，基本控制要求如下：

（1）控制空间温度在设定温度附近，当实际温度低于设定温度 5℃以下时，启动加热设备，当实际温度达到设定温度后停止加热。

（2）LCD12864 作为温度控制系统的显示器，显示设定温度、当前温度、"加热中"等信息。

（3）温度控制系统设"设置"、"增加"和"减小"按键，用来设置设定温度，设置范围为 20～100℃。

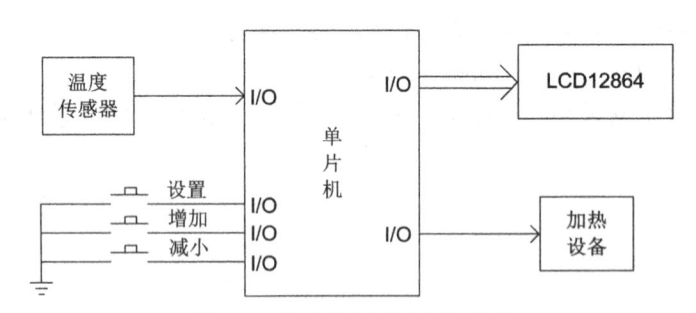

图 6.1 温度控制系统结构框图

通过对温度控制系统的设计与仿真调试，让读者学习单片机与 LCD12864 的接口电路设计及编程控制方法；学习单片机与数字式温度传感器 DS18B20 的接口电路设计及编程方法；学习单片机与强电负载的接口电路设计方法等内容。

温度控制系统的设计项目由 LCD12864 与单片机的接口电路设计、DS18B20 与单片机的接口电路设计和温度控制系统的整体设计三个任务组成。

任务一 LCD12864 与单片机的接口电路设计

📰 任务要求

设计 LCD12864 与单片机的接口电路，编写 LCD12864 的显示程序，显示如图 6.2 所示内容。

能力目标：

能设计 LCD12864 与单片机的接口电路；

能编写 LCD12864 的显示程序。

知识目标：

熟悉 LCD12864 引脚的名称和作用、内部结构及常用命令的定义；

掌握 LCD12864 显示程序的编写方法；

掌握 LCD12864 取模软件的使用方法。

> 设定温度：55℃
> 当前温度：20℃
> 加热中
>
> 图 6.2　液晶显示界面

知识储备——LCD12864 与单片机接口技术

一、LCD12864 简介

LCD12864 是一种图形点阵液晶显示模块，它主要由控制器、行驱动器、列驱动器及点阵液晶屏等部分组成。整个液晶屏共 128 列 64 行，因此称为 LCD12864。12864 可显示 32（4 行 8 列）个汉字（每个汉字由 16×16 点阵显示），也可显示图形。

LCD12864 根据内部控制器的不同可分为 ST7920 类、KS0108 类、T6963C 类和 COG 类等。不同控制器的 LCD12864 在引脚特性、内部功能器件、指令系统及显示程序等方面均有所不同。本项目选用 HEM12864I 液晶显示模块，其内置控制器为 KS0108，KS0108 控制器指令简单，不带字库，支持 68 时序和 8 位并行口。本任务介绍 KS0108 类液晶显示模块的显示屏、引脚特性、内部功能器件和指令系统。以后内容中的 LCD12864 均为 KS0108 类液晶显示模块。

二、LCD12864 显示屏简介

图 6.3 为 LCD12864 显示屏，分左、右半屏，均为 64×64 点阵。左半屏中，8 行为一页，即图中的一排 8 个小方框为一页，共 8 页，页的编号从上到下为 0~7，左半屏列的编号从左到右为 0~63。右半屏同左半屏，共 8 页，页的编号从上到下也是 0~7，列编号从左到右也是 0~63。

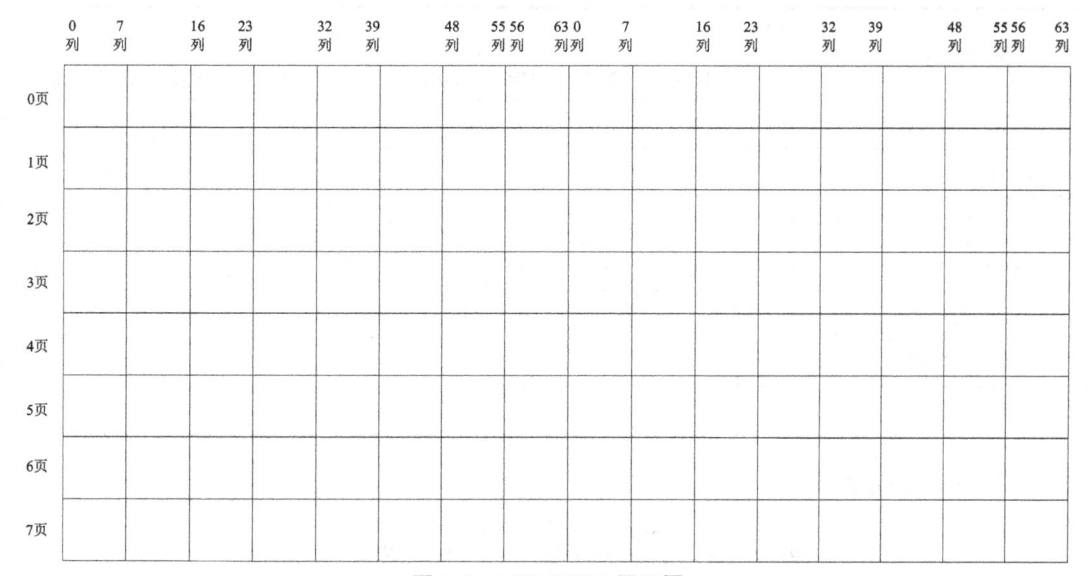

图 6.3　LCD12864 显示屏

三、LCD12864 引脚的特性

LCD12864 共 20 个引脚，电源引脚为 1 脚、2 脚，直流 5V 电源供电，8 位并行口数据线引脚为 7 脚~14 脚，控制引脚有 5 个（4 脚、5 脚、6 脚、15 脚、16 脚）。LCD12864 各引脚名称、电平信号及功能描述如表 6.1 所示。

表 6.1 12864 引脚的特性

引脚号	引脚名称	引脚电平信号	功能描述
4	GND	0	电源地
3	VCC	+5V	电源电压
5	V0	−10~0V	LCD 驱动负电压，使用时该引脚可悬空处理
6	RS	H/L	数据/指令输入选择引脚
7	RW	H/L	数据读/写选择引脚
8	E	H/L	使能引脚
9~16	DB0~DB7	H/L	数据线
1	$\overline{CS1}$	H/L	左半屏选择引脚，当 CS1=1 时左半屏显示
2	$\overline{CS2}$	H/L	右半屏选择引脚，当 CS2=1 时右半屏显示
17	RST	H/L	复位引脚，低电平有效
18	−Vout	−10V	输出−10V 的负电压（单电源供电）
19	BLA	+5V	背光电源
20	BLK	0	背光电源

四、LCD12864 指令系统

KS0108 类 LCD12864 指令系统比较简单，总共只有 7 种指令，如表 6.2 所示。

表 6.2 LCD12864 指令系统

指令名称	控制信号		控制代码							
	RS	RW	DB7	DB6	DB5	DB4	DB3	DB2	DB1	DB0
显示开/关设置	0	0	0	0	1	1	1	1	1	D
显示起始行设置	0	0	1	1	L5	L4	L3	L2	L1	L0
页地址设置	0	0	1	0	1	1	1	P2	P1	P0
列地址设置	0	0	0	1	C5	C4	C3	C2	C1	C0
读取状态字	0	1	BUSY	0	ON/OFF	RESET	0	0	0	0
写显示数据	1	0	数据							
读显示数据	1	1	数据							

1. 读状态字指令

BUSY	0	ON/OFF	RESET	0	0	0	0

说明：该指令用来查询液晶显示模块内部控制器的工作状态。

BUSY：当前液晶显示模块接口控制电路运行状态标志位。BUSY=1 表示控制器正在处理单片机发过来的指令或数据，此时接口电路被封锁，不能接受除读状态字以外的任何操作。BUSY=0 表示液晶显示模块接口控制电路已处于"准备好"状态，等待单片机的访问。

ON/OFF：液晶显示开关位。ON/OFF=1 表示显示关，ON/OFF=0 表示显示开。

RESET：复位标志位，反映输入引脚 RST 端的电平状态。当 RST 端为低电平状态时，液晶显示模块处于复位工作状态，标志位 RESET=1；当 RST 端为高电平状态时，液晶显示模块为正常工作状态，标志位 RESET=0。

在指令设置和数据读写时要注意状态字中的 BUSY。只有在 BUSY=0 时，单片机对液晶显示模块的操作才有效。因此在每次对液晶显示模块操作之前，都要读出状态字判断 BUSY 是否为 0，若不为 0，则需要等待，直至 BUSY=0 为止。

2. 显示开/关指令

0	0	1	1	1	1	1	D

说明：该指令用来设置显示开/关触发器的状态，进而控制显示屏的显示状态。

D：显示开/关控制位。D=1 时，显示开，此时状态字中 ON/OFF 位为 0。D=0 时，显示关闭，此时状态字中 ON/OFF 位为 1。

3. 显示起始行设置

1	1	L5	L4	L3	L2	L1	L0

说明：该指令用来设置显示起始行寄存器的内容。

L0~L5：显示起始行的地址，取值在 0~63（1~64 行）范围内。它规定了显示屏上最顶一行所对应的显示存储器的行地址。如果定时地、等间距地修改（如加 1 或减 1）显示起始行寄存器的内容，则显示屏将呈现显示内容向上或向下平滑滚动的效果。

4. 页地址设置

1	0	1	1	1	P2	P1	P0

说明：该指令用来设置页地址寄存器的内容。显示屏分为 8 页，该指令设定了接下来的读/写操作将在哪一页上进行。

P0~P2：确定当前要选择的页地址，取值范围为 0~7，代表第 1~8 页。

5. 列地址设置

0	1	C5	C4	C3	C2	C1	C0

说明：该指令用来设置列地址计数器的内容，显示屏左右半屏各为 64 列，该指令设定了接下来的读/写操作将在哪一列进行。

C0~C5：确定当前所要选择的列地址，取值范围为 0~63，代表第 1~64 列。

列地址计数器具有自动加 1 功能，在每一次读/写数据后它将自动加 1，所以在连续读/写数据时，列地址计数器不必每次都设置。

页地址的设置和列地址的设置将显示存储器单元唯一地确定下来，为接下来的显示数据的读/写进行了地址的选通。

6. 写显示数据

| d | d | d | d | d | d | d | d |

说明：该操作将 8 位数据写入先前已确定的显示存储器单元内。操作完成后列地址计数器自动加 1。

7. 读显示数据

| d | d | d | d | d | d | d | d |

说明：该操作将液晶显示模块输出寄存器中的内容读出，然后列地址计数器自动加 1。

五、LCD12864 操作时序

KS0108 类 LCD12864 支持 68 时序，时序是实现液晶显示的基础，按照时序图可编程实现基本操作函数。KS0108 类 LCD12864 读写操作时序如图 6.4 所示。由写操作时序图知：当使能端 E 变为"1"时，写命令或数据有效。写入过程中，RW 需保持为"0"。RS 为"0"时，写入命令；RS 为"1"时，写入数据。

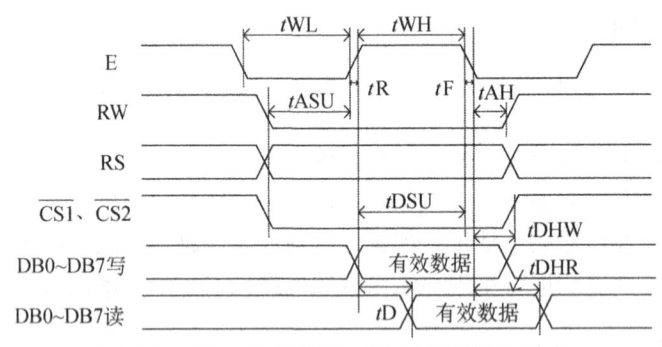

图 6.4　KS0108 类 LCD 12864 读写操作时序

操作时序时间参数如表 6.3 所示，可知：使能端 E 高脉冲持续时间最少为 0.45μs。

表 6.3　操作时序时间参数

参数	符号	最小值	典型值	最大值	单位
E 高电平宽度	t_{WH}	450	—	—	ns
E 低电平宽度	t_{WL}	450	—	—	ns
E 上升沿/下降沿时间	t_R, t_F	—	—	25	ns
地址建立时间	t_{ASU}	140	—	—	ns
地址保持时间	t_{AH}	10	—	—	ns
数据建立时间（写操作）	t_{DSU}	200	—	—	ns
数据保持时间（写操作）	t_{DHW}	10	—	—	ns
数据建立时间（读操作）	t_D	—	—	320	ns
数据保持时间（读操作）	t_{DHR}	20	—	—	ns

知识储备——LCD12864 取模软件的使用

LCD12864 显示内容的字模数据可通过取模软件获取，下面通过获取汉字"设定温度"的字模数据来介绍取模软件的使用方法。

（1）打开取模软件，默认界面如图 6.5 所示。

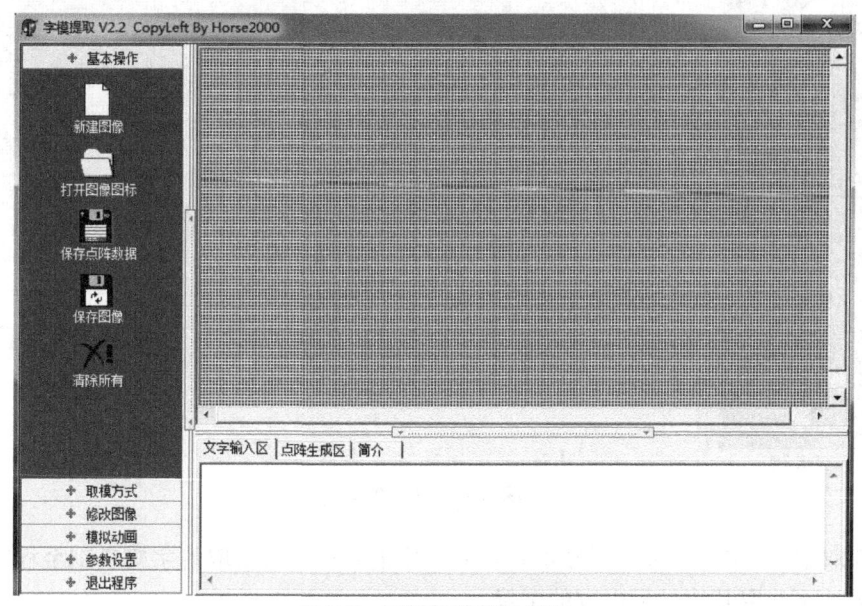

图 6.5 取模软件默认界面

（2）参数设置。按图 6.6 所示进行参数设置，其余设置使用默认设置。

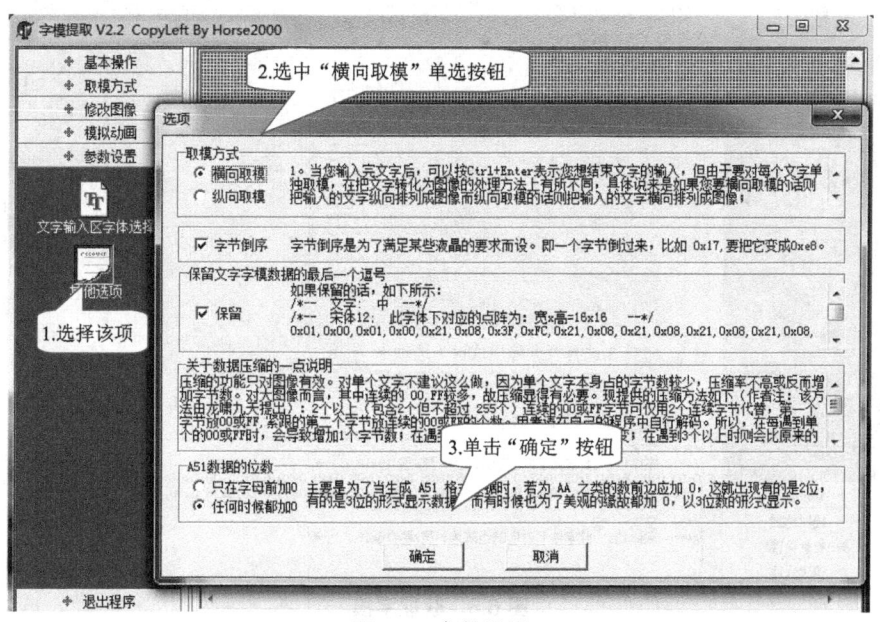

图 6.6 参数设置

（3）输入待显示文字：选择"文字输入区"选项卡，输入待显示文字，如图 6.7 所示，按 Ctrl+Enter 组合键。

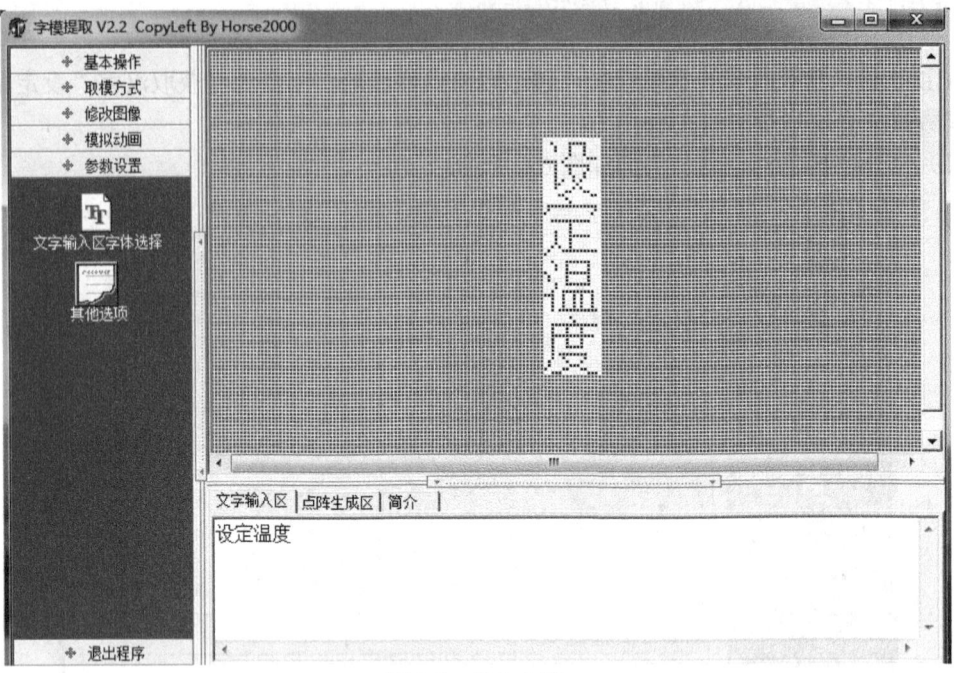

图 6.7　输入文字

（4）获取字模。按图 6.8 所示获取待显示文字的字模。将获取的字模复制至程序中即可。用同样的方法可获取其他显示内容的字模。

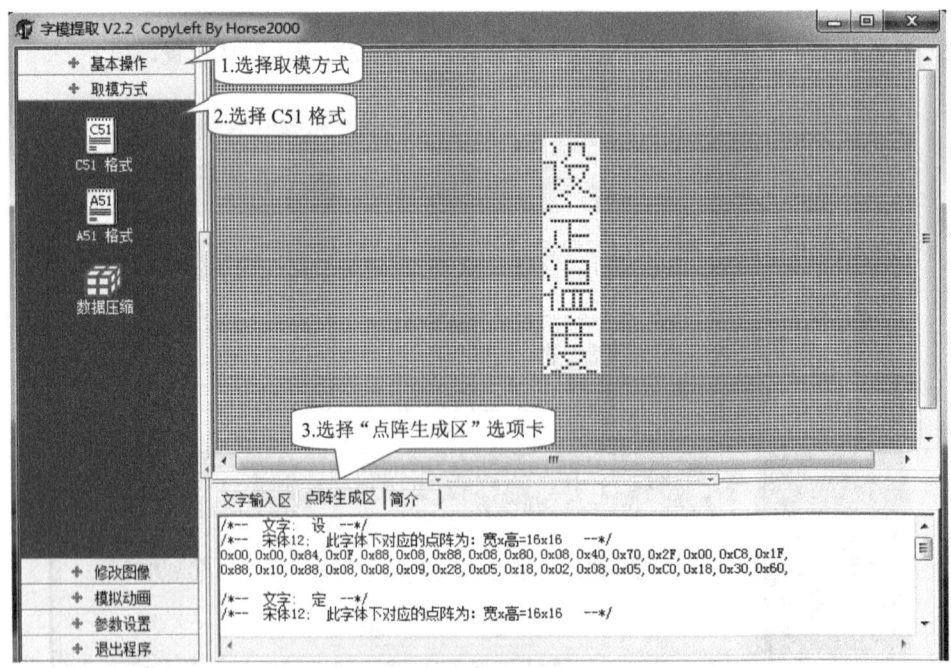

图 6.8　获取字模

任务实施

一、硬件电路设计

LCD12864 内部集成了行驱动器及列驱动器,故 LCD12864 数据端口 DB0~DB7 可直接与单片机连接,不需要驱动芯片。

使用 Proteus 设计 LCD12864 与单片机的接口电路,即温度控制系统显示电路。LCD12864 与单片机的接口参考电路如图 6.9 所示。参考电路所用元器件如表 6.4 所示。

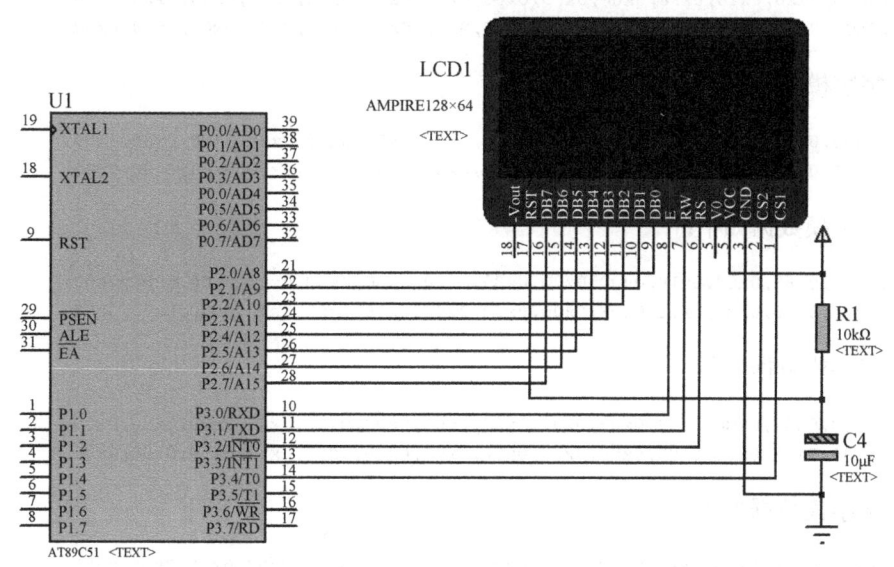

图 6.9 LCD12864 与单片机的接口参考电路图

表 6.4 LCD12864 与单片机的接口参考电路元器件表

元器件名称	关键字	参数	数量
单片机	AT89C51		1
LCD12864	AMPIRE 128×64		1
电阻	RES	10kΩ	1
电解电容	CAP-ELEC	10μF/25V	1

二、显示内容取模

"0"字字模数据如下:

```
0x00,0xE0,0x10,0x08,0x08,0x10,0xE0,0x00,0x00,0x00,0x00,0x00,0x00,0x00,0x00,0x00,
0x00,0x0F,0x10,0x20,0x20,0x10,0x0F,0x00,0x00,0x00,0x00,0x00,0x00,0x00,0x00,0x00
```

"1"字字模数据如下:

```
0x00,0x10,0x10,0xF8,0x00,0x00,0x00,0x00,0x00,0x00,0x00,0x00,0x00,0x00,0x00,0x00,
0x00,0x20,0x20,0x3F,0x20,0x20,0x00,0x00,0x00,0x00,0x00,0x00,0x00,0x00,0x00,0x00
```

"2"字字模数据如下：

0x00,0x70,0x08,0x08,0x08,0x88,0x70,0x00,0x00,0x00,0x00,0x00,0x00,0x00,0x00,0x00,
0x00,0x30,0x28,0x24,0x22,0x21,0x30,0x00,0x00,0x00,0x00,0x00,0x00,0x00,0x00,0x00

"3"字字模数据如下：

0x00,0x30,0x08,0x88,0x88,0x48,0x30,0x00,0x00,0x00,0x00,0x00,0x00,0x00,0x00,0x00,
0x00,0x18,0x20,0x20,0x20,0x11,0x0E,0x00,0x00,0x00,0x00,0x00,0x00,0x00,0x00,0x00

"4"字字模数据如下：

0x00,0x00,0xC0,0x20,0x10,0xF8,0x00,0x00,0x00,0x00,0x00,0x00,0x00,0x00,0x00,0x00,
0x00,0x07,0x04,0x24,0x24,0x3F,0x24,0x00,0x00,0x00,0x00,0x00,0x00,0x00,0x00,0x00

"5"字字模数据如下：

0x00,0xF8,0x08,0x88,0x88,0x08,0x08,0x00,0x00,0x00,0x00,0x00,0x00,0x00,0x00,0x00,
0x00,0x19,0x21,0x20,0x20,0x11,0x0E,0x00,0x00,0x00,0x00,0x00,0x00,0x00,0x00,0x00

"6"字字模数据如下：

0x00,0xE0,0x10,0x88,0x88,0x18,0x00,0x00,0x00,0x00,0x00,0x00,0x00,0x00,0x00,0x00,
0x00,0x0F,0x11,0x20,0x20,0x11,0x0E,0x00,0x00,0x00,0x00,0x00,0x00,0x00,0x00,0x00

"7"字字模数据如下：

0x00,0x38,0x08,0x08,0xC8,0x38,0x08,0x00,0x00,0x00,0x00,0x00,0x00,0x00,0x00,0x00,
0x00,0x00,0x00,0x3F,0x00,0x00,0x00,0x00,0x00,0x00,0x00,0x00,0x00,0x00,0x00,0x00

"8"字字模数据如下：

0x00,0x70,0x88,0x08,0x08,0x88,0x70,0x00,0x00,0x00,0x00,0x00,0x00,0x00,0x00,0x00,
0x00,0x1C,0x22,0x21,0x21,0x22,0x1C,0x00,0x00,0x00,0x00,0x00,0x00,0x00,0x00,0x00

"9"字字模数据如下：

0x00,0xE0,0x10,0x08,0x08,0x10,0xE0,0x00,0x00,0x00,0x00,0x00,0x00,0x00,0x00,0x00,
0x00,0x00,0x31,0x22,0x22,0x11,0x0F,0x00,0x00,0x00,0x00,0x00,0x00,0x00,0x00,0x00

"设"字字模数据如下：

0x40,0x40,0x42,0xCC,0x00,0x40,0xA0,0x9E,0x82,0x82,0x82,0x9E,0xA0,0x20,0x20,0x00,
0x00,0x00,0x00,0x3F,0x90,0x88,0x40,0x43,0x2C,0x10,0x28,0x46,0x41,0x80,0x80,0x00

"定"字字模数据如下：

0x10,0x0C,0x44,0x44,0x44,0x44,0x45,0xC6,0x44,0x44,0x44,0x44,0x14,0x0C,0x00,0x00,
0x80,0x40,0x20,0x1E,0x20,0x40,0x40,0x7F,0x44,0x44,0x44,0x44,0x40,0x40,0x00,0x00

"当"字字模数据如下：

0x00,0x40,0x42,0x44,0x58,0x40,0x40,0x7F,0x40,0x40,0x50,0x48,0xC6,0x00,0x00,0x00,
0x00,0x40,0x44,0x44,0x44,0x44,0x44,0x44,0x44,0x44,0x44,0x44,0xFF,0x00,0x00,0x00

"前"字字模数据如下：

0x08,0x08,0xE8,0x29,0x2E,0x28,0xE8,0x08,0x08,0xC8,0x0C,0x0B,0xE8,0x08,0x08,0x00,

0x00,0x00,0xFF,0x09,0x49,0x89,0x7F,0x00,0x00,0x0F,0x40,0x80,0x7F,0x00,0x00,0x00

"温"字字模数据如下:

0x10,0x60,0x02,0x8C,0x00,0x00,0xFE,0x92,0x92,0x92,0x92,0x92,0xFE,0x00,0x00,0x00,
0x04,0x04,0x7E,0x01,0x40,0x7E,0x42,0x42,0x7E,0x42,0x7E,0x42,0x42,0x7E,0x40,0x00

"度"字字模数据如下:

0x00,0x00,0xFC,0x24,0x24,0x24,0xFC,0x25,0x26,0x24,0xFC,0x24,0x24,0x24,0x04,0x00,
0x40,0x30,0x8F,0x80,0x84,0x4C,0x55,0x25,0x25,0x25,0x55,0x4C,0x80,0x80,0x80,0x00

":"字字模数据如下:

0x00,0x00,0x00,0x00,0x00,0x00,0x00,0x00,0x00,0x00,0x00,0x00,0x00,0x00,0x00,0x00,
0x00,0x00,0x36,0x36,0x00,0x00,0x00,0x00,0x00,0x00,0x00,0x00,0x00,0x00,0x00,0x00

"℃"字字模数据如下:

0x06,0x09,0x09,0xE6,0xF8,0x0C,0x04,0x02,0x02,0x02,0x02,0x02,0x04,0x1E,0x00,0x00,
0x00,0x00,0x00,0x07,0x1F,0x30,0x20,0x40,0x40,0x40,0x40,0x40,0x20,0x10,0x00,0x00

"加"字字模数据如下:

0x10,0x10,0x10,0xFF,0x10,0x10,0xF0,0x00,0x00,0xF8,0x08,0x08,0x08,0xF8,0x00,0x00,
0x80,0x40,0x30,0x0F,0x40,0x80,0x7F,0x00,0x00,0x7F,0x20,0x20,0x20,0x7F,0x00,0x00

"热"字字模数据如下:

0x08,0x08,0x88,0xFF,0x48,0x48,0x00,0x08,0x48,0xFF,0x08,0x08,0xF8,0x00,0x00,0x00,
0x81,0x65,0x08,0x07,0x20,0xC0,0x08,0x04,0x23,0xC0,0x03,0x00,0x23,0xC4,0x0F,0x00

"中"字字模数据如下:

0x00,0x00,0xF0,0x10,0x10,0x10,0x10,0xFF,0x10,0x10,0x10,0x10,0xF0,0x00,0x00,0x00,
0x00,0x00,0x0F,0x04,0x04,0x04,0x04,0xFF,0x04,0x04,0x04,0x04,0x0F,0x00,0x00,0x00

三、源程序设计

编写控制程序,实现功能要求。LCD12864 的显示参考源程序结构如图 6.10 所示,包括 lcd12864.c 文件、lcd12864.h 文件和 main.c 文件。

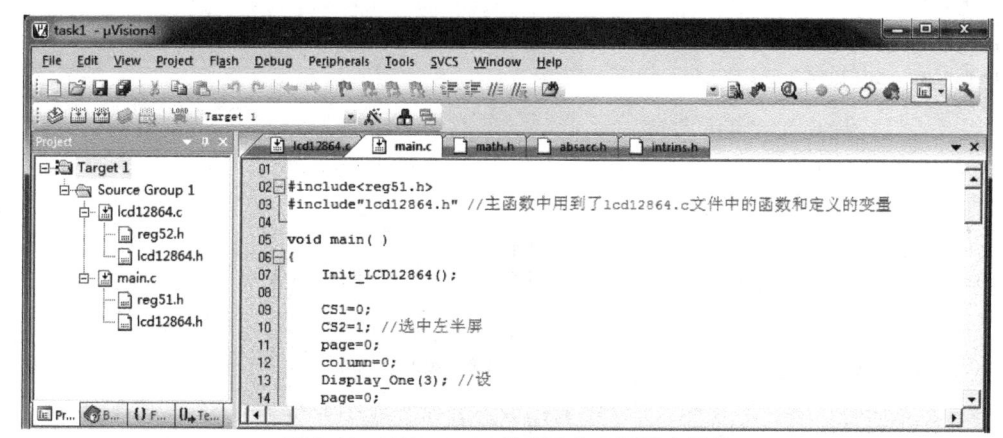

图 6.10 LCD12864 的显示参考源程序结构

1. lcd12864.h 文件参考内容

lcd12864.h 文件参考内容如下：

```c
#ifndef __LCD12864_H__
#define __LCD12864_H__
void Init_LCD12864( );
void Display_One(unsigned char x);
sbit CS2 = P3^3;
sbit CS1 = P3^4;
sbit E   = P3^0;
sbit RW  = P3^1;
sbit RS  = P3^2;
extern unsigned int LCD12864_Cmd;     //指令存储变量，为全局变量
extern unsigned int LCD12864_Dat;     //数据存储变量
extern unsigned int page;             //页数存储变量
extern unsigned int column;           //列数存储变量
#endif
```

2. lcd12864.c 文件参考内容

lcd12864.c 文件参考内容如下：

```c
#include<reg52.h>
#include"lcd12864.h"
#define DATAPORT P2
unsigned int LCD12864_Cmd;        //指令存储变量，为全局变量
unsigned int LCD12864_Dat;        //数据存储变量
unsigned int page;                //页数存储变量
unsigned int column;              //列数存储变量
unsigned int code a[]={见显示取模部分 };
void LCD12864_Write_Cmd( )
{
    RS=0;
    RW=0;
    E=1;
    DATAPORT=LCD12864_Cmd;
    E=0;
}
void LCD12864_Write_Dat( )
{
    RS=1;
    RW=0;
    E=1;
    DATAPORT=LCD12864_Dat;
    E=0;
}
void Init_LCD12864( )
{
    unsigned char i,j;
    CS1=0;  CS2=1;                        //选中左半屏
    for(i=0xb8;i<=0xbf;i++)               //从第 0 页开始清屏，共清空 8 页
    {
        LCD12864_Cmd=i;                   //页地址设置指令
        LCD12864_Write_Cmd( );            //确定要清空的页

        for(j=0x40;j<=0x7f;j++)           //每页 64 列
        {
```

```
            LCD12864_Cmd=j;                  //列地址设置指令
            LCD12864_Write_Cmd( );           //确定要清空的列
            LCD12864_Dat=0;
            LCD12864_Write_Dat( );
        }
        j=0;
    }
    i=0;
    CS1=1;  CS2=0;                           //选中右半屏
    for(i=0xb8;i<=0xbf;i++)                  //从第0页开始清屏,共清空8页
    {
        LCD12864_Cmd=i;
        LCD12864_Write_Cmd( );               //确定要清空的页
        for(j=0x40;j<=0x7f;j++)              //每页64列
        {
            LCD12864_Cmd=j;
            LCD12864_Write_Cmd( );           //确定要清空的列
            LCD12864_Dat=0;
            LCD12864_Write_Dat( );
        }
        j=0;
    }
    i=0;
}
void Display_One(unsigned char x)
{
    unsigned int m,n,s;
    s=32*x;                                  //s为汉字第一个段码的编号
    LCD12864_Cmd=page|0xb8;
    LCD12864_Write_Cmd( );
    LCD12864_Cmd=column|0x40;
    LCD12864_Write_Cmd( );                   //以上4条指令确定显示的起始页和列
    for(m=s;m<16+s;m++)                      //每个汉字由16×16点阵显示,先显示第一页的16列
    {
        LCD12864_Dat=a[m];
        LCD12864_Write_Dat( );
    }
    LCD12864_Cmd=++page|0xb8;
    LCD12864_Write_Cmd( );
    LCD12864_Cmd=column|0x40;
    LCD12864_Write_Cmd( );
    for(n=s+16;n<32+s;n++)                   //显示汉字的第二页
    {
        LCD12864_Dat=a[n];
        LCD12864_Write_Dat( );
    }
}
```

3. main.c 文件参考内容

main.c 文件参考内容如下:

```
#include<reg51.h>
#include"lcd12864.h"          //主函数中用到lcd12864.c文件中的函数和定义的变量
void main( )
```

```c
{
    Init_LCD12864();
    CS1=0;  CS2=1;           //选中左半屏
    page=0;  column=0;
    Display_One(10);         //设
    page=0;  column=16;
    Display_One(11);         //定
    page=0;  column=32;
    Display_One(14);         //温
    page=0;  column=48;
    Display_One(15);         //度
    CS1=1;  CS2=0;           //选中右半屏
    page=0;  column=0;
    Display_One(16);         //:
    page=0;  column=16;
    Display_One(5);          //5
    page=0;  column=32;
    Display_One(5);          //5
    page=0;  column=48;
    Display_One(17);         //℃
    CS1=0;  CS2=1;           //选中左半屏
    page=2;  column=0;
    Display_One(12);         //当
    page=2;  column=16;
    Display_One(13);         //前
    page=2;  column=32;
    Display_One(14);         //温
    page=2;  column=48;
    Display_One(15);         //度
    CS1=1;  CS2=0;           //选中右半屏
    page=2;  column=0;
    Display_One(16);         //:
    page=2;  column=16;
    Display_One(2);          //2
    page=2;  column=32;
    Display_One(0);          //0
    page=2;  column=48;
    Display_One(10);         //℃
    CS1=0;  CS2=1;           //选中左半屏
    page=4;  column=0;
    Display_One(18);         //加
    page=4;  column=16;
    Display_One(19);         //热
    page=4;  column=32;
    Display_One(20);         //中
    while(1);
}
```

四、仿真分析

为温度控制系统显示电路中的单片机加载本任务目标程序，仿真运行，图6.11为显示电路仿真界面。

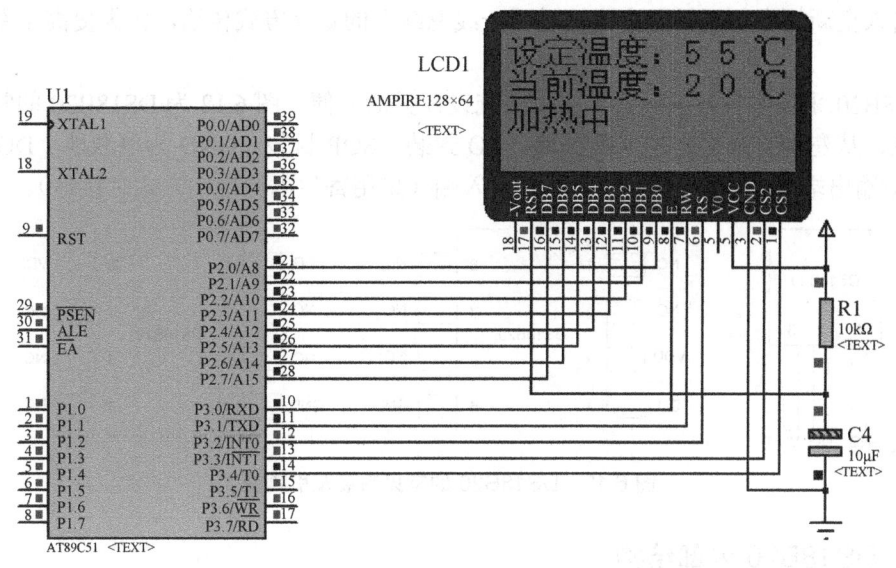

图 6.11　显示电路仿真界面

任务二　DS18B20 与单片机的接口电路设计

任务要求

设计温度传感器 DS18B20 与单片机的接口电路；编写单片机控制程序，读取温度传感器 DS18B20 测量的温度值，并在 LCD12864 的第二行实时显示"当前温度值：××℃"。

能力目标：

能设计 DS18B20 与单片机的接口电路；

能编写单片机读取温度传感器 DS18B20 测量的温度值的控制程序。

知识目标：

熟悉 DS18B20 的引脚功能、内部结构及常用命令；

掌握单片机读取温度传感器 DS18B20 测量的温度值的方法。

知识储备——数字式温度传感器 DS18B20 与单片机接口技术

一、DS18B20 概述

DS18B20 是一种"一线总线"接口的温度传感器。与传统的热敏电阻等测温元件相比，它是一种新型的体积小、使用电压范围宽、与微处理器接口简单的数字化温度传感器。其测量温度范围为-55～+125℃，在-10～85℃范围内，精度为±0.5℃。其工作电压范围为 3.0～5.5V。它可以根据实际要求通过简单的编程实现 9～12 位分辨率的读数方式。设定的分辨率及设定的报警温度存储在 EEPROM 中，掉电后数据不丢失。

"一线总线"结构具有简洁且经济的特点，可使用户轻松地组建传感器网络，为测量系统的构建引入全新概念。现场温度直接以"一线总线"的数字方式传输，大大提高了系统的抗干扰性。

DS18B20 采用多种封装形式，使得系统设计灵活方便。图 6.12 为 DS18B20 的常见封装及引脚图，从左到右依次为 TO-92 封装、SO 封装、SOP 封装。GND 为电源地，DQ 为数字信号输入/输出端，VDD 为外接供电电源输入端（采用寄生电源接线方式时接地）。

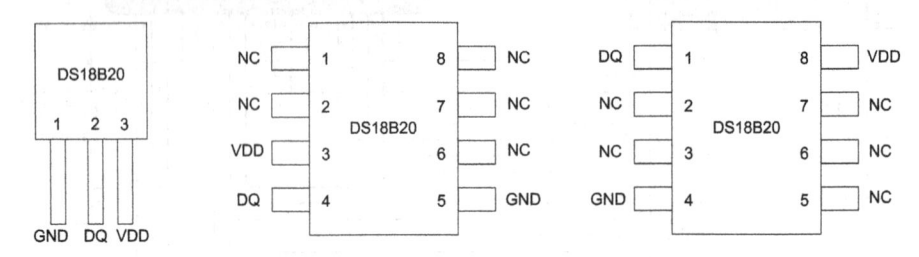

图 6.12 DS18B20 的常见封装及引脚图

二、DS18B20 内部结构

图 6.13 为 DS18B20 内部结构框图，主要由寄生电源电路、64 位 ROM 和单总线接口、高速暂存器、温度传感器、高温报警寄存器 TH 和低温报警寄存器 TL、配置寄存器等部分组成。

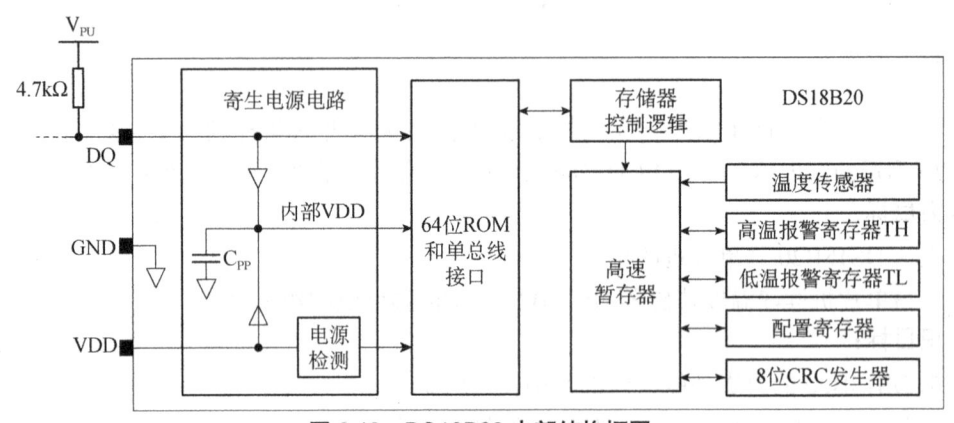

图 6.13 DS18B20 内部结构框图

1. 64 位 ROM

ROM 中的 64 位序列号是出厂前固化好的，可以看作 DS18B20 的地址序列码，每个 DS18B20 的 64 位序列号均不相同。64 位 ROM 的格式为：前 8 位是产品类型标号，为 0x28，中间 48 位是 DS18B20 的序列号，最后 8 位是前面 56 位的循环冗余校验码。ROM 的作用是使每一个 DS18B20 都各不相同，这样就可以实现一根总线上挂接多个 DS18B20。

2. DS18B20 存储器

图 6.14 为 DS18B20 存储器结构示意图，包括高速暂存器和非易失性的可擦程序寄存器（EEPROM）。EEPROM 包括高温报警寄存器 TH、低温报警寄存器 TL 和配置寄存器。高速暂存器由 9 个字节组成：字节 0～1 存放转换温度值，字节 2～3 存放高温报警寄存器 TH 和

低温报警寄存器 TL 数据的副本，字节 4 存放配置寄存器数据的副本，字节 5~7 保留，禁止写入，字节 8 存放 CRC。这些数据在读回时全部表现为逻辑 1。

EEPROM 中的数据在器件掉电时不会丢失，上电时，数据被载入高速暂存器的对应字节中。

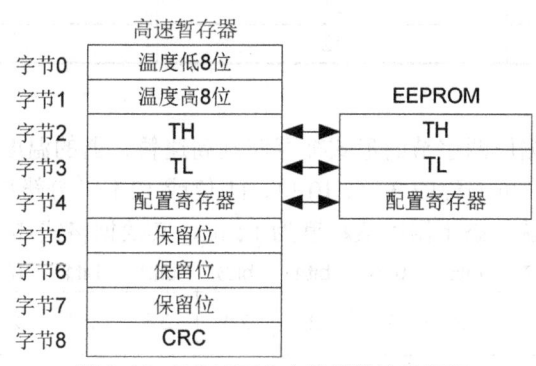

```
           高速暂存器
字节0  | 温度低8位   |
字节1  | 温度高8位   |         EEPROM
字节2  | TH         | ↔ | TH        |
字节3  | TL         | ↔ | TL        |
字节4  | 配置寄存器  | ↔ | 配置寄存器 |
字节5  | 保留位     |
字节6  | 保留位     |
字节7  | 保留位     |
字节8  | CRC        |
```

图 6.14 DS18B20 存储器结构示意图

1）温度报警寄存器 TH、TL

温度报警寄存器 TH、TL 的格式如下，标志位 S 指出温度的正负，S=0 时，温度值为正；S=1 时，温度值为负。

bit7	bit6	bit5	bit4	bit3	bit2	bit1	bit0
S	2^6	2^5	2^4	2^3	2^2	2^1	2^0

DS18B20 完成一次温度转换后，就将转换后的温度值与存储在温度报警寄存器 TH 和 TL 中的报警预置值进行比较。如果转换后的温度高于 TH 值或低于 TL 值，报警条件成立，DS18B20 内部就会置位一个报警标识。每进行一次温度转换就对这个标识进行一次更新，如果报警条件不成立，在下一次温度转换后报警标识将被移除。

总线控制器通过发出报警搜索指令检测总线上所有的 DS18B20 报警标识，任何置位报警标识的 DS18B20 将响应这条指令，所以总线控制器能精确定位每一个满足报警条件的 DS18B20。如果报警条件成立，而温度报警寄存器 TH 或 TL 的设置已经改变，下一次温度转换后将重新确认报警条件。

当报警功能不使用时，温度报警寄存器 TH 和 TL 可以被当作普通寄存器使用。

2）配置寄存器

配置寄存器用来配置转换精度，可将转换精度配置成 9~12 位，其格式如下：

bit7	bit6	bit5	bit4	bit3	bit2	bit1	bit0
0	R1	R0	1	1	1	1	1

用户可根据表 6.5，通过设置 R0 和 R1 来设定转换精度，上电时默认设置为 R0=1, R1=1，即转换精度为 12 位。配置寄存器的 bit 7 和 bit 0~4 保留，禁止写入。在读回数据时，它们全部表现为逻辑 1。

表 6.5 转换精度配置

R1	R0	精度（位）	最大转换时间（ms）
0	0	9	93.75
0	1	10	187.5
1	0	11	375
1	1	12	750

3）温度寄存器

DS18B20 中温度数据以两字节的形式被存储到高速暂存器的温度寄存器（字节 0 和字节 1）中，温度值精度为用户可编程的 9 位、10 位、11 位或 12 位，分辨率分别为 0.5℃、0.25℃、0.125℃和 0.0625℃。默认状态下温度值精度为 12 位，其数据格式如下：

bit7	bit6	bit5	bit4	bit3	bit2	bit1	bit0
2^3	2^2	2^1	2^0	2^{-1}	2^{-2}	2^{-3}	2^{-4}

bit15	bit14	bit13	bit12	bit11	bit10	bit9	bit8
S	S	S	S	S	2^6	2^5	2^4

S 为符号位，S 为 1 时，温度为负值；S 为 0 时，温度为正值。

默认状态下典型温度与输出数据的对应关系如表 6.6 所示。

表 6.6 温度与输出数据的对应关系

温度/℃	数据输出（二进制）	数据输出（十六进制）
125	0000 0111 1101 0000	0x07D0
85	0000 0101 0101 0000	0x0550
25.0625	0000 0001 1001 0001	0x0191
10.125	0000 0000 1010 0010	0x00A2
0.5	0000 0000 0000 1000	0x0008
0	0000 0000 0000 0000	0x0000
−0.5	1111 1111 1111 1000	0xFFF8
−10.125	1111 1111 0101 1110	0xFF5E
−25.0625	1111 1110 0110 1111	0xFE6E
−55	1111 1100 1001 0000	0xFC90

注：上电复位时温度寄存器的默认值为 85℃。

默认状态下，温度值获取方法如下：

（1）温度值为正。

将读取到的字节 1 中的数据左移 8 位，然后与读取到的字节 0 中的数据逐位或，将计算结果乘以 0.0625 即温度值。

例如，将从字节 0 读取到的 0xC0 存放于变量 Temp_L 中，将从字节 1 读取到的 0x06 存放于变量 Temp_H 中，对应温度值计算程序如下：

```
unsigned int Temp_L,Temp_H,temp;
Temp_L=0xC0;
Temp_H=0x06;
temp=((Temp_H<<8)|Temp_L)*0.0625;
```

（2）温度值为负。

判断 bit11～bit15 是否为 1，若为 1，温度为负值。将读取到的字节 1 中的数据左移 8 位，然后与读取到的字节 0 中的数据逐位或，将逐位或计算结果取反加 1，再将取反加 1 的结果乘以 0.0625 即温度值。

例如，将从字节 0 读取到的 0xC0 存放于变量 Temp_L 中，将从字节 1 读取到的 0xFC 存放于变量 Temp_H 中，对应温度值计算程序如下：

```
unsigned int Temp_L,Temp_H,temp;
Temp_L=0xC0;
Temp_H=0xFC;
if(Temp_H&0xFC)
{
    temp=((Temp_H<<8)|Temp_L);
    temp=((~temp)+1);
    temp*=0.0625;
}
```

（3）温度值为小数。

将读取到的字节 1 中的数据左移 8 位，然后与读取到的字节 0 中的数据逐位或，将计算结果乘以 0.625 得到的温度值为一位小数，将计算结果乘以 6.25 得到的温度值为两位小数。

例如，将从字节 0 读取到的 0xB3 存放于变量 Temp_L 中，将从字节 1 读取到的 0x03 存放于变量 Temp_H 中，分别求出整数温度值、带一位小数温度值、带两位小数温度值，计算程序如下：

```
unsigned int Temp_L,Temp_H,temp;
Temp_L=0xB3;
Temp_H=0x03;
temp=((Temp_H<<8)|Temp_L)*0.0625;    //整数温度值
temp=((Temp_H<<8)|Temp_L)*0.625;     //一位小数温度值
temp=((Temp_H<<8)|Temp_L)*6.25;      //两位小数温度值
```

三、ROM 指令

1. 读取 ROM 指令

读取 ROM 指令代码为 0x33。该指令允许总线主机读取 DS18B20 的唯一的 48 位序列号和 8 位 CRC。只有在总线上有一个 DS18B20 时才能使用该指令。如果总线上存在多个从机，当所有从机同时尝试向主机发送数据时，将产生数据冲突现象。

2. 匹配 ROM 指令

匹配 ROM 指令代码为 0x55。匹配 ROM 指令后跟 64 位 ROM 地址，允许总线主机在多点总线上寻址特定的 DS18B20。只有与 64 位 ROM 地址完全匹配的 DS18B20 才响应总线主机的命令。所有与 64 位 ROM 序列不匹配的从机将等待复位脉冲。该指令可用于匹配总线上的单个或多个从机。

3. 跳过 ROM 指令

跳过 ROM 指令代码为 0xCC。该指令允许总线主机可以在不提供 64 位 ROM 序列号的情况下访问存储器，从而节省单总线系统的访问时间。如果总线上存在多个从机并且主机在发出跳过 ROM 指令后发出读指令，则多个从机将同时向主机发送数据，总线上将产生数据冲突现象。

4. 搜索 ROM 指令

搜索 ROM 指令代码为 0xF0。当系统刚启动时，总线上的主机可能不知道单总线上的从机数量和它们的 64 位 ROM 序列号，搜索 ROM 指令使总线主机识别总线上所有从机的 64 位 ROM 序列号。

5. 警报搜索指令

警报搜索指令代码为 0xEC。该指令的流程与搜索 ROM 指令相同，但是，只有在最后一次温度测量中遇到报警条件时，DS18B20 才会响应这个指令。

四、功能指令

1. 写暂存器指令

写暂存器指令代码为 0x4E。该指令用于向高速暂存器写入数据，开始位置在高温报警寄存器 TH（字节 2），接下来写入低温报警寄存器 TL（字节 3），最后写入配置寄存器（字节 4）。数据以最低有效位首先传送的方式写入。上述 3 个字节的写入必须发生在总线控制器发出复位命令前，否则会终止写入。

2. 读暂存器指令

读暂存器指令代码为 0xBE。该指令用于读取高速暂存器的内容，从字节 0 开始，一直读至字节 9，如果不需读完所有字节，控制器可以在任何时刻发出复位命令来终止读取。

3. 拷贝暂存器指令

拷贝暂存器指令代码为 0x48。该指令用于将高速暂存器中高温报警寄存器 TH、低温报警寄存器 TL 和配置寄存器（字节 2～4）中的内容复制到 EEPROM 中。

4. 温度转换指令

温度转换指令代码为 0x44。该指令用于启动 DS18B20 进行温度转换，结果存入高速暂存器的温度寄存器中。

5. 拷回 EEPROM 指令

拷回 EEPROM 指令代码为 0xB8。该指令用于将 EEPROM 中的内容恢复到高速暂存器的字节 2～4 中。总线控制器在发出该指令后读时序，DS18B20 会输出拷回标志：0 表示正在拷回，1 表示拷回结束。这种拷回操作在 DS18B20 上电时自动执行，这样器件一上电，高速暂存器中就存在有效数据。

6. 读供电模式指令

读供电模式指令代码为 0xB4。该指令用于读 DS18B20 的供电模式，总线控制器在发出该指令后读时序，若是寄生供电模式，DS18B20 将拉低总线；若是外接电源供电模式，DS18B20 将会把总线拉高。

五、DS18B20 单总线信号

所有的单总线器件都要采用严格的信号时序，以保证数据的完整性。DS18B20 共有 6 种信号类型：复位脉冲、应答脉冲、写 0、写 1、读 0、读 1。所有这些信号，除了应答脉冲，都由控制器发出同步信号，并且发送的所有命令和数据都是字节的低位在前。

1. 复位脉冲和应答脉冲

DS18B20 的初始化过程如下：控制器首先发出一个 480~960μs 的低电平脉冲，然后释放总线使之变为高电平，并在随后的 480μs 内对总线进行检测，如果有低电平出现，说明总线上有器件已做出应答。若无低电平出现，说明总线上无器件应答。

作为从器件的 DS18B20 上电后就一直检测总线上是否有 480~960μs 的低电平出现，如果有，在总线转为高电平后等待 15~60μs 后将总线电平拉低 60~240μs 做出响应，告诉主机本器件已做好准备；若没有检测到，则一直检测。图 6.15 为 DS18B20 的初始化时序。

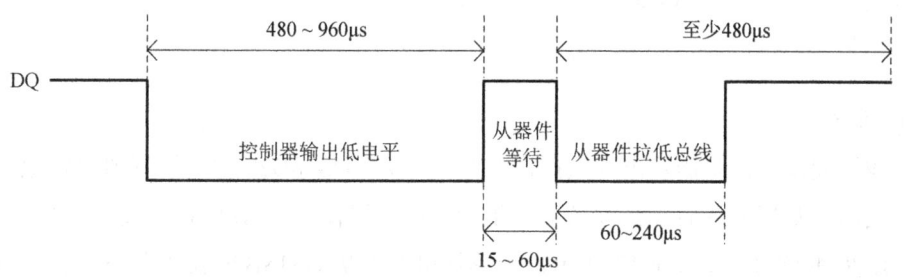

图 6.15　DS18B20 的初始化时序

根据 DS18B20 的初始化时序设计的初始化程序段如下：

```
DQ = 0;                //拉低总线
Delay_Us(200);         //精确延时大于480μs且小于960μs
Delay_Us(200);
DQ = 1;                //释放总线
Delay_Us(50);          //15~60μs 后接收 60~240μs 的存在脉冲
dat=DQ;
Delay_Us(25);          //稍作延时返回
return dat;            //返回值为"0"则初始化成功，否则初始化失败
```

2. 写时序

DS18B20 的写时序如图 6.16 所示。写时序包含两种：写 0 时序和写 1 时序。所有写时序至少需要 60μs，且每个写时序之间至少需要 1μs 的恢复时间。当控制器把总线拉低时，写时序开始。

控制器写 0 时序：控制器拉低总线，延时 60μs，然后释放总线，延时 1μs。

控制器写 1 时序：控制器拉低总线，延时 15μs，然后释放总线，延时 60μs。

作为从器件的 DS18B20 在检测到总线被拉低后等待 15μs，然后从 15μs 到 60μs 开始对总线采样，若在采样期内总线为高电平，则写入数据为"1"；若采样期内总线为低电平，则写入数据为"0"。

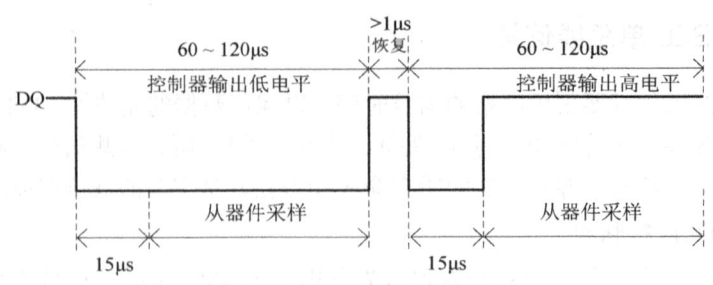

图 6.16　DS18B20 的写时序

根据 DS18B20 的写时序设计的单片机往 DS18B20 中写数据的程序段如下：

```
for (i=8; i>0; i--)
{
    DQ = 0;              //拉低总线
    DQ = dat&0x01;       //dat 为待写入数据
    Delay_Us(55);        //延时 55μs
    DQ = 1;              //释放总线
    dat>>=1;
}
```

3. 读时序

单总线期间仅在控制器发出读数据命令时，从器件 DS18B20 才向控制器传输数据，所以，在控制器发出读数据命令后，必须马上产生读时序，以便 DS18B20 能够传输数据。

DS18B20 的读时序如图 6.17 所示，当单片机准备从 DS18B20 温度传感器读取每一位数据时，应先发出启动读时序脉冲，即将 DQ 总线设置为低电平，保持 1μs 以上时间后，再将其设置为高电平。启动后等待 15μs，以便 DS18B20 能可靠地将温度数据送至 DQ 总线上，然后单片机开始读取 DQ 总线上的结果，单片机在完成读取数据操作后，要等待至少 45μs，同样，读完每位数据后至少要保持 1μs 的恢复时间。

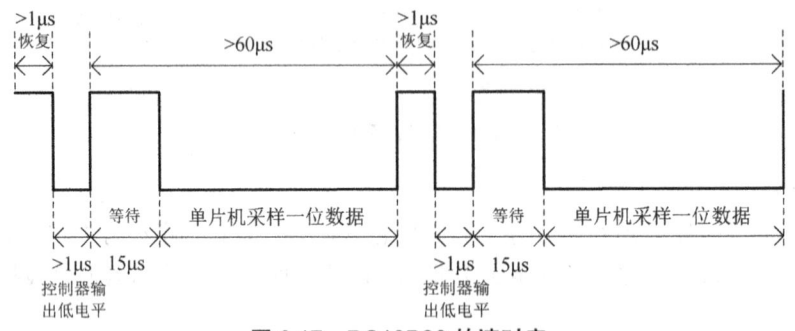

图 6.17　DS18B20 的读时序

根据 DS18B20 的读时序设计的单片机读取 DS18B20 数据的程序段如下：

```
for (i=8;i>0;i--)
{
    DQ = 0;              //拉低总线
    dat>>=1;
    DQ = 1;              //释放总线
    if(DQ)
    dat|=0x80;           //读取的数据为"1"
```

```
        Delay_Us(55);      //延时 55μs
    }
    return(dat);
```

DS18B20 的典型温度读取过程：复位→发出跳过 ROM 指令（0XCC）→发出开始转换指令（0X44）→延时→复位→发出跳过 ROM 指令（0XCC）→发出读暂存器指令（0XBE）→连续读出两个字节数据（温度）→ 结束。

任务实施

一、硬件电路设计

温度传感器 DS18B20 采用外部电源供电模式。在任务一显示电路基础上设计 DS18B20 与单片机的接口电路，温度传感器的关键字为"DS18B20"。温度传感器 DS18B20 与单片机的接口参考电路（含显示部分）如图 6.18 所示。

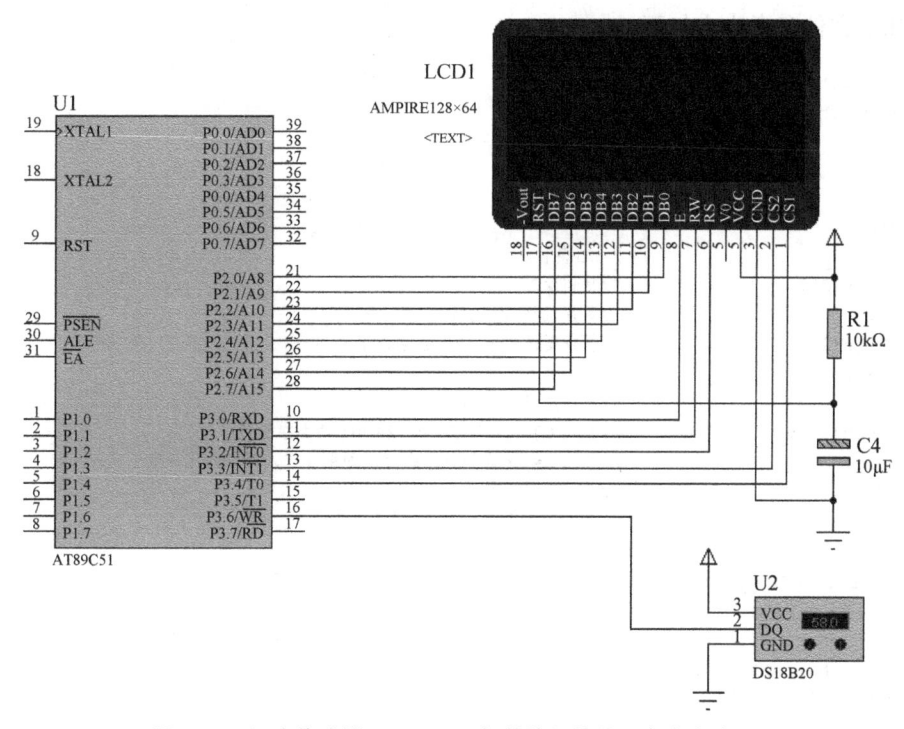

图 6.18　温度传感器 DS18B20 与单片机的接口参考电路图

二、源程序设计

编写控制程序，实现功能要求。温度显示参考源程序结构如图 6.19 所示，包括 18b20.c 文件、18b20.h 文件、delay.c 文件、delay.h 文件、lcd12864.c 文件、lcd12864.h 文件和 main.c 文件。其中 lcd12864.c 文件和 lcd12864.h 文件参考内容同本项目任务一，delay.c 文件和 delay.h 文件参考内容同项目五任务一。

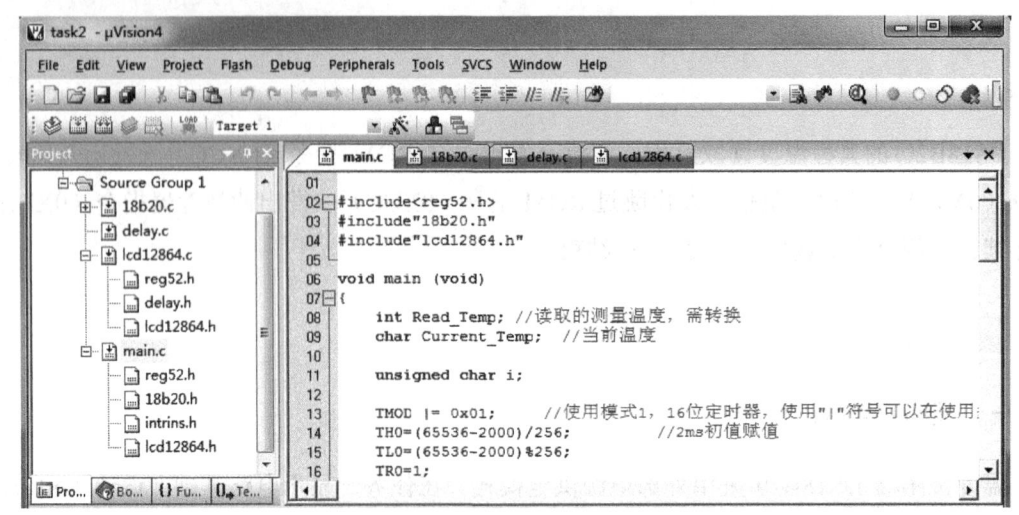

图 6.19　温度显示参考源程序结构

1. 18b20.c 文件参考内容

18b20.c 文件参考内容如下：

```c
#include"delay.h"
#include<reg52.h>
sbit DQ=P3^6;                    //DS18B20 端口
bit Init_DS18B20(void)
{
    bit dat=0;
    DQ = 1;                      //DQ 复位
    DelayUs2x(5);                //稍作延时
    DQ = 0;                      //单片机将 DQ 拉低
    DelayUs2x(200);              //精确延时大于 480μs 且小于 960μs
    DelayUs2x(200);
    DQ = 1;                      //拉高总线
    DelayUs2x(50);               //15~60μs 后接收 60~240μs 的存在脉冲
    dat=DQ;                      //如果 x=0,则初始化成功;如果 x=1,则初始化失败
    DelayUs2x(25);               //稍作延时返回
    return dat;
}
unsigned char DS18B20_Read(void)
{
    unsigned char i=0;
    unsigned char dat = 0;
    for (i=8;i>0;i--)
    {
        DQ = 0;        //给脉冲信号
        dat>>=1;
        DQ = 1;        //给脉冲信号
        if(DQ)
            dat|=0x80;
        DelayUs2x(25);
    }
    return(dat);
}
void DS18B20_Write(unsigned char dat)
{
```

```
    unsigned char i=0;
    for (i=8; i>0; i--)
    {
        DQ = 0;
        DQ = dat&0x01;
        DelayUs2x(25);
        DQ = 1;
        dat>>=1;
    }
    DelayUs2x(25);
}
unsigned int Get_Temp(void)
{
    unsigned char a=0;
    unsigned int b=0;
    unsigned int t=0;
    Init_DS18B20();
    DS18B20_Write(0xCC);    //跳过读序列号的操作
    DS18B20_Write(0x44);    //启动温度转换
    DelayMs(10);
    Init_DS18B20();
    DS18B20_Write(0xCC);    //跳过读序列号的操作
    DS18B20_Write(0xBE);    //读取温度寄存器等9个寄存器,前两个为温度寄存器
    a=DS18B20_Read();       //低位
    b=DS18B20_Read();       //高位
    b<<=8;
    t=a+b;
    return(t);
}
```

2. 18b20.h 文件参考内容

18b20.h 文件参考内容如下:

```
#ifndef __DS18B20_H__
#define __DS18B20_H__
#include<reg52.h>
#include<intrins.h>
#define uchar unsigned char
#define uint unsigned int;
unsigned int Get_Temp(void);
bit Init_DS18B20(void);
unsigned char Read_Char(void);
void Write_Char(unsigned char dat);
#endif
```

3. main.c 文件参考内容

main.c 文件参考内容如下:

```
#include<reg52.h>
#include"18b20.h"
#include"lcd12864.h"
void main (void)
{
    int Read_Temp;          //读取的测量温度
    char Current_Temp;      //当前温度
```

```c
unsigned char i;
TMOD |= 0x01;
TH0=(65536-2000)/256;              //2ms 赋初值
TL0=(65536-2000)%256;
TR0=1;
Init_LCD12864();
CS1=0;  CS2=1;                     //选中左半屏
page=2;  column=0;
Display_One(12);                   //当
page=2;  column=16;
Display_One(13);                   //前
page=2;  column=32;
Display_One(14);                   //温
page=2;  column=48;
Display_One(15);                   //度
CS1=1;  CS2=0;                     //选中右半屏
page=2;  column=0;
Display_One(16);                   //:
page=2;  column=48;
Display_One(17);                   //℃
while(1)
{
    if(TF0==1)
    {
        TF0=0;
        TH0=(65536-2000)/256;
        TL0=(65536-2000)%256;
        if(++i==100)                //每200ms转换一次,显示一次温度值
        {
            i=0;
            Read_Temp=Get_Temp();
            Current_Temp=Read_Temp*0.0625;  //将读取的温度值转换成实际值
            CS1=1;
            CS2=0;                  //选中右半屏
            page=2;
            column=16;
            Display_One(Current_Temp/10);   //当前温度十位显示
            page=2;
            column=32;
            Display_One(Current_Temp%10);   //当前温度个位显示
        }
    }
}
}
```

三、仿真分析

为温度传感器与单片机的接口电路中的单片机加载本任务目标程序,仿真运行。图6.20为仿真界面,图中温度传感器测量的当前温度为58℃,液晶屏显示的当前温度为58℃。

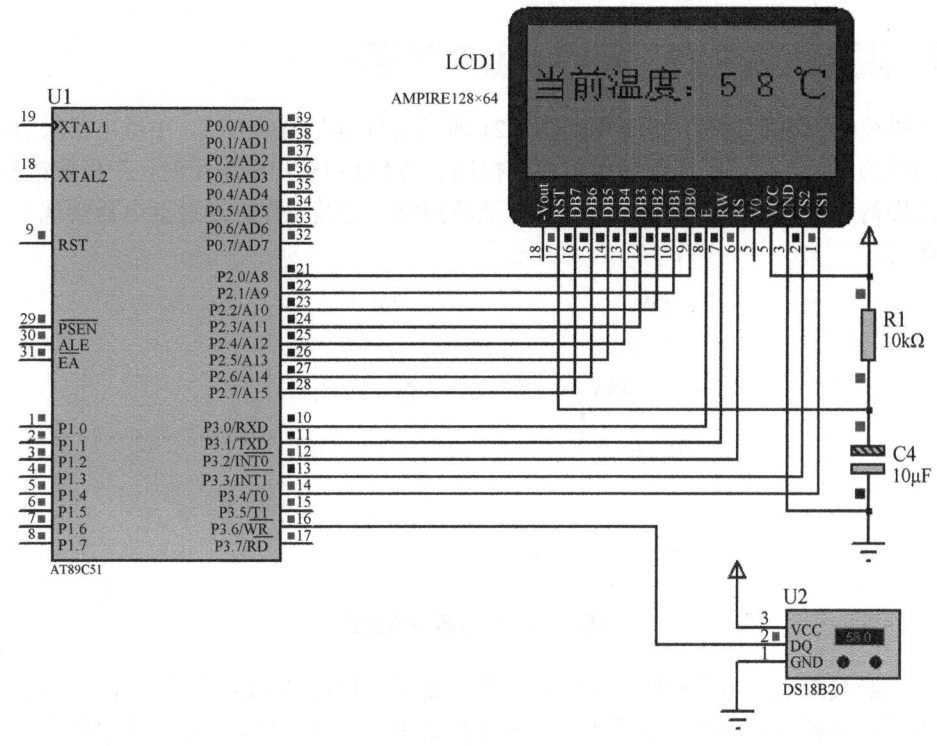

图 6.20 温度传感器与单片机的接口电路仿真界面

任务三　温度控制系统的整体设计

> 扫一扫看项目六任务三视频资源

任务要求

完成温度控制系统的整体设计，详细功能要求如下：

（1）控制空间温度在设定温度附近，当实际温度低于设定温度 5℃以下时，启动加热设备，待实际温度达到设定温度后停止加热。

（2）LCD12864 第一行显示"设定温度：××℃"，第二行显示"当前温度：××℃"。加热过程中第三行显示"加热中"，加热完毕"加热中"不再显示。

（3）按"设置"键进入设定状态，设定温度值闪烁显示，默认设定温度为 50℃。按"增加"或"减小"键设定温度，设定范围为 20~100℃，每按一次"增加"（或"减小"）键，设定温度值加 1℃（或减 1℃）。当温度设定值为 100℃时，按"增加"键无效；当设定值为 20℃时，按"减小"键无效。设定完毕后再次按"设置"键保存设定温度值，设定温度值停止闪烁。

能力目标：

能设计单片机与强电负载的接口电路。

知识目标：

熟悉继电器、光耦合器的工作原理。

知识储备——单片机与强电负载的接口电路设计

单片机控制强电负载时，可采用如图 6.21 所示的继电器隔离方式，由继电器触点控制强电负载回路的通断，继电器的线圈由单片机控制。当 I/O 口输出低电平时，三极管饱和导通，继电器线圈得电，常开触点闭合，接通强电负载回路，使其工作。通过继电器实现了强电与弱电的隔离。

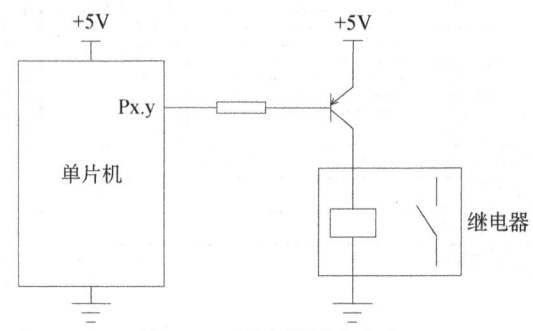

图 6.21 继电器隔离方式

若继电器线圈电压不是+5V，可采用如图 6.22 所示的光耦合器+继电器隔离方式，I/O 口输出低电平，光耦合器导通，进而使三极管饱和导通，继电器线圈得电，继电器常开触点闭合，接通强电负载回路，使其工作。

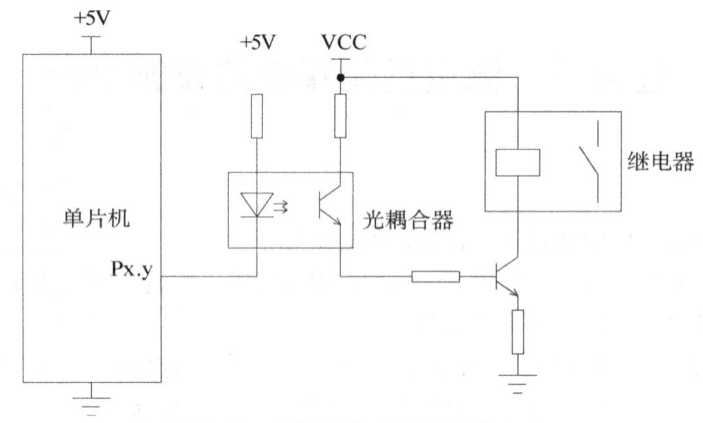

图 6.22 光耦合器+继电器隔离方式

任务实施

一、温度控制系统硬件电路设计

温度控制系统加热部分为强电负载，其回路需与弱电控制回路隔离，本任务选用如图 6.22 所示的继电器隔离电路，由继电器常开触点控制加热回路，继电器的线圈由单片机控制。

温度控制系统控制按键选用独立按键，其与单片机的接口电路见项目二任务二。温度控制系统显示电路、温度传感器与单片机的接口电路分别在任务一与任务二中完成。温度控制系统参考电路如图 6.23 所示。参考电路所用元器件如表 6.7 所示。

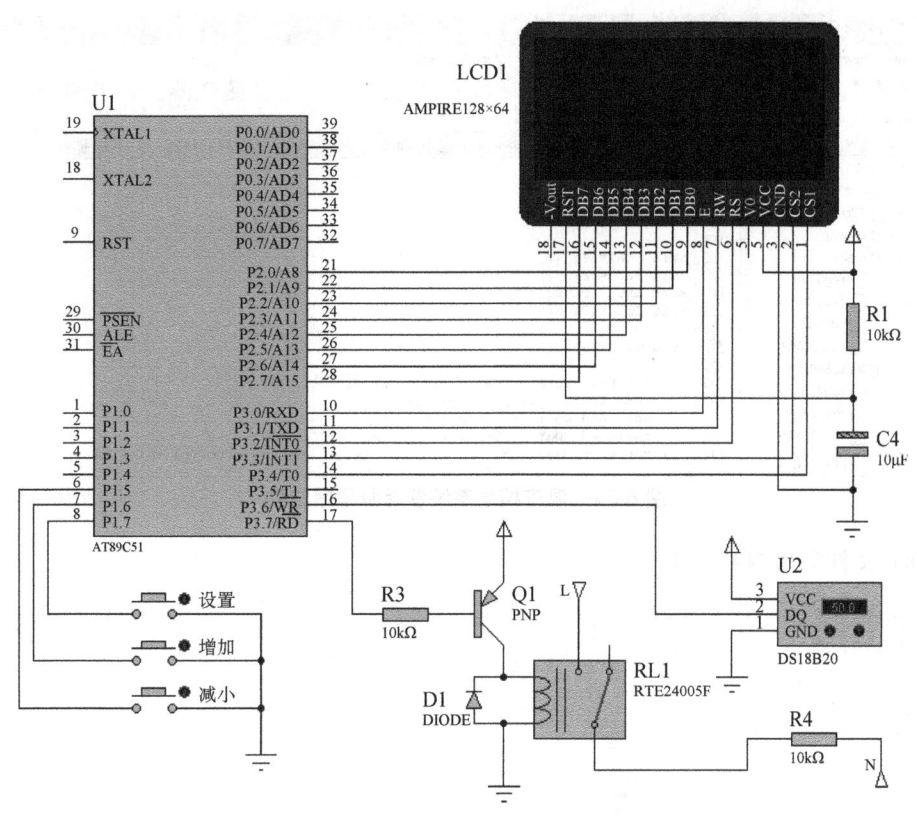

图 6.23 温度控制系统参考电路图

表 6.7 温度控制系统参考电路元器件表

元器件名称	关键字	参数	数量
单片机	AT89C51		1
LCD12864	AMPIRE 128×64		1
电阻	RES	10kΩ	3
电解电容	CAP-ELEC	10μF/25V	1
温度传感器	DS18B20		1
按键	BUTTON		3
三极管	PNP		1
继电器	RTE24005F		1

二、源程序设计

编写温度控制系统源程序，实现功能要求。温度控制系统参考源程序结构如图 6.24 所示，包括 18b20.c 文件、18b20.h 文件、delay.c 文件、delay.h 文件、lcd12864.c 文件、lcd12864.h 文件和 main.c 文件。本任务仅给出 main.c 文件参考内容，其余文件参考内容同任务二。

图 6.24 温度控制系统参考源程序结构

main.c 文件参考内容如下：

```c
#include<reg52.h>
#include"18b20.h"
#include"lcd12864.h"
sbit HEAT= P3^7;
sbit SET = P1^7;
sbit ADD = P1^6;
sbit DEC = P1^5;
void main (void)
{
    int Read_Temp;                          //读取的测量温度
    char Current_Temp;                      //当前温度
    unsigned char SET_Temp=50;              //设定温度
    unsigned char buffer=50;                //存放设定温度值
    unsigned char i,j;
    bit SET_Flag,ADD_Flag,DEC_Flag;         //键被按下标志
    bit flash;
    TMOD |= 0x01;                           //使用模式1,16位定时器
    TH0=(65536-2000)/256;   TL0=(65536-2000)%256;
    TR0=1;
    Init_LCD12864();
    CS1=0;  CS2=1;                  //选中左半屏
    page=0;  column=0;
    Display_One(10);                //设
    page=0;  column=16;
    Display_One(11);                //定
    page=0;  column=32;
    Display_One(14);                //温
    page=0;  column=48;
    Display_One(15);                //度
    CS1=1;  CS2=0;                  //选中右半屏
    page=0;  column=0;
    Display_One(16);                //:
    page=0;  column=48;
    Display_One(17);                //℃
    CS1=0;  CS2=1;                  //选中左半屏
    page=2;  column=0;
```

```c
    Display_One(12);           //当
page=2;  column=16;
    Display_One(13);           //前
page=2;  column=32;
    Display_One(14);           //温
page=2;  column=48;
    Display_One(15);           //度
CS1=1;  CS2=0;                 //选中右半屏
page=2;  column=0;
    Display_One(16);           //:
page=2;  column=48;
    Display_One(17);           //℃
while(1)
{
    if(TF0==1)
    {
        TF0=0;
        TH0=(65536-2000)/256;    TL0=(65536-2000)%256;       //重新赋值 2ms
        if(++i==100)     //每 200ms 转换一次,显示一次温度值
        {
            i=0;
            flash=~flash;
            Read_Temp=Get_Temp();
            Current_Temp=Read_Temp*0.0625;    //将读取的温度值转换成实际值
            CS1=1;  CS2=0;                                //选中右半屏
            page=2;  column=16;
            Display_One(Current_Temp/10);    //当前温度值十位显示
            page=2;  column=32;
            Display_One(Current_Temp%10);    //当前温度值个位显示
            page=0;  column=16;
            if(j==1)     //按"设置"键,设定温度闪烁显示
            {
                if(flash==1)  Display_One(SET_Temp/10);      //设定温度值十位显示
                else  Display_One(21);                        //设定温度值十位不显示
            }
            else         //未按"设置"键或再次按"设置"键,设定温度值显示
                Display_One(SET_Temp/10);
            page=0;  column=32;
            if(j==1)
            {
                if(flash==1)  Display_One(SET_Temp%10);      //设定温度值个位显示
                else  Display_One(21);                        //设定温度值个位不显示
            }
            else  Display_One(SET_Temp%10);
        }
    }
    SET=1;
    if(SET==0)  SET_Flag=1;
    if(SET==1&&SET_Flag==1)      //松开按键后再处理
    {
        ++j;                     //按键次数
        SET_Flag=0;
    }
    if(j==1)                     //按"设置"键后,按加、减键才有效
    {
        ADD=1;
```

```c
        if(ADD==0)   ADD_Flag=1;
        if(ADD==1&&ADD_Flag==1)
        {
            ++SET_Temp;
            ADD_Flag=0;
        }
        DEC=1;
        if(DEC==0)   DEC_Flag=1;
        if(DEC==1&&DEC_Flag==1)
        {
            --SET_Temp;
            DEC_Flag=0;
        }
    }
    if(j==2)
    {
        buffer=SET_Temp;
        j=0;
    }
    if(Current_Temp<(buffer-5))  HEAT=0;
    if(Current_Temp>buffer)   HEAT=1;
    if(HEAT==0)                    //显示"加热中"
    {
        CS1=0;   CS2=1;          //选中左半屏
        page=4;  column=0;
        Display_One(18);
        page=4;  column=16;
        Display_One(19);
        page=4;  column=32;
        Display_One(20);
    }
    if(HEAT==1)                    //清除"加热中"
    {
        CS1=0;   CS2=1;          //选中左半屏
        page=4;  column=0;
        Display_One(21);         //加
        page=4;  column=16;
        Display_One(21);         //热
        page=4;  column=32;
        Display_One(21);         //中
    }
}
```

三、仿真分析

为温度控制系统电路中的单片机加载本任务目标程序，仿真运行。

（1）温度控制系统初始仿真界面如图 6.25 所示，当前温度为 52℃，设定温度为默认值 50℃。

（2）当前温度降至 44℃时，满足加热条件（低于设定温度 5℃以上），加热设备工作，液晶屏显示"加热中"，加热仿真界面如图 6.26 所示。

（3）按"设置"键时，进入如图 6.27 所示的"设定温度"设置仿真界面，设定温度值闪烁显示。

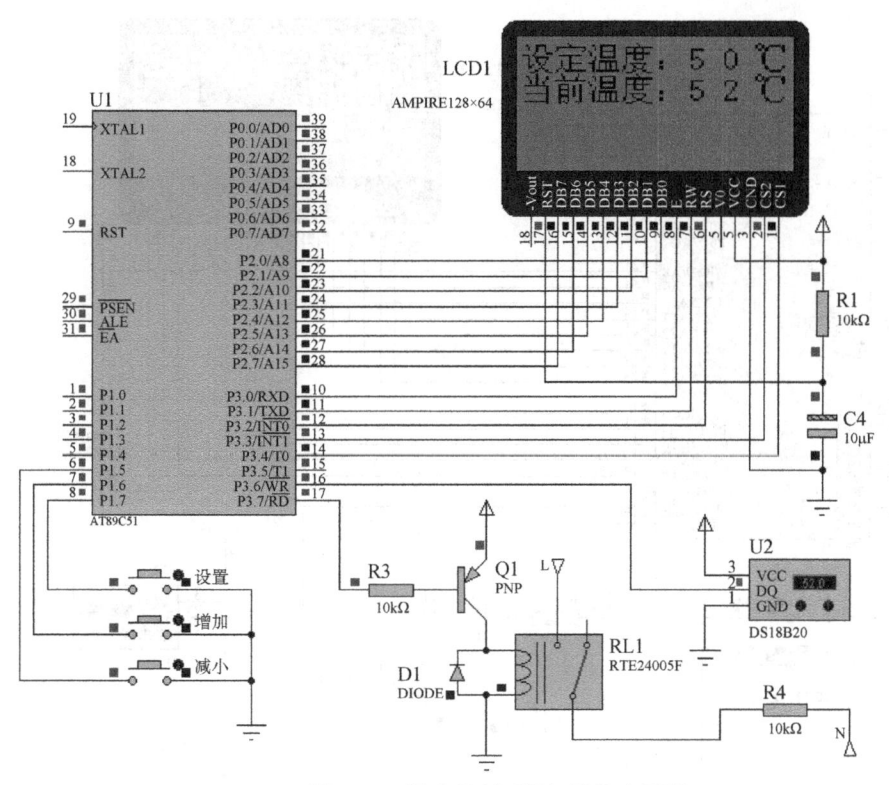

图 6.25　温度控制系统初始仿真界面

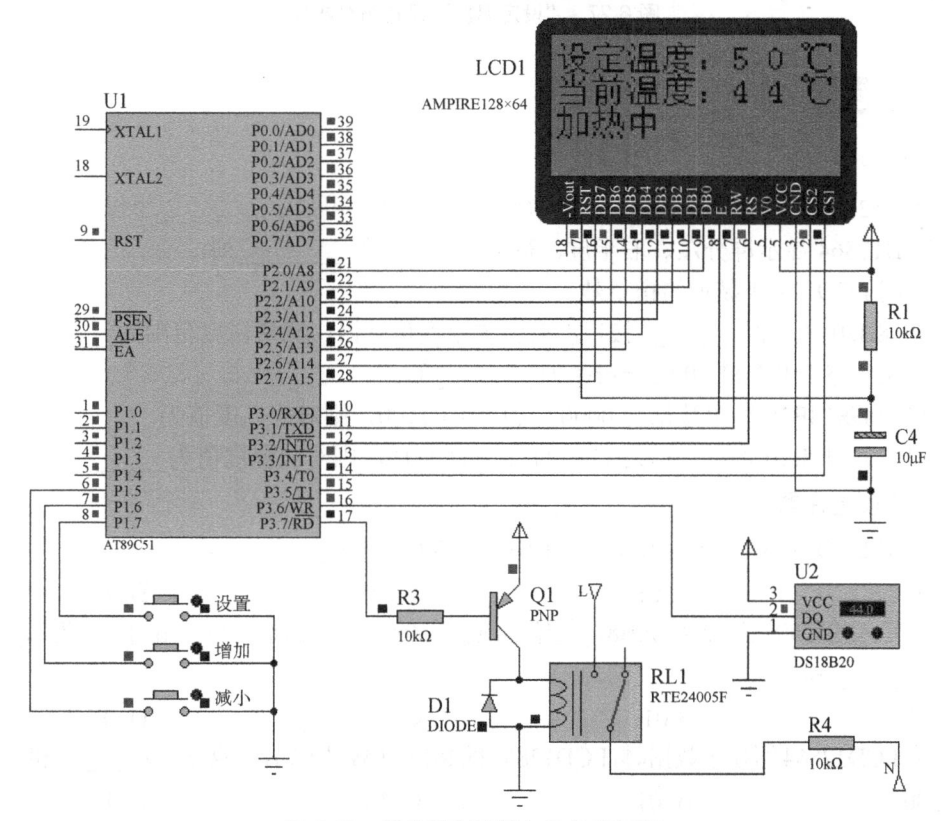

图 6.26　温度控制系统加热仿真界面

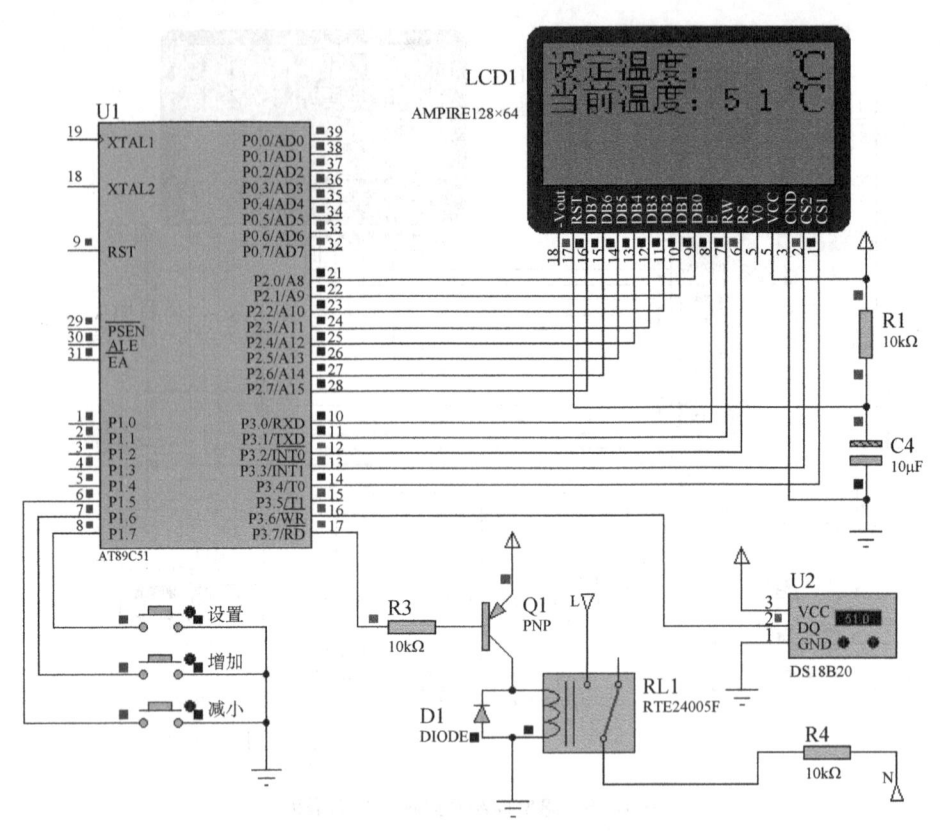

图 6.27 "设定温度"设置仿真界面

思考与练习题 6

一、填空题

1. LCD12864 整个液晶屏共_____行_____列，可显示_____个汉字。
2. LCD12864 显示屏分左、右半屏，每屏_____页_____列。
3. 关闭 LCD12864 显示的指令是_____。
4. DS18B20 是一种_____接口的数字式温度传感器，测量温度范围为_____。
5. 默认状态下 DS18B20 的分辨率为_____℃。
6. 已知 DS18B20 输出数据为 0000 0101 0101 1100，则对应温度值为_____℃。
7. 已知 DS18B20 输出数据为 1111 1111 0111 1110，则对应温度值为_____℃。

二、单项选择题

1. 选中 LCD12864 左半屏显示时，CS1 与 CS2 分别为_____。
   A. 00   B. 01   C. 10   D. 11
2. 若写入的起始页地址为 0xB8，起始列地址为 0x41，则起始页与起始列分别为第_____页和第_____列。
   A. 00   B. 01   C. 80   D. 81
3. 向 LCD12864 写显示数据时，LCD12864 的 RS 与 RW 引脚信号应分别为_____和_____。
   A. 00   B. 01   C. 10   D. 11

4. 判断LCD12864是否忙时，LCD12864的RS与RW引脚信号应分别为_____和_____。
A. 00　　　　　　　B. 01　　　　　　　C. 10　　　　　　　D. 11

5. 设置LCD12864显示的起始行与起始列时，LCD12864的RS与RW引脚信号应分别为_____和_____。
A. 00　　　　　　　B. 01　　　　　　　C. 10　　　　　　　D. 11

6. DS18B20序列号的作用为_____。
A. 实现一根总线上挂接多个DS18B20　　　B. 设置分辨率
C. 配置高温报警值　　　　　　　　　　　D. 配置低温报警值

三、简答题

1. LCD12864内部功能器件有哪些？
2. 简述DS18B20的典型温度读取过程。

四、设计题

设计一温度监控系统，能监控某空间4个不同位置的温度，使用12864分4行显示4个不同位置的温度，使用DS18B20采集温度信号。假设DS18B20输出信号在传输过程中没有衰减。

项目七
简易数字电压表的设计

扫一扫看
简易数字
电压表仿
真视频

项目说明

设计一简易数字电压表,电压测量范围为 0~5V,使用 3 位数码管显示被测电压值,显示值精确到小数点后两位。

通过对简易数字电压表的设计与仿真调试,让读者学习典型 A/D 转换器与单片机的接口电路设计及编程控制方法。

简易数字电压表的设计项目包括 A/D 转换器与单片机的接口电路设计及简易数字电压表的软件设计两个任务。

任务一 A/D 转换器与单片机的接口电路设计

任务要求

设计典型 A/D 转换器与单片机的接口电路。

能力目标:
能设计典型 A/D 转换器与单片机的接口电路。

知识目标:
熟悉 A/D 转换器的定义、分类及主要技术指标;
熟悉常用 A/D 转换器的引脚功能。

扫一扫看
项目七任
务一视频
资源

知识储备——A/D 转换器与单片机的接口技术

一、A/D 转换器概述

在单片机测控应用领域,被采集到的实时信号除开关量外就是连续变化的模拟量(温度、压力、流量、速度等经传感器转换成的电信号)。由于单片机只能处理数字量,因此需要将模拟量转换成数字量。能将模拟量转换成数字量的器件称为模数转换器,即 A/D 转换器(ADC)。反之,能将数字量转换成模拟量的器件称为 D/A 转换器(DAC)。

1. A/D 转换器分类

A/D 转换器的种类很多，按工作原理的不同分为逐次比较型、双积分型、Σ-Δ 式、V/F 型；按转换速度分为高速和低速两种；按位数分为 8 位、10 位、12 位、16 位几种；按数字量输出接口分为串行口和并行口两种。

逐次比较型 A/D 转换器具有转换精度、转换速度和价格都适中的优点，是常用的 A/D 转换器件。

本任务所介绍的三种 A/D 转换器均为逐次比较型。图 7.1 为逐次比较型 A/D 转换器的结构原理图。A/D 转换器包括比较器、D/A 转换电路、逐次逼近寄存器、锁存缓冲器、控制逻辑单元等部分。

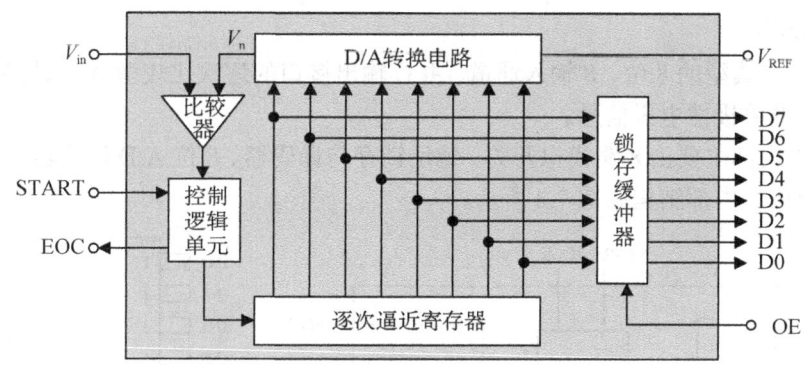

图 7.1 逐次比较型 A/D 转换器结构原理图

逐次比较型 A/D 转换器的转换过程：开始转换后，时钟脉冲首先将寄存器最高位置 1，寄存器输出的数据为 10000000。这个数据被 D/A 转换电路转换成相应的模拟电压 V_n，送到比较器中与输入电压 V_{in} 进行比较。若 $V_n > V_{in}$，说明该数字过大，将最高位的 1 清除；若 $V_n < V_{in}$，说明该数字不够大，应将最高位的 1 保留。然后按同样的方式将次高位置 1，并且经过比较后确定次高位 1 是否应该保留。这样逐位比较下去，一直到最低位为止。比较完毕后，寄存器中的状态就是所要求的数字量输出，该数字量进入锁存缓冲器等待控制器读出。

2. A/D 转换器的主要技术指标

1）转换时间和转换速率

转换时间是完成一次模数转换所需要的时间，转换时间的倒数为转换速率。转换时间越短，转换速率越快。

2）分辨率

分辨率表示 A/D 转换器对微小输入量变化的敏感程度，通常指使输出数字量变化一个相邻数码对应输入模拟电压的变化量。

【例 7.1】 一个 5V 满刻度的 8 位 A/D 转换器能分辨的最小输入电压变化值是多少？若数字量输出为 204，对应的输入电压为多少？

能分辨的最小输入电压变化值为

$$5 \times \frac{1}{2^8} = 19.531 \text{（mV）}$$

数字量输出为 204，对应的输入电压为

$$\frac{5 \times 204}{256} = 3.984 \text{（V）}$$

3）转换精度

A/D 转换器的转换精度是指与数字输出量所对应的模拟输入量的实际值与理论值之间的差值。在模数转换电路中，与每个数字量对应的模拟输入量并非一个单一的数值，而是一个范围值 $\varDelta$，其中 $\varDelta$ 的大小理论上取决于电路的分辨率。定义 $\varDelta$ 为数字量的最小有效位 LSB。但在外界环境的影响下，与每一数字输出量对应的模拟输入量的实际范围往往偏离理论值 $\varDelta$。

转换精度通常用最小有效位 LSB 的分数值表示。目前常用的 A/D 转换器的转换精度为 1/4LSB～2LSB。

二、典型 A/D 转换器

1. ADC0809

ADC0809 是典型的 8 位、8 输入通道、并行输出接口的逐次比较型 A/D 转换器，可转换基准电压以下的单极性电压信号。

ADC0809 内部主要由 8 路模拟开关、地址锁存与译码器、8 位 A/D 转换器和三态输出锁存器等部分组成，内部结构如图 7.2 所示。

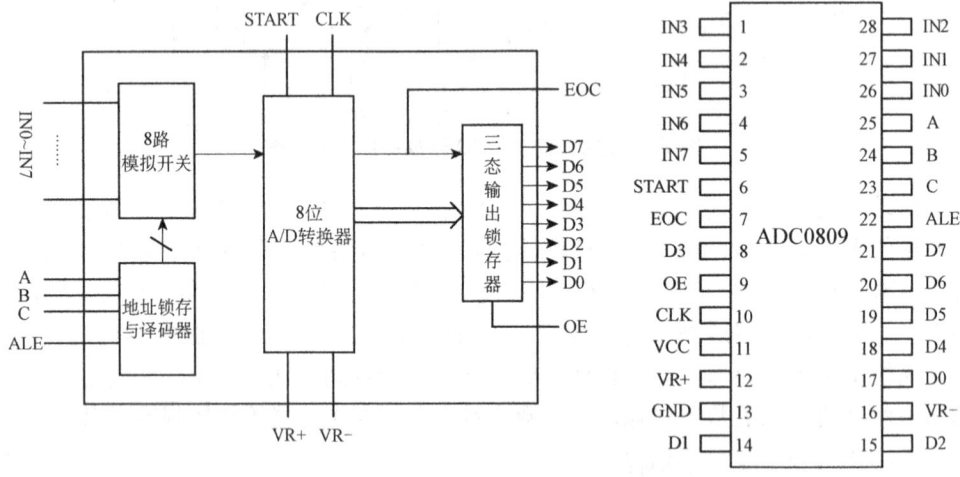

图 7.2 ADC0809 的内部结构及引脚图

ADC0809 有 28 个引脚，采用双列直插式封装，各引脚名称及引脚功能详细说明如下。

IN0～IN7：8 路模拟量输入端。

C、B、A：8 路模拟开关的地址选通信号输入端。3 个输入端的信号为 000～111 时，接通 IN0～IN7 对应通道。表 7.1 为地址信号与选中通道的关系。

表 7.1 地址信号与选中通道的关系

地址信号			选中通道
C	B	A	
0	0	0	IN0
0	0	1	IN1
0	1	0	IN2
0	1	1	IN3
1	0	0	IN4
1	0	1	IN5
1	1	0	IN6
1	1	1	IN7

ALE：地址锁存允许信号输入端。通常向此引脚输入一个 200ns 以上的正脉冲时，选通相应的模拟输入通道。

D0～D7：8 位数字量输出端。

START：启动模数转换控制信号输入端。一般向此引脚输入一个 200ns 以上的正脉冲，脉冲下降沿到来后开始模数转换，转换期间该输入端保持低电平。

CLK：时钟信号输入端，频率一般为 500kHz。

EOC：转换结束信号输出端。模数转换期间 EOC 输出为低电平，模数转换结束后 EOC 输出为高电平。

OE：输出允许控制端。当 OE 输入为高电平时，转换结果数据出现在引脚 D0～D7。当 OE 输入为低电平时，引脚 D0～D7 对外呈高阻状态。

VR+、VR−：分别为基准电源的正、负输入端，一般接+5V 和 0。

2. ADC0831

ADC0831 是单输入通道、串行输出接口的逐次比较型 A/D 转换器，可转换参考电压以下的单极性电压信号。下面介绍 ADC0831 的引脚功能。

图 7.3 为 ADC0831 引脚图，共 8 个引脚，各引脚名称及引脚功能详细说明如下。

$\overline{CS}$：片选输入端，低电平有效。

VIN+、VIN−：差分输入端。

VREF：参考电压输入端，接+5V。

DO：串行数据输出端。

CLK：时钟信号输入端。

图 7.3 ADC0831 引脚图

任务实施

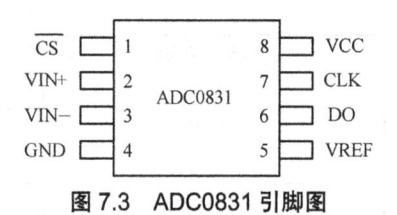

一、确定设计方案

本任务使用 ADC0809、ADC0831 两种不同类型的 A/D 转换器对模拟电压进行模数转换，设计这两种 A/D 转换器与单片机的接口电路。

二、硬件电路设计

方案一：使用 ADC0809 对待测模拟电压进行模数转换

在 Proteus 中 ADC0809 不能仿真，本任务中使用 ADC0808 代替 ADC0809，二者除精度略有差别外，其余各方面完全相同。模拟量输入通道选择 IN0，地址选通信号输入端 C、B、A 需输入低电平，通过使 C、B、A 三端接地获得低电平。ADC0808 的 4 个控制端 START、EOC、OE、ALE 分别接单片机的 4 个 I/O 口。ADC0808 数据输出为并行输出，接单片机的一个 8 位并行 I/O 口（本任务选用 P1 口）。待测模拟电压由可变电阻器将 DC 5V 分压提供。显示电路使用 4 位一体数码管的低 3 位，高位为整数位，低两位为小数位，使用 74HC04 驱动数码管。

方案一参考电路如图 7.4 所示。参考电路中元器件列表如表 7.2 所示。

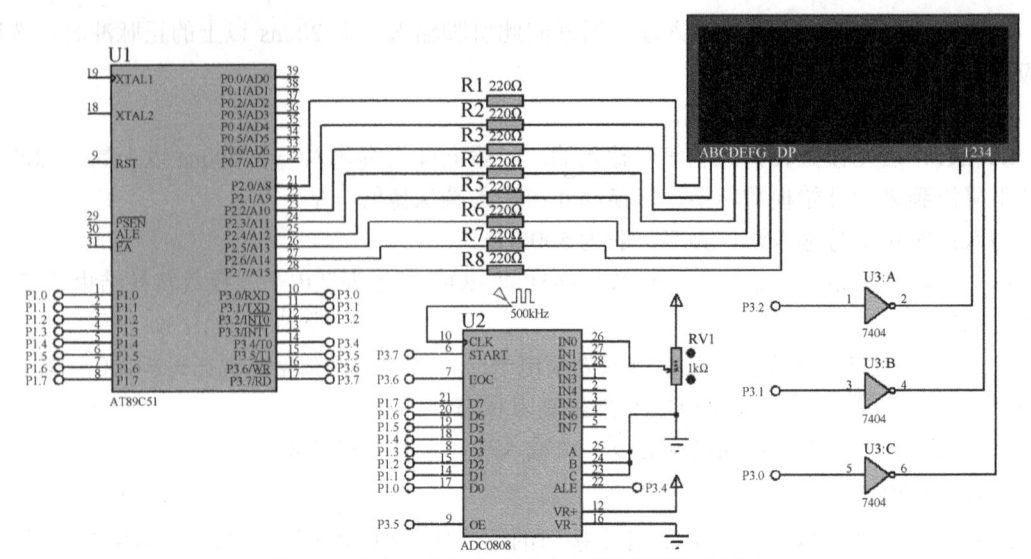

图 7.4 方案一参考电路图（含数码管显示部分）

表 7.2 方案一参考电路中元器件列表

元器件名称	关键字	参数	数量
单片机	AT89C51		1
4位一体数码管	7SEG-MPX4-CA	共阳	1
电阻	RES	220Ω	8
可变电阻	POT-HG	1kΩ	1
A/D 转换器	ADC0808		1
非门	7404		3

方案二：使用 ADC0831 对待测模拟电压进行模数转换

ADC0831 为串行输出接口的 A/D 转换器，串行数据输出端 DO 接单片机的一个 I/O 口，片选输入端 $\overline{CS}$ 与时钟信号输入端 CLK 各接单片机的一个 I/O 口，待测模拟电压的获得方法同方案一。

方案二参考电路如图 7.5 所示。参考电路中元器件列表如表 7.3 所示。

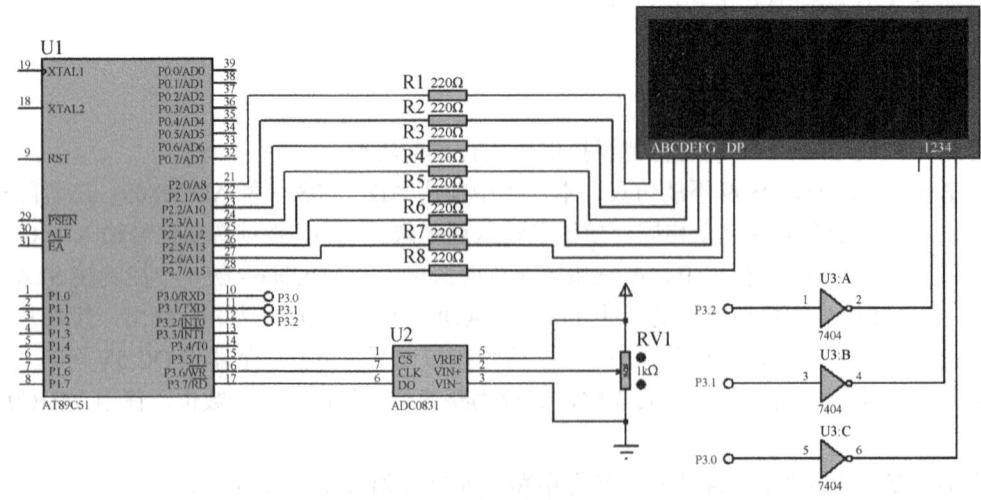

图 7.5 方案二参考电路图

表 7.3 方案二参考电路中元器件列表

元器件名称	关键字	参数	数量
单片机	AT89C51		1
4位一体数码管	7SEG-MPX4-CA	共阳	1
电阻	RES	220Ω	8
可变电阻	POT-HG	1kΩ	1
A/D 转换器	ADC0831		1
非门	7404		3

任务二　简易数字电压表的软件设计

任务要求

设计 A/D 转换器的模数转换控制程序，使之能对 0～5V 的模拟电压进行模数转换并使用 3 位数码管显示转换结果。显示结果为一位整数位，两位小数位。

能力目标：

能编写典型 A/D 转换器的模数转换控制程序；

能编写小数显示程序。

知识目标：

熟悉常用 A/D 转换器的工作时序。

知识储备——典型 A/D 转换器的工作时序

A/D 转换器的工作时序是编程的依据，典型 A/D 转换器 ADC0809 与 ADC0831 的工作时序如下。

一、ADC0809 的工作时序

ADC0809 的工作时序如图 7.6 所示。当通道选择地址有效时，一旦 ALE 信号出现，地址便马上被锁存，这时转换启动信号 START 紧随 ALE 之后（或与 ALE 同时）出现。启动信号的上升沿将逐次逼近寄存器（SAR）复位，在该上升沿之后的 2μs 加 8 个时钟周期内，EOC 信号将变为低电平，以指示转换操作正在进行中，转换完成后 EOC 信号再变为高电平。控制器检测 EOC 信号为高电平后，便可送出输出允许 OE 信号（高电平），打开三态输出锁存器，读取转换结果。

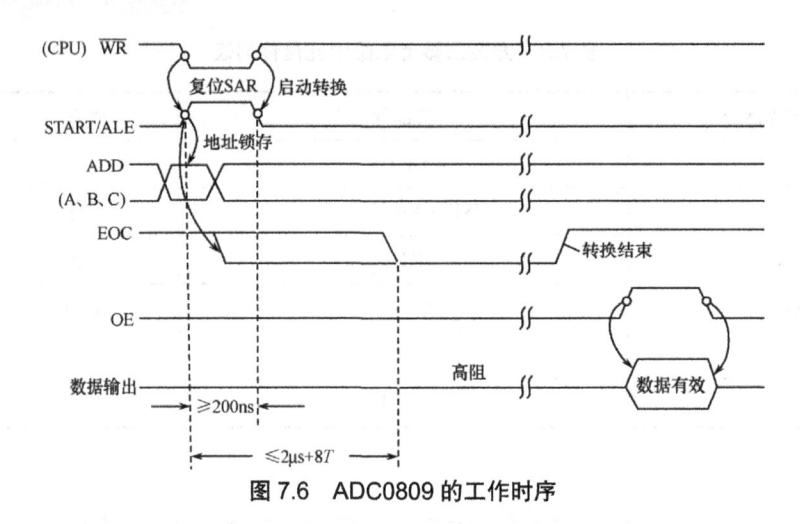

图 7.6 ADC0809 的工作时序

二、ADC0831 的工作时序

ADC0831 的工作时序如图 7.7 所示。ADC0831 在 $\overline{CS}$ 为低电平时启动转换，启动转换后，在第一个时钟的下降沿到来时，ADC0831 的串行数据输出端 DO 被拉低，准备输出转换数据，从第二个时钟的下降沿开始输出转换数据，首先输出数据的最高位，第三个时钟的下降沿输出数据的次高位，第九个时钟的下降沿输出转换数据的最低位。

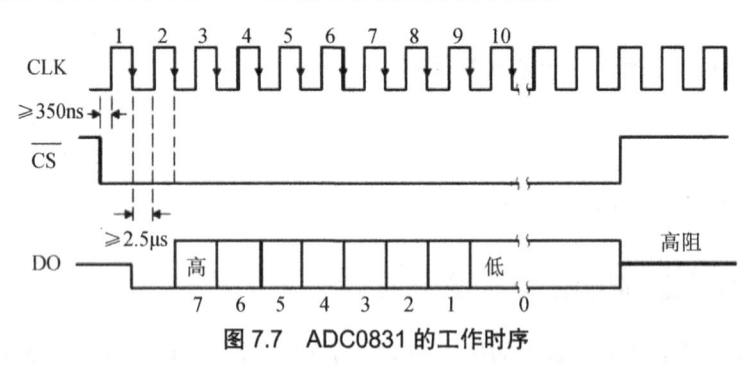

图 7.7 ADC0831 的工作时序

任务实施

一、源程序设计

编写控制程序，实现功能要求。

方案一参考源程序如下：

```
#include <reg52.h>
#include <intrins.h>
sbit SEG4=P3^0;      //小数点后第二位数码管位选端
sbit SEG3=P3^1;      //小数点后第一位数码管位选端
sbit SEG2=P3^2;      //整数位数码管位选端
sbit ADC0808_ALE=P3^4;
sbit ADC0808_OE=P3^5;
sbit ADC0808_EOC=P3^6;
sbit ADC0808_START=P3^7;
#define SEGPORT P2   //P2 口发送数码管段码
```

```c
unsigned char code a1[]={0x40,0x79,0x24,0x30,0x19,0x12};   //带小数点段码,整数位0~5
unsigned char code a2[]={0xc0,0xf9,0xa4,0xb0,0x99,0x92,0x82,0xf8,0x80,0x90};
float result;              //全局变量,主函数和显示函数均用到
void delay(unsigned int x)      /*延时函数*/
{
    unsigned char j;
    while(x--)
        for(j=0;j<10;j++);
}
void display()                  /*显示函数*/
{
    unsigned char i;
    unsigned int m,buffer[]={0,0,0};
    m=result*100;
    buffer[2]=m/100;          //获取整数位
    buffer[1]=m%100/10;       //获取第一小数位
    buffer[0]=m%100%10;       //获取第二小数位
    switch(i)
    {
            case 0:           //显示小数点后第二位
            {
                SEGPORT=0xff;                //先熄灭所有数码管
                SEG4=0;SEG3=1;SEG2=1;        //位选小数点后第二位
                SEGPORT=a2[buffer[0]];
                i++;
                break;
            }
            case 1:                          //显示小数点后第一位
            {
                SEGPORT=0xff;                //先熄灭所有数码管
                SEG4=1;SEG3=0;SEG2=1;        //位选小数点后第一位
                SEGPORT=a2[buffer[1]];
                i++;
                break;
            }
            default:          //显示整数位
            {
                SEGPORT=0xff;                //先熄灭所有数码管
                SEG4=1;SEG3=1;SEG2=0;        //位选整数位
                SEGPORT=a1[buffer[2]];       //整数位段码带小数点
                i=0;
                break;
            }
    }
    delay(5);
}
unsigned char ADC0808_Read()    /*模数转换函数*/
{
    unsigned char dat;
    ADC0808_ALE=0;
    ADC0808_START=0;
    _nop_();
    ADC0808_ALE=1;
    ADC0808_START=1;
    _nop_();
    ADC0808_ALE=0;
    ADC0808_START=0;          //ALE与START获得一个200ns以上的正脉冲
    while(!ADC0808_EOC);      //等待转换结束
    ADC0808_OE=1;             //允许读取转换结果
    dat=P1;
```

```c
        ADC0808_OE=0;
        return(dat);
}
main()
{
    while(1)
    {
        display();
        result=0.0195*ADC0808_Read();    //将转换结果保存到result中，0.0195为分辨率
    }
}
```

方案二参考源程序如下：

```c
#include <reg52.h>
#include <intrins.h>
sbit SEG4=P3^0;
sbit SEG3=P3^1;
sbit SEG2=P3^2;
sbit ADC0831_CS=P3^5;
sbit ADC0831_CLK=P3^6;
sbit ADC0831_DO=P3^7;
#define SEGPORT P2
unsigned char code a1[]={0x40,0x79,0x24,0x30,0x19,0x12};
unsigned char code a2[]={0xc0,0xf9,0xa4,0xb0,0x99,0x92,0x82,0xf8,0x80,0x90};
float result;
void delay(unsigned int x)
{
    unsigned char j;
    while(x--)
        for(j=0;j<10;j++);
}
void display()        //display函数同方案一
unsigned char ADC0831_Read()        /*模数转换函数*/
{
    unsigned char i;
    unsigned char dat;
    ADC0831_CS=1;ADC0831_CLK=1;
    ADC0831_CS=0;            //启动转换
    _nop_();
    ADC0831_CLK=0;           //第一个脉冲下降沿
    _nop_();
    ADC0831_CLK=1;
    for(i=8;i>0;i--)
    {
        ADC0831_CLK=0;        //脉冲下降沿
        dat<<=1;              //ADC先输出转换结果最高位，所以要左移
        if(ADC0831_DO)        //输出为1，左移1，否则左移0
            dat|=0x01;
        ADC0831_CLK=1;
    }
    ADC0831_CS=1;
    return(dat);
}
main()
{
    while(1)
    {
        display();
```

```
    result=0.0195*ADC0831_Read();
  }
}
```

二、仿真分析

分别为方案一电路与方案二电路中的单片机加载对应的目标程序，仿真运行。

（1）图 7.8 为方案一数字电压表仿真界面，使用 Proteus 电压表探针测试待测电压，图中待测模拟电压为 3.59998V，数字电压表显示电压为 3.58V。

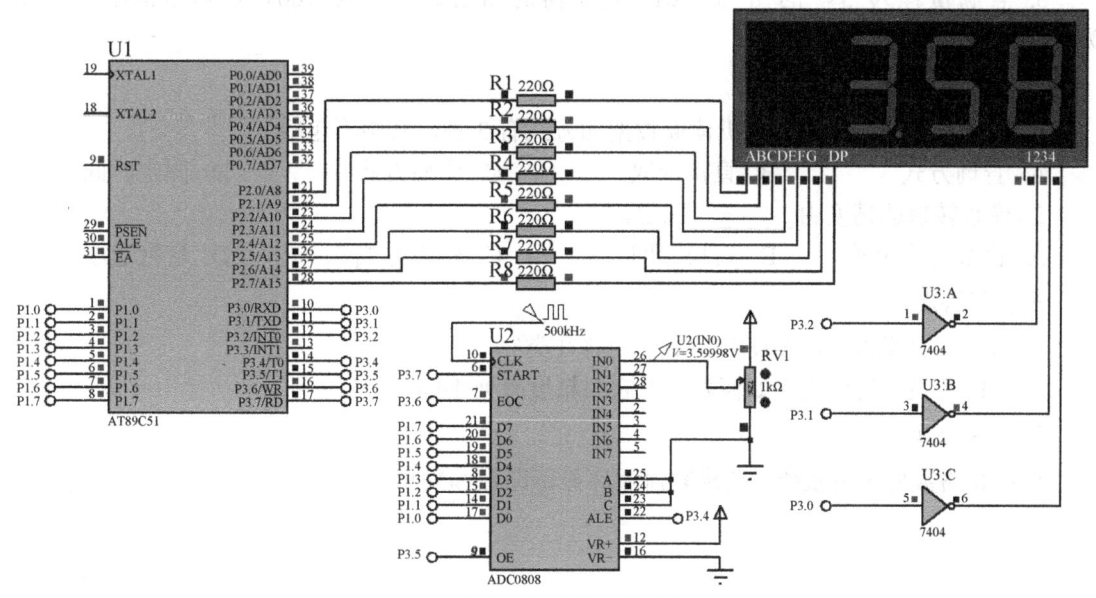

图 7.8 方案一数字电压表仿真界面

（2）图 7.9 为方案二数字电压表仿真界面，使用 Proteus 电压表探针测试待测电压，图中待测模拟电压为 2.55V，数字电压表显示电压为 2.53V。

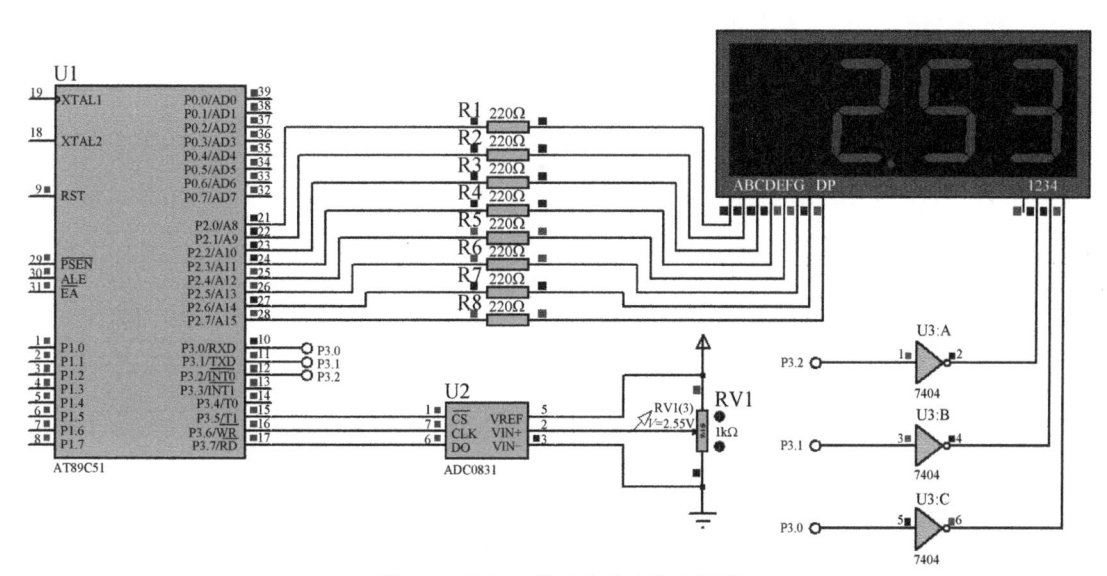

图 7.9 方案二数字电压表仿真界面

思考与练习题 7

一、填空题

1. A/D 转换器的作用是将_____量转换为_____量。
2. ADC0808 是_____位模数转换芯片，具有_____路模拟开关。
3. ADC0831 是_____输入通道，_____输出接口的模数转换芯片。
4. 模拟输入量程为 0～5V 的 12 位 A/D 转换器的分辨率为_____。
5. 若满量程为 5V 的 8 位 A/D 转换器的输出数字量为 100，则对应的输入电压为_____V。

二、单项选择题

1. 模数转换结束后，单片机读取数据的方式有 3 种，其中不包括_____。
   A. 查询方式　　　　B. 直接读取　　　　C. 中断方式　　　　D. 固定时间延时
2. 模数转换的精度由_____确定。
   A. 模数转换位数　　B. 转换时间　　　　C. 转换方式　　　　D. 转换速度

三、简答题

1. 按不同分类方式，A/D 转换器分为哪几类？
2. A/D 转换器的分辨率如何表示？它与精度有何不同？

四、设计题

设计 8 路数据采集系统，要求轮流循环显示路数和采集值。

项目八
波形发生器的设计

项目说明

设计一个波形发生器,它能产生三角波、方波、锯齿波、正弦波,波形发生器设有波形选择按键。

通过对波形发生器的设计与仿真调试,让读者学习常用 D/A 转换器与单片机的接口电路设计及编程控制方法。

波形发生器的设计项目包括 D/A 转换器与单片机的接口电路设计及波形发生器的整体设计两个任务。

任务一 D/A 转换器与单片机的接口电路设计

任务要求

设计典型 D/A 转换器与单片机的接口电路。

能力目标:

能设计典型 D/A 转换器与单片机的接口电路。

知识目标:

熟悉 D/A 转换器的定义、组成、分类、工作原理及主要技术指标;

熟悉典型 D/A 转换器的内部结构、引脚功能及工作方式。

知识储备——D/A 转换器与单片机的接口技术

把数字量转换成模拟量的芯片称为模数转换器,即 D/A 转换器。在模拟量控制系统中,单片机的输出信号是数字信号,必须经 D/A 转换器转换成模拟信号后才能控制阀门开度等连续变化的被控对象。

一、D/A 转换器的组成

图 8.1 为 D/A 转换器的结构框图,包括数码寄存器、模拟电子开关电路、解码网络、求和电路等几部分。数字量以并行或串行方式输入并存储于数码寄存器中,数码寄存器输出的

每位数码驱动对应数位上的电子开关将在解码网络中获得的相应数字权值送入求和电路。求和电路将各权值相加便得到与数字量对应的模拟量。

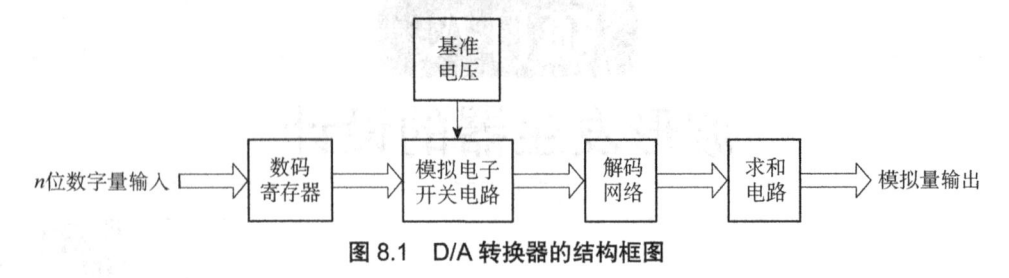

图 8.1 D/A 转换器的结构框图

二、D/A 转换器的分类

D/A 转换器有很多种类，按数据输入方式不同，分为串行 D/A 转换器和并行 D/A 转换器两类；根据建立时间的长短，可以将 D/A 转换器分成超高速（<1μs）、高速（1～10μs）、中速（10～100μs）、低速（≥100μs）几类。根据输出信号类型不同，D/A 转换器分为电流输出型和电压输出型两类；根据芯片内是否带有锁存器，可分为内部无锁存器的和内部有锁存器的两类；按解码网络结构不同，分为 T 形电阻解码网络 D/A 转换器、倒 T 形电阻解码网络 D/A 转换器、权电流 D/A 转换器、权电阻网络 D/A 转换器。

三、D/A 转换器的工作原理

D/A 转换器多数采用 T 形电阻解码网络。现以 8 位 T 形电阻解码网络 D/A 转换器为例说明 D/A 转换器的工作原理。如图 8.2 所示，二进制数的每一位 D_i（$i=0\sim7$）对应一个电阻 $2R$，并由该二进制值 D_i 控制一个双向电子开关 S_i，当 $D_i=0$ 时 S_i 接地；当 $D_i=1$ 时，S_i 接通右边运算放大器的反向输入端。下面分析输出电压。

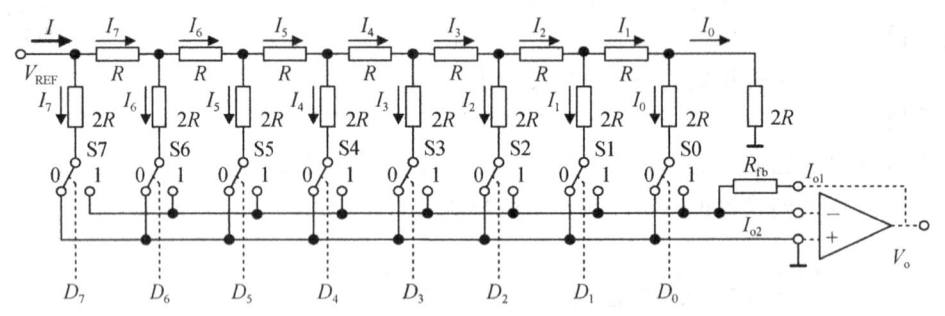

图 8.2 8 位 T 形电阻解码网络 D/A 转换器工作原理

运算放大器输出电压：

$$V_o = -I_{o1} \times R_{fb} = -R_{fb} \cdot \frac{V_{REF}}{R} \cdot \frac{1}{2^n} \cdot \sum D_i \cdot 2^i$$

由上式可见，输出电压与二进制数 D 呈线性关系。调整运算放大器的反馈电阻 R_{fb} 和参考电压 V_{REF}，就可得到和 n 位二进制数成线性比例的输出电压 V_o。

四、D/A 转换器的主要性能指标

1. 分辨率

分辨率是指输入 D/A 转换器的单位数字量变化引起的模拟量输出的变化,通常定义为输出满刻度值(满量程)与 2^n 之比。显然,二进制位数越多,分辨率越高。

例如,若满量程为 10V,则分辨率为 $10V/2^n$。设 D/A 转换器为 8 位,即 $n=8$,则分辨率为 $10V/2^8=39.1mV$,该值占满量程的 0.391%,用 1LSB(最低有效位)表示。

同理,10 位 D/A 转换器:1LSB=9.77mV=0.1%满量程。

12 位 D/A 转换器:1LSB=2.44mV=0.024%满量程。

2. 线性度

线性度(也称非线性误差)是实际转换特性曲线与理想转换特性直线之间的最大偏差,常以相对于满量程的百分数表示。例如,±1%是指实际输出值与理论值之差在满刻度的±1%以内。

3. 绝对精度和相对精度

绝对精度(简称精度)是指在整个刻度范围内,任一输入数码所对应的模拟量实际输出值与理论值之间的最大误差。绝对精度是由 D/A 转换器的增益误差(当输入数码全为 1 时,实际输出值与理想输出值之差)、零点误差(当输入数码全为 0 时,D/A 转换器的非零输出值)、非线性误差和噪声等引起的。绝对精度(最大误差)应小于 1LSB。

相对精度用最大误差相对于满刻度的百分比表示。

应当注意,精度和分辨率具有一定的联系,但概念不同。D/A 转换器的位数多时,分辨率会提高,量化误差对精度的影响会减小。但其他误差(如温度漂移、线性不良等)的存在仍会使 D/A 转换器的精度变差。

4. 建立时间

建立时间是描述 D/A 转换器转换快慢的参数,用来表示转换速度。建立时间为从输入数字量变化到输出模拟量达到终值误差±(LSB/2)时所需的时间。

电流输出型 D/A 转换器的建立时间短。电压输出型 D/A 转换器的建立时间主要决定于运算放大器的响应时间。

五、典型 D/A 转换器

1. DAC0832

DAC0832 是使用非常普遍的 8 位 D/A 转换器。DAC0832 以电流形式输出,当需要转换为电压输出时,可外接运算放大器。属于该系列的芯片还有 DAC0830、DAC0831,它们可以相互代换。

1)DAC0832 内部结构及引脚功能

DAC0832 内部主要由 8 位输入锁存器、8 位数码寄存器、8 位 D/A 转换电路和控制逻辑电路(由与门组成)四部分组成,其内部结构框图如图 8.3 所示。

输入锁存器:8 位,数模转换需要一定的时间,这段时间内输入端(DI0~DI7)的数字量应稳定。输入锁存器用于存放输入的数字量,使输入数字量得到缓冲和锁存,其状态由 $\overline{LE1}$ 控制,$\overline{LE1}$ 为低电平时,输入锁存器直通;$\overline{LE1}$ 为高电平时,输入锁存器禁止输出。

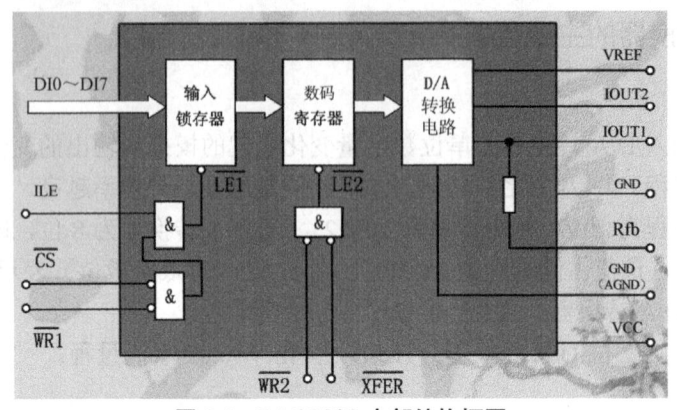

图 8.3 DAC0832 内部结构框图

数码寄存器：8 位，存放待转换的数字量，其状态由 $\overline{\text{LE2}}$ 控制，$\overline{\text{LE2}}$ 为低电平时，数码寄存器直通；

D/A 转换电路：由 T 形电阻解码网络和电子开关组成，T 形电阻解码网络输出和数字量成正比的模拟电流。

DAC0832 共 20 个引脚，各引脚功能详细说明如下：

DI0～DI7：8 位数字信号输入端。

$\overline{\text{CS}}$：片选端，低电平有效。

ILE：数据锁存允许控制端，高电平有效。

$\overline{\text{WR1}}$：输入锁存器写选通控制端。当 $\overline{\text{CS}}$=0、ILE=1、$\overline{\text{WR1}}$=0 时，输入数字信号被锁存在输入锁存器中。

$\overline{\text{XFER}}$：数据传送控制端。

$\overline{\text{WR2}}$：数码寄存器写选通控制端。当 $\overline{\text{XFER}}$=0、$\overline{\text{WR2}}$=0 时，输入锁存器信号传入数码寄存器中。

IOUT1：D/A 转换器电流输出 1 端，输入数字量全为 1 时，IOUT1 最大；输入数字量全为 0 时，IOUT1 最小。

IOUT2：D/A 转换器电流输出 2 端，IOUT2+IOUT1=常数。

Rfb：外部反馈信号输入端，内部已有反馈电阻 Rfb，用作外接运算放大器的反馈电阻，将 DAC0832 的输出电流转换成输出电压。

VCC：电源输入端，一般接+5V。

VREF：基准电压范围为-10～+10V。

GND：接地端。

AGND：模拟信号地。

2）DAC0832 的工作方式

DAC0832 有三种工作方式：直通工作方式、单缓冲工作方式和双缓冲工作方式。

（1）直通工作方式。

当输入锁存器与数码寄存器均处于直通状态时，DAC0832 工作于直通工作方式。数字量一旦输入，便直接进入数码寄存器，进行数模转换，从输出端得到转换的模拟量。

（2）单缓冲工作方式。

当输入锁存器与数码寄存器一个处于直通状态，另一个处于受控制状态时，或者两个同时处于直通状态时，DAC0832 工作于单缓冲工作方式。此方式适用于只有一路模拟量输出，或有几路模拟量输出但不要求同步的系统。

图 8.4 是一种单缓冲工作方式接口电路，输入锁存器为直通工作方式，数码寄存器的状态由单片机 P3.0 口控制。

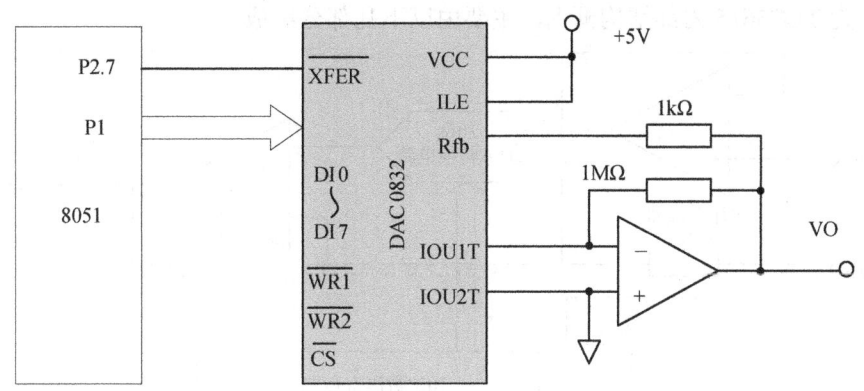

图 8.4　单缓冲工作方式接口电路

（3）双缓冲工作方式。

多路模拟量同步输出时，必须采用双缓冲工作方式，即输入锁存器和数码寄存器均处于受控状态。双缓冲工作方式下，单片机对 DAC0832 的操作分两步：第一步，控制输入锁存器导通，将 8 位数字量写入输入锁存器中；第二步，控制数码寄存器导通，将 8 位数字量从输入锁存器送入数码寄存器。

图 8.5 为一种双缓冲工作方式接口电路，为保证图 8.5 中两路模拟量同步输出，两片 DAC0832 的输入锁存器和数码寄存器的状态分别由单片机的 P3.0 口和 P3.1 口同步控制。

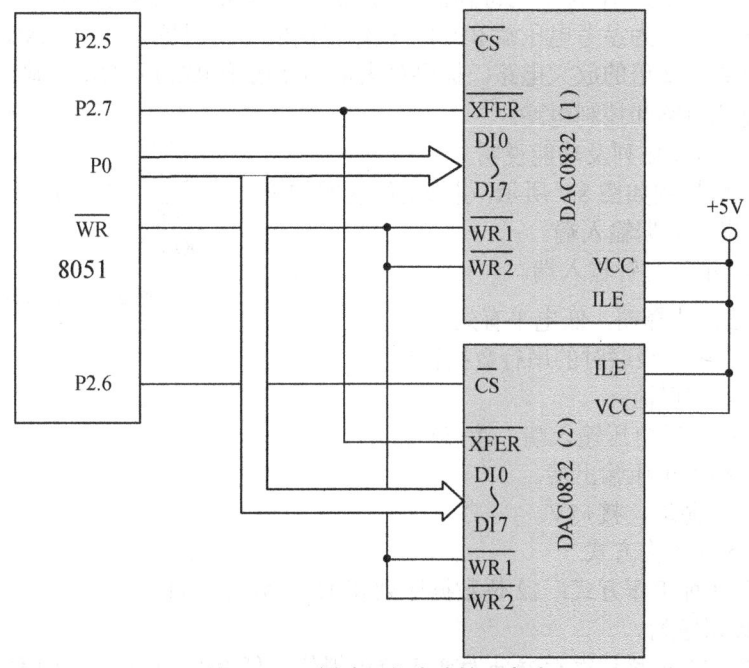

图 8.5　双缓冲工作方式接口电路

2. TLC5615

TLC5615 是具有串行口的 10 位 D/A 转换器，其输出电压信号，最大输出电压是基准电压的两倍，具有上电复位功能，只需要通过 3 根串行总线就可以完成 10 位数据的串行输入。

1）TLC5615 内部结构

图 8.6 为 TLC5615 内部结构框图，主要由以下几部分组成。

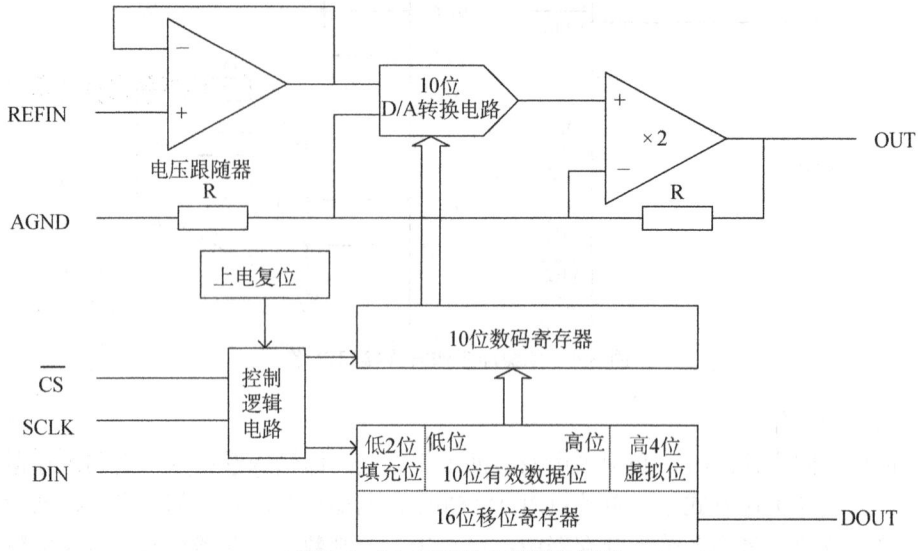

图 8.6 TLC5615 内部结构框图

（1）10 位 D/A 转换电路，内含解码网络和电子开关。

（2）16 位移位寄存器，接受串行移位输入的二进制数，并且有一个级联的数据输出端 DOUT。

（3）并行输入输出的 10 位数码寄存器，为 10 位 D/A 转换电路提供待转换的二进制数。

（4）电压跟随器，为参考电压端 REFIN 提供很高的输入阻抗，大约 10MΩ。

（5）放大倍数为 2 倍的放大电路，提供最大值为 2 倍于 REFIN 的电压输出。

（6）上电复位电路和控制电路。

2）TLC5615 引脚排列及功能说明

TLC5615 引脚排列如图 8.7 所示，引脚功能说明如下。

（1）DIN：串行数据输入端。

（2）SCLK：串行时钟输入端。

（3）$\overline{CS}$：芯片选择端，低电平有效。

（4）DOUT：用于级联时的串行数据输出端。

（5）AGND：模拟地。

（6）REFIN：基准电压输入端，接+5V。

（7）OUT：模拟电压输出端。

（8）VDD：电源端，接+5V。

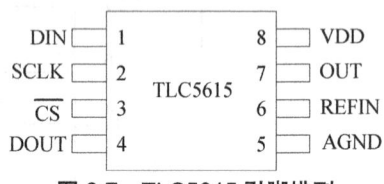

图 8.7 TLC5615 引脚排列

3）TLC5615 的工作方式

TLC5615 有两种工作方式：12 位数据序列和 16 位数据序列。

（1）12 位数据序列。

由图 8.6 知，16 位移位寄存器分为高 4 位虚拟位、低 2 位填充位及 10 位有效数据位。

TLC5615 的工作方式为 12 位数据序列时，只需要向 16 位移位寄存器先后输入 10 位有效数据位和低 2 位填充位，低 2 位填充位数据任意。

（2）16 位数据序列。

16 位数据序列工作方式也称级联方式，在该工作方式下，将本片的 DOUT 接到下一片的 DIN，需要向 16 位移位寄存器先后输入高 4 位虚拟位、10 位有效数据位和低 2 位填充位，由于增加了高 4 位虚拟位，所以需要 16 个时钟脉冲。

任务实施

一、确定设计方案

本任务使用 DAC0832 及 TLC5615 两种不同类型的 D/A 转换器对数字信号进行数模转换，设计这两种 D/A 转换器与单片机的接口电路。

二、硬件电路设计

方案一：使用 DAC0832 产生所需电压信号

本任务仅需一路模拟量输出，DAC0832 可选择工作于直通工作方式，即输入锁存器与数码寄存器均处于直通状态。引脚 $\overline{CS}$、$\overline{WR1}$ 接地，ILE 接电源，使输入锁存器处于直通状态，引脚 $\overline{WR2}$、$\overline{XFER}$ 接地，使数码寄存器也处于直通状态。DAC0832 输出模拟量为电流信号，需外接运算放大器将电流信号转换成电压信号。

方案一参考电路如图 8.8 所示，方案一参考电路中元器件列表如表 8.1 所示。

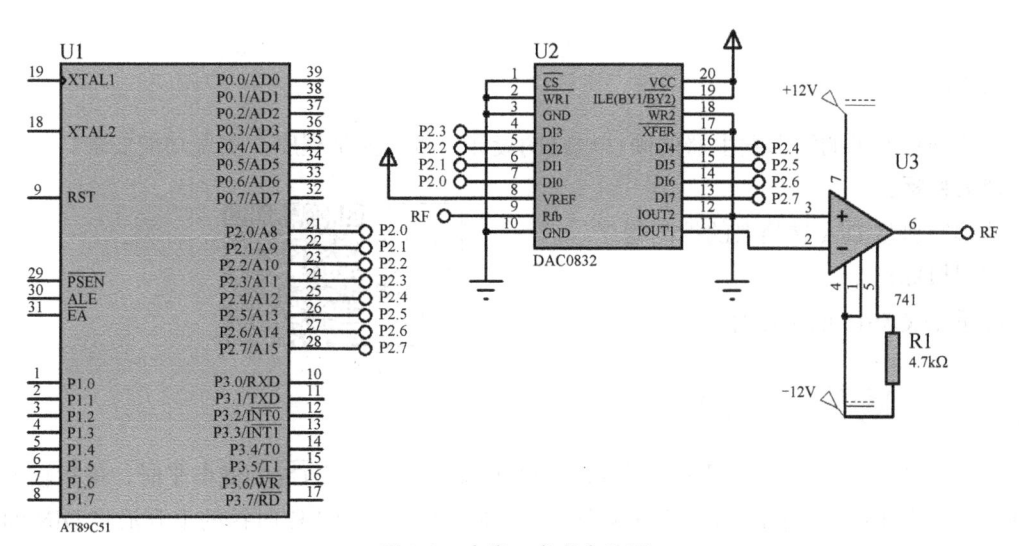

图 8.8 方案一参考电路图

表 8.1 方案一参考电路中元器件列表

元器件名称	关键字	参数	数量
单片机	AT89C51		1
电阻	RES	4.7kΩ	1
D/A 转换器	DAC0832		1
运算放大器	741		1

方案二：使用 TLC5615 产生所需电压信号

TLC5615 为电压输出型，需要通过 3 根串行总线（数据线、时钟信号线、片选线）完成 10 位数据的串行输入。

方案二参考电路如图 8.9 所示。

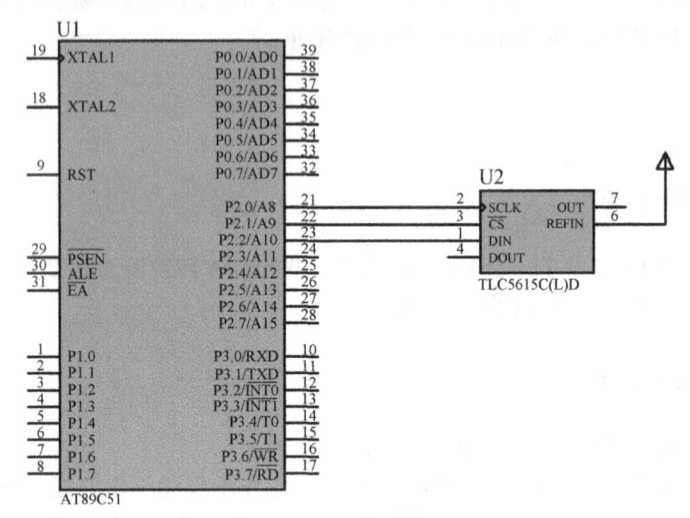

图 8.9　方案二参考电路图

任务二　波形发生器的整体设计

任务要求

完成项目要求的波形发生器的硬件电路的设计，编写控制程序，实现功能要求。

能力目标：

能编写典型 D/A 转换器的控制程序。

知识目标：

熟悉 TLC5615 的工作时序。

扫一扫看项目八任务二视频资源

知识储备——TLC5615 的工作时序

TLC5615 的工作时序如图 8.10 所示，由时序图知：只有当 $\overline{CS}$ 为低电平时，串行输入数据才能被移入 16 位移位寄存器。当 $\overline{CS}$ 为低电平时，在每个 SCLK 时钟的上升沿将 DIN 的一位数据移入 16 位移位寄存器，二进制数的最高有效位被导前移入，接着 $\overline{CS}$ 的上升沿将 16 位移位寄存器中的 10 位有效数据锁存于 10 位数码寄存器，供 D/A 转换电路进行转换。当 $\overline{CS}$ 为高电平时，串行输入数据不能被移入 16 位移位寄存器。$\overline{CS}$ 的上升和下降都必须发生在 SCLK 为低电平期间。

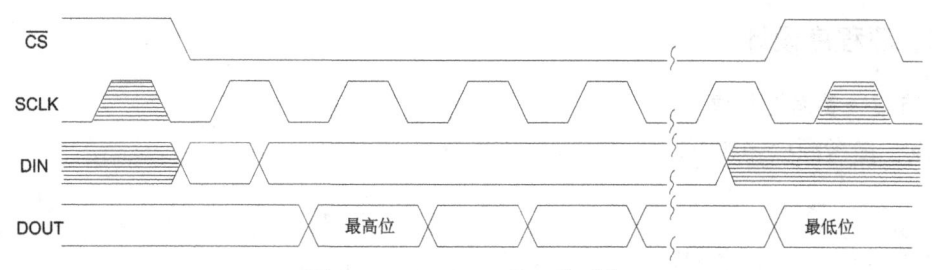

图 8.10 TLC5615 的工作时序

任务实施

一、硬件电路设计

基于 DAC0832 的波形发生器参考电路与基于 TLC5615 的波形发生器参考电路分别如图 8.11 与图 8.12 所示。

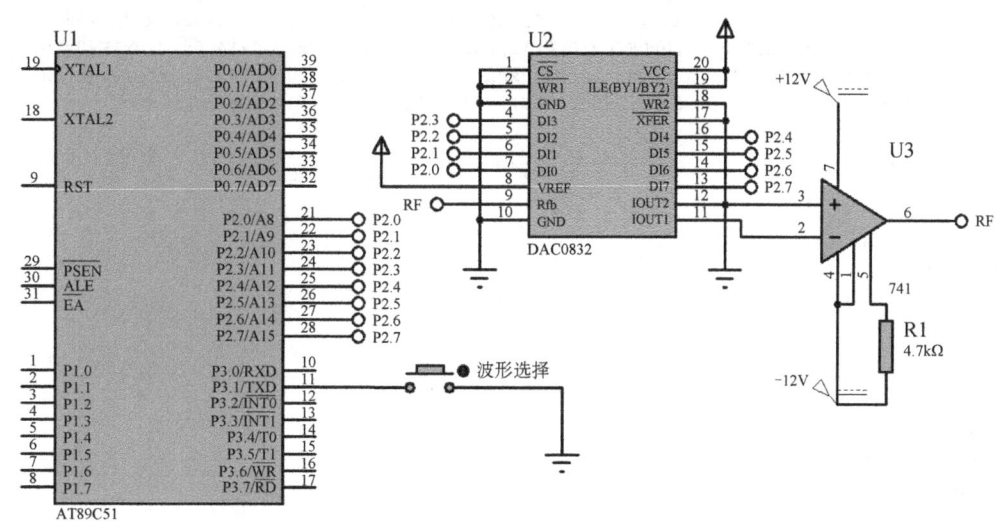

图 8.11 基于 DAC0832 的波形发生器参考电路

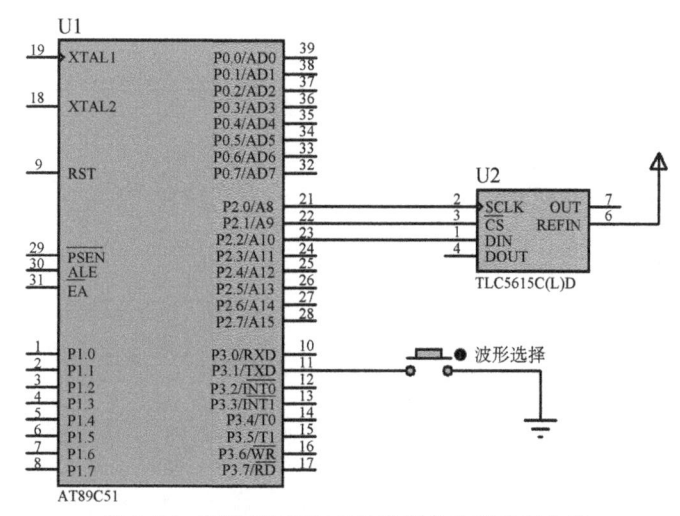

图 8.12 基于 TLC5615 的波形发生器参考电路

二、源程序设计

1. 方案一参考源程序

方案一参考源程序如下：

```c
#include <reg51.h>
#define DACPORT P2
sbit KEY=P3^1;       //波形选择键
unsigned char code sin_tab[]=     //正弦波输出表
{0x80,0x83,0x86,0x89,0x8D,0x90,0x93,0x96,0x99,0x9C,0x9F,0xA2,0xA5,0xA8,0xAB,0xAE,0xB1,0xB4,0x
B7,0xBA,0xBC,0xBF,0xC2,0xC5,0xC7,0xCA,0xCC,0xCF,0xD1,0xD4,0xD6,0xD8,0xDA,0xDD,0xDF,0xE1,0xE3,
0xE5,0xE7,0xE9,0xEA,0xEC,0xEE,0xEF,0xF1,0xF2,0xF4,0xF5,0xF6,0xF7,0xF8,0xF9,0xFA,0xFB,0xFC,0xF
D,0xFD,0xFE,0xFF,0xFF,0xFF,0xFF,0xFF,0xFF,0xFF,0xFF,0xFF,0xFF,0xFF,0xFE,0xFD,0xFD,0xFC,0
xFB,0xFA,0xF9,0xF8,0xF7,0xF6,0xF5,0xF4,0xF2,0xF1,0xEF,0xEE,0xEC,0xEA,0xE9,0xE7,0xE5,0xE3,0xE1
,0xDF,0xDD,0xDA,0xD8,0xD6,0xD4,0xD1,0xCF,0xCC,0xCA,0xC7,0xC5,0xC2,0xBF,0xBC,0xBA,0xB7,0xB4,0x
B1,0xAE,0xAB,0xA8,0xA5,0xA2,0x9F,0x9C,0x99,0x96,0x93,0x90,0x8D,0x89,0x86,0x83,0x80,0x80,0x7C,
0x79,0x76,0x72,0x6F,0x6C,0x69,0x66,0x63,0x60,0x5D,0x5A,0x57,0x55,0x51,0x4E,0x4C,0x48,0x45,0x4
3,0x40,0x3D,0x3A,0x38,0x35,0x33,0x30,0x2E,0x2B,0x29,0x27,0x25,0x22,0x20,0x1E,0x1C,0x1A,0x18,0
x16,0x15,0x13,0x11,0x10,0x0E,0x0D,0x0B,0x0A,0x09,0x08,0x07,0x06,0x05,0x04,0x03,0x02,0x02,0x01
,0x00,0x00,0x00,0x00,0x00,0x00,0x00,0x00,0x00,0x00,0x00,0x00,0x01,0x02,0x02,0x03,0x04,0x05,0x
06,0x07,0x08,0x09,0x0A,0x0B,0x0D,0x0E,0x10,0x11,0x13,0x15,0x16,0x18,0x1A,0x1C,0x1E,0x20,0x22,
0x25,0x27,0x29,0x2B,0x2E,0x30,0x33,0x35,0x38,0x3A,0x3D,0x40,0x43,0x45,0x48,0x4C,0x4E,0x51,0x5
5,0x57,0x5A,0x5D,0x60,0x63,0x66,0x69,0x6C,0x6F,0x72,0x76,0x79,0x7C,0x7E};
void delay(unsigned char n)
    while(n--);
void stair()    /*锯齿波*/
{
    unsigned char i;
    for(i=0;i<255;i++)
        DACPORT=i;
}
void square()     /*方波*/
{
    DACPORT=255;
    delay(200);
    DACPORT=100;
    delay(200);
}
void trian()    /*三角波*/
{
    unsigned char i;
    for(i=0;i<255;i++)
        DACPORT=i;
    for(i=255;i>0;i--)
        DACPORT=i;
}
void sin()      /*正弦波*/
{
    unsigned char i;
    for(i=0;i<255;i++)
        DACPORT=sin_tab[i];
}
void main()
{
    unsigned char Key_Flag;
    unsigned char t;
    while(1)
    {
        KEY=1;
```

```c
        if(KEY==0)
            Key_Flag=1;
        if(Key_Flag==1&&KEY==1)
        {
            ++t;
            Key_Flag=0;
        }
        switch(t)
        {
            case 1:stair();break;
            case 2:square();break;
            case 3:trian();break;
            default:
            {
                sin();
                t=0;
            };break;
        }
    }
}
```

2. 方案二参考源程序

方案二参考源程序如下：

```c
#include<reg51.h>
sbit SCL=P2^0;        //串行时钟线
sbit CS=P2^1;         //片选
sbit DIN=P2^2;        //串行数据线
sbit KEY=P3^1;
unsigned char code sin_tab[]=    //正弦波输出表
{0x80,0x83,0x86,0x89,0x8D,0x90,0x93,0x96,0x99,0x9C,0x9F,0xA2,0xA5,0xA8,0xAB,0xAE,0xB1,0xB4,0x
B7,0xBA,0xBC,0xBF,0xC2,0xC5,0xC7,0xCA,0xCC,0xCF,0xD1,0xD4,0xD6,0xD8,0xDA,0xDD,0xDF,0xE1,0xE3,
0xE5,0xE7,0xE9,0xEA,0xEC,0xEE,0xEF,0xF1,0xF2,0xF4,0xF5,0xF6,0xF7,0xF8,0xF9,0xFA,0xFB,0xFC,0xF
D,0xFD,0xFE,0xFF,0xFF,0xFF,0xFF,0xFF,0xFF,0xFF,0xFF,0xFF,0xFF,0xFF,0xFE,0xFD,0xFD,0xFC,0
xFB,0xFA,0xF9,0xF8,0xF7,0xF6,0xF5,0xF4,0xF2,0xF1,0xEF,0xEE,0xEC,0xEA,0xE9,0xE7,0xE5,0xE3,0xE1
,0xDF,0xDD,0xDA,0xD8,0xD6,0xD4,0xD1,0xCF,0xCC,0xCA,0xC7,0xC5,0xC2,0xBF,0xBC,0xBA,0xB7,0xB4,0x
B1,0xAE,0xAB,0xA8,0xA5,0xA2,0x9F,0x9C,0x99,0x96,0x93,0x90,0x8D,0x89,0x86,0x83,0x80,0x80,0x7C,
0x79,0x76,0x72,0x6F,0x6C,0x69,0x66,0x63,0x60,0x5D,0x5A,0x57,0x55,0x51,0x4E,0x4C,0x48,0x45,0x4
3,0x40,0x3D,0x3A,0x38,0x35,0x33,0x30,0x2E,0x2B,0x29,0x27,0x25,0x22,0x20,0x1E,0x1C,0x1A,0x18,0
x16,0x15,0x13,0x11,0x10,0x0E,0x0D,0x0B,0x0A,0x09,0x08,0x07,0x06,0x05,0x04,0x03,0x02,0x02,0x01
,0x00,0x00,0x00,0x00,0x00,0x00,0x00,0x00,0x00,0x00,0x00,0x01,0x02,0x02,0x03,0x04,0x05,0x
06,0x07,0x08,0x09,0x0A,0x0B,0x0D,0x0E,0x10,0x11,0x13,0x15,0x16,0x18,0x1A,0x1C,0x1E,0x20,0x22,
0x25,0x27,0x29,0x2B,0x2E,0x30,0x33,0x35,0x38,0x3A,0x3D,0x40,0x43,0x45,0x48,0x4C,0x4E,0x51,0x5
5,0x57,0x5A,0x5D,0x60,0x63,0x66,0x69,0x6C,0x6F,0x72,0x76,0x79,0x7C,0x7E};
void delay(unsigned int ms)       /*延时函数*/
{
    unsigned char u;
    while(ms--)
        for(u=0;u<124;u++);
}
void convert(unsigned int da)     /*数模转换函数*/
{
    unsigned char i;
    da<<=2;          //将10位二进制数移至16位寄存器的有效位
    CS=0;
    SCL=0;
    for(i=0;i<16;i++)
    {
        DIN=da&0x8000;        //10位二进制数就位
        SCL=1;                //时钟信号上升沿
```

```c
            SCL=0;
            da<<=1;
        }
    CS=1;       //CS 的上升沿
    SCL=1;
}
void stair()    /*锯齿波*/
{
    unsigned char i;
    for(i=0;i<255;i++)
        convert(i);
}
void square()   /*方波*/
{
    convert(250);
    delay(50);
    convert(50);
    delay(50);
}
void trian()    /*三角波*/
{
    unsigned char i;
    for(i=0;i<255;i++)
        convert(i);
    for(i=255;i>0;i--)
        convert(i);
}
void sin()    /*正弦波*/
{
    unsigned char i;
    for(i=0;i<255;i++)
        convert(sin_tab[i]);
}
void main()
{
    unsigned char KEY_Flag;
    unsigned char t;
    while(1)
    {
        KEY=1;
        if(KEY==0)
            KEY_Flag=1;
        if(KEY_Flag==1&&KEY==1)
        {
            ++t;
            KEY_Flag=0;
        }

        switch(t)
        {
            case 1:stair();break;
            case 2:square();break;
            case 3:trian();break;
            default:
            {
                sin();
                t=0;
            };break;
        }
    }
}
```

三、仿真分析

分别为方案一电路与方案二电路中的单片机加载对应目标程序，仿真运行。图 8.13 为两种方案下产生的正弦波、锯齿波、方波和三角波仿真波形图。

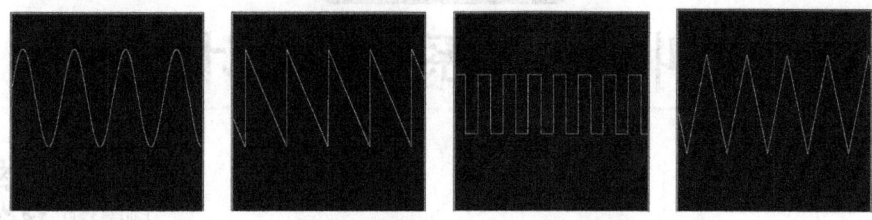

图 8.13　正弦波、锯齿波、方波、三角波仿真波形图

思考与练习题 8

一、填空题

1. D/A 转换器是指将_____转换成_____的芯片。
2. 按数据输入方式不同，D/A 转换器分为_____和_____两类。
3. 根据输出信号类型不同，D/A 转换器分为_____和_____两类。
4. 按解码网络结构不同，D/A 转换器分为_____、_____、_____、_____。
5. 描述 D/A 转换器的主要性能指标有_____、_____、_____、_____。
6. DAC0832 的工作方式有_____、_____、_____。
7. TLC5615 为_____位 D/A 转换器，其输出信号为_____信号，接口类型为_____接口。
8. TLC5615 有_____和_____两种工作方式。
9. 满量程为 10V 的 12 位 D/A 转换器的分辨率为_____。

二、单项选择题

1. 高速 D/A 转换器的转换时间为_____。
   A. <1μs　　　　B. 1～10μs　　　　C. 10～100μs　　　　D. ≥100μs
2. TLC5615 的基准电压为 5V，则能转换的最高电压为_____。
   A. 5V　　　　B. 10V　　　　C. 15V　　　　D. 20V

三、简答题

1. 简述 D/A 转换器的结构。
2. 简述 T 形电阻解码网络 D/A 转换器的工作原理。

四、设计题

设计波形发生器，要求能发生正弦波、方波、锯齿波、三角波，并且波表能在线切换，频率能在线调整。

项目九
叫号排队系统的设计

扫一扫看
叫号排队
系统仿真
视频

项目说明

设计一个叫号排队系统，其结构框图如图 9.1 所示。取号部分由从机控制，包括显示屏 LCD1602 和取号键。主机为窗口机，本项目设两个窗口，每个窗口均设有窗口按键和显示屏 LCD1602。从机负责客户的取号排队，主机负责工作人员的叫号，主从机之间实时通信。

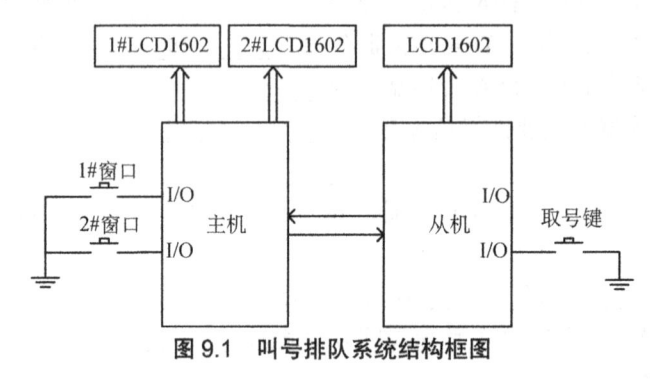

图 9.1 叫号排队系统结构框图

通过对叫号排队系统的设计与仿真调试，让读者学习串行通信的基本概念；学习单片机串行口的结构、工作方式及波特率设置；学习单片机串行通信的硬件电路设计及编程控制方法等内容。

叫号排队系统的设计项目由单片机通信电路设计和叫号排队系统的软件设计两个任务组成。

任务一 单片机通信电路设计

任务要求

设计叫号排队系统的硬件电路。
能力目标：
能设计单片机之间的通信电路。
知识目标：
了解计算机通信的定义及分类；

扫一扫看
项目九任
务一视频
资源

了解并行通信与串行通信的定义及优缺点；
掌握异步通信数据帧格式、串行通信的制式、串行通信的波特率和常用校验方法。

知识储备——单片机的串行通信技术

一、计算机的通信

随着多微机系统的广泛应用和计算机网络技术的普及，计算机的通信功能显得越来越重要。计算机通信是指计算机与外部设备或计算机与计算机之间的信息交换。

计算机通信有并行通信和串行通信两种方式。在多微机系统以及现代测控系统中信息的交换多采用串行通信方式。

并行通信是指数据的各位同时在多根数据线上发送或接收，如图 9.2 所示。并行通信控制简单、传输速度快，但由于传输线较多，长距离传送时成本高且接收方的各位同时接收较困难。

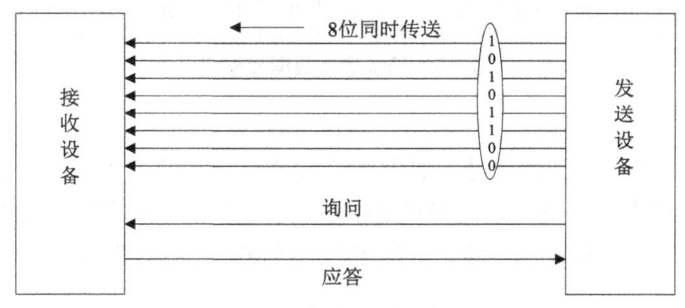

图 9.2 并行通信示意图

串行通信是指数据的各位在同一根数据线上依次逐位发送或接收，如图 9.3 所示。串行通信的特点：传输线少，长距离传送时成本低，且可以利用电话网等现成的设备，但数据的传送控制比并行通信复杂。

目前串行通信在单片机双机、多机以及单片机与 PC 之间的通信等方面得到了广泛应用。

图 9.3 串行通信示意图

二、串行通信的基本概念

1. 同步通信和异步通信

串行通信按同步方式不同，可分为同步通信和异步通信两种基本通信方式。

1）同步通信

同步通信是一种连续传送数据的通信方式，一次通信传送多个字符数据，称为一帧信息。

同步通信数据传输速率较高,通常可达 56000bit/s 或更高。其缺点是要求发送时钟和接收时钟保持严格同步。同步通信的数据帧格式如下:

同步 字符	数据 字符1	数据 字符2	…	数据 字符 n	校验 字符	(校验字符)

2) 异步通信

在异步通信中,数据通常是以字符或字节为单位组成数据帧进行传送的。收、发端各有一套彼此独立、互不同步的通信机构,由于收发数据的帧格式相同,因此可以相互识别接收到的数据信息。异步通信数据帧格式如图 9.4 所示。

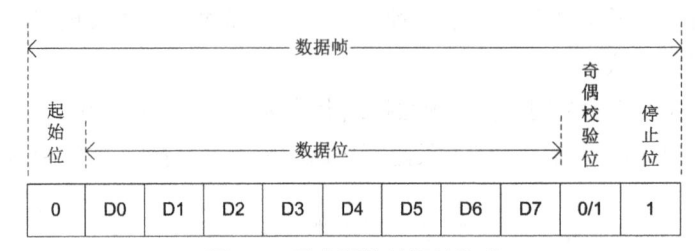

图 9.4 异步通信数据帧格式

(1) 起始位。

在没有数据传送时,通信线上处于逻辑"1"状态。当发送端要发送 1 个字符数据时,首先发送 1 个逻辑"0"信号,这个低电平便是帧格式的起始位。其作用是通知接收端,发送端开始发送一帧数据。接收端检测到这个低电平后,就准备接收数据信号。

(2) 数据位。

在起始位之后,发送端发出(或接收端接收)的是数据位,数据的位数没有严格的限制,5~8 位均可,由低位到高位逐位传送。

(3) 奇偶校验位。

数据位发送完(或接收完)之后,可发送一位用来检验数据在传送过程中是否出错的奇偶校验位。奇偶校验是收发双方预先约定好的有限差错检验方式之一。有时也可不进行奇偶校验。

(4) 停止位。

数据帧格式的最后部分是停止位,逻辑"1"电平有效,它可占 1/2 位、1 位或 2 位。停止位表示传送一帧信息的结束,也为发送下一帧信息做好准备。

2. 串行通信的波特率

波特率是串行通信中一个重要的概念,它是指传输数据的速率,也称比特率。波特率的定义是每秒传输二进制数码的位数,单位为 bit/s(位/秒)。例如,波特率为 1200bit/s 是指每秒钟能传输 1200 位二进制数码。通常,异步通信的波特率为 50~19200bit/s。

波特率的倒数为每位数据传输时间。例如,波特率为 1200bit/s,每位数据的传输时间为

$$T_d = \frac{1}{1200} = 0.833 \, (\text{ms})$$

波特率和数据帧的实际传输速率不同,数据帧的实际传输速率是每秒内所传数据帧的帧数,和数据帧格式有关。若采用如图 9.4 所示的数据帧格式,并且数据帧连续传送(无空闲位),则数据帧的实际传输速率为 1200/11=109.09(帧/s)。

波特率也不同于发送时钟和接收时钟频率。同步通信的波特率和时钟频率相等，而异步通信的波特率通常是可变的。

3. 串行通信的制式

在串行通信中，数据是在两个站之间传送的。按照数据传送方向，串行通信可分为三种制式。

1）单工制式

单工制式是指甲乙双方通信只能单向传送数据。单工制式示意图如图9.5所示。

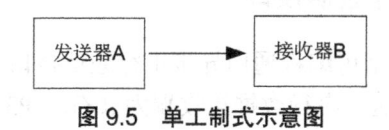

图9.5 单工制式示意图

2）半双工制式

半双工制式是指通信双方都具有发送器和接收器，双方既可发送也可接收，但接收和发送不能同时进行，即发送时就不能接收，接收时就不能发送。半双工制式示意图如图9.6所示。

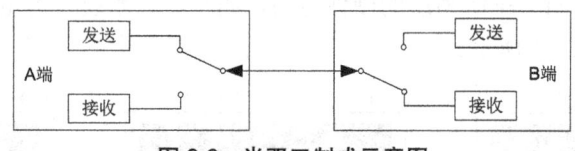

图9.6 半双工制式示意图

3）全双工制式

全双工制式是指通信双方均具有发送器和接收器，并且将信道划分为发送信道和接收信道，两端数据允许同时收发，因此通信效率比前两种制式高。全双工制式示意图如图9.7所示。

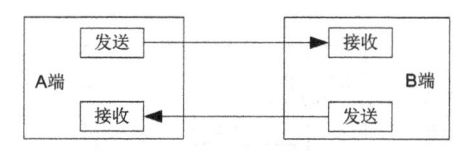

图9.7 全双工制式示意图

4. 串行通信的校验

串行通信的目的不只是传送数据信息，更重要的是确保准确无误的传送。因此必须在通信过程中对数据差错进行校验，因为差错校验是保证准确无误的通信的关键。常用的差错校验方法有奇偶校验、累加和校验及循环冗余码校验等。

1）奇偶校验

奇偶校验是指将发送的每个数据之后都附加一位奇偶校验位（1或0），当设置为奇校验时，数据中1的个数与校验位1的个数之和应为奇数；反之则为偶校验。收、发双方应具有一致的差错检验设置，当接收到数据时，对数据中1的个数进行检验，若奇偶性（收、发双方）一致则说明传输正确。奇偶校验只能检测到影响奇偶位数的错误，比较低级且速度慢，一般只用在异步通信中。

2）累加和校验

累加和校验是指发送方将所发送的数据块求和，并将"校验和"附加到数据块末尾。接收方接收数据时也是先对数据块求和，将所得结果与发送方的"校验和"进行比较，若两者相同，表示传送正确，若不同则表示传送出了差错。"校验和"的加法运算可用逻辑加，也可用算术加。累加和校验的缺点是无法检验出字节或位序的错误。

3）循环冗余码校验

循环冗余码校验的基本原理是将一个数据块看成一个位数很长的二进制数，然后用一个特定的数去除它，将余数作为校验码附在数据块之后一起发送。接收端收到该数据块和校验码后，进行同样的运算来校验传送是否出错。

三、8051 单片机的串行通信接口

8051 单片机内部集成了 1 个可编程通用异步串行通信接口（UART），采用全双工制式，可以同时进行数据的接收和发送，串行数据接收端为 RXD（P3.0）引脚，串行数据发送端为 TXD（P3.1）引脚。

任务实施

根据项目要求设计叫号排队系统的硬件电路，叫号排队系统参考电路如图 9.8 所示，参考电路所用元器件如表 9.1 所示。

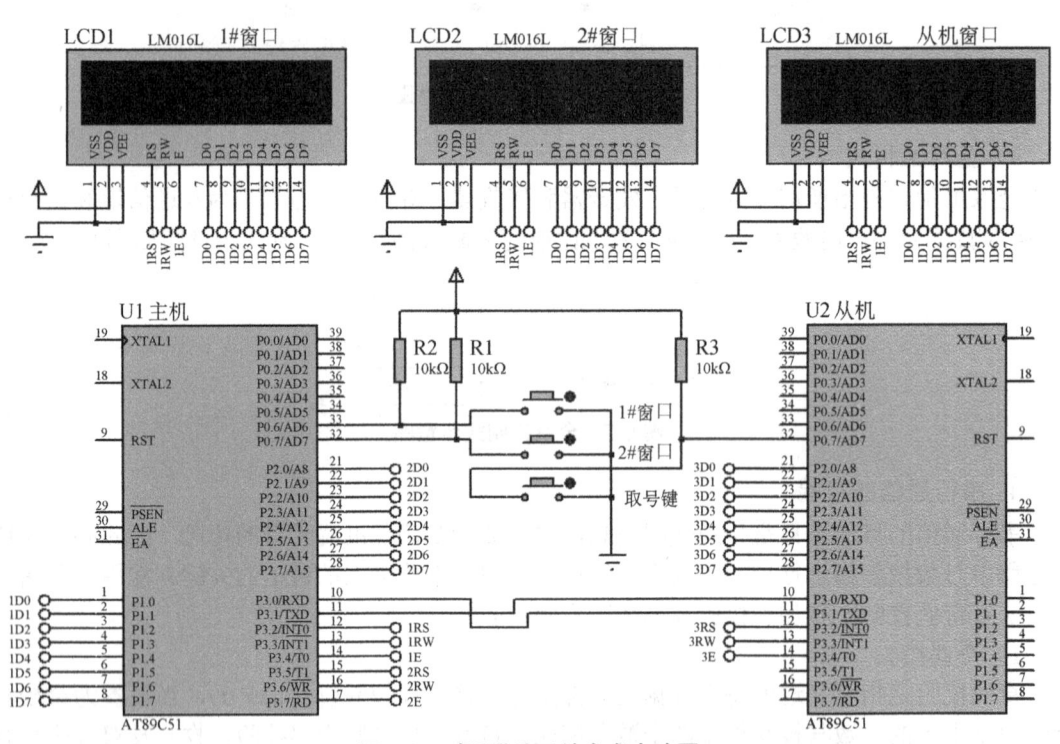

图 9.8 叫号排队系统参考电路图

表 9.1 叫号排队系统参考电路中元器件列表

元器件名称	关键字	参数	数量
单片机	AT89C51		2
电阻	RES	10kΩ	3
LCD1602	LM016L		3
按键	BUTTON		3

任务二 叫号排队系统的软件设计

任务要求

编写叫号排队系统主、从机的控制程序，实现如下功能：

（1）从机功能：上电后 LCD1602 显示"Welcome"欢迎界面，当客户按下取号键时，LCD1602 显示"Your No.is ×!"，每取一次号 No.加 1 一次。

（2）主机功能：上电后 1#LCD1602 与 2#LCD1602 均显示"Hello"欢迎界面，工作人员通过按本窗口按键提醒已取号客户到指定窗口办理业务，本窗口 LCD1602 显示"No.× goes to window 1/2 please"。1#窗口与 2#窗口工作人员分别处理不同号顾客业务。

能力目标：
能对单片机串行口进行编程调试。

知识目标
掌握单片机串行口的内部结构及功能；
掌握串行口工作方式的设置及应用；
掌握串行通信波特率的设置方法；
了解单片机多机通信原理。

知识储备——单片机串行口的控制

一、8051 单片机串行口的内部结构及功能

图 9.9 为 8051 单片机串行口结构框图，单片机串行口包括串行数据缓冲器 SBUF、串行控制寄存器 SCON 等部分。

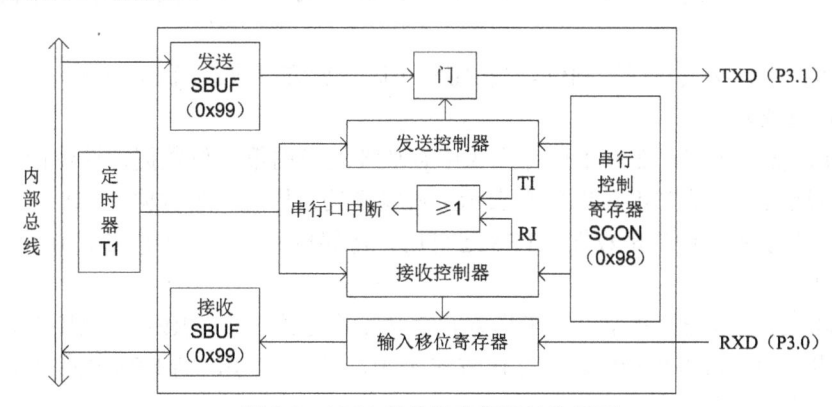

图 9.9　8051 单片机串行口结构框图

1. 串行数据缓冲器 SBUF

SBUF 是串行口缓冲寄存器，它包括发送寄存器和接收寄存器，以便能以全双工方式进行通信。此外，在接收寄存器之前还有移位寄存器，从而构成了串行接收的双缓冲结构，这样可以避免在数据接收过程中出现帧重叠错误。发送数据时，由于 CPU 是主动的，不会发生

帧重叠错误，因此发送电路不需要双重缓冲结构。

在逻辑上，SBUF 只有一个，它既表示发送寄存器，又表示接收寄存器，具有同一个单元地址 0x99。但在物理结构上，有两个完全独立的 SBUF，一个是发送寄存器 SBUF，另一个是接收寄存器 SBUF。如果 CPU 写 SBUF，数据就会被送入发送寄存器准备发送；如果 CPU 读 SBUF，则读入的数据一定来自接收寄存器。即 CPU 对 SBUF 的读写，实际上是分别访问上述两个不同的寄存器。

2. 串行控制寄存器 SCON

串行控制寄存器 SCON 用于设置串行口的工作方式、监视串行口的工作状态、控制发送与接收的状态等。它是一个既可以字节寻址又可以位寻址的 8 位特殊功能寄存器。其格式如下：

位地址	0x9F	0x9E	0x9D	0x9C	0x9B	0x9A	0x99	0x98
SCON	SM0	SM1	SM2	REN	TB8	RB8	TI	RI

（1）SM0、SM1：串行口工作方式选择位。其状态组合所对应的工作方式如表 9.2 所示。

表 9.2 串行口工作方式

SM0	SM1	工作方式	功能说明
0	0	0	同步移位寄存器输入/输出
0	1	1	10 位异步收发
1	0	2	11 位异步收发
1	1	3	11 位异步收发

（2）SM2：多机通信控制位。在工作方式 0 中，SM2 必须设成 0。在工作方式 1 中，当处于接收状态时，若 SM2=1，则只有接收到有效的停止位"1"时，RI 才能被激活成"1"（产生中断请求）。在工作方式 2 和工作方式 3 中，若 SM2=0，串行口以单机发送或接收方式工作，TI 和 RI 以正常方式被激活并产生中断请求；若 SM2=1，当 RB8=1 时，RI 被激活并产生中断请求。

（3）REN：串行接收允许控制位。当 REN=1 时，允许接收；当 REN=0 时，禁止接收。该位由软件置位或复位。

（4）TB8：在工作方式 2 和工作方式 3 中存放要发送的第 9 位数据，该位由软件置位或复位。在多机通信中，以 TB8 位的状态表示主机发送的是地址还是数据：TB8=1 表示发送的是地址，TB8=0 表示发送的是数据。TB8 还可用作奇偶校验位。在工作方式 0 和工作方式 1 中，该位未用。

（5）RB8：接收数据第 9 位。在工作方式 2 和工作方式 3 中，RB8 存放接收到的第 9 位数据。RB8 也可用作奇偶校验位。在工作方式 1 中，若 SM2=0，则 RB8 接收停止位。在工作方式 0 中，该位未用。

（6）TI：发送中断标志位。TI=1 表示已结束一帧数据发送。可由软件查询 TI 位标志，也可以向 CPU 申请中断。

注意：TI 在任何工作方式下都必须由软件清零。

（7）RI：接收中断标志位。RI=1 表示一帧数据接收结束。可由软件查询 RI 位标志，也可以向 CPU 申请中断。

注意：RI 在任何工作方式下都必须由软件清零。

在 8051 单片机中，串行发送中断和接收中断的中断入口地址同是 0x0023，因此在中断程序中必须由软件查询 TI 和 RI 的状态才能确定究竟是接收中断还是发送中断，进而进行相应的处理。单片机复位时，SCON 所有位均清零。

3. 电源控制寄存器 PCON

电源控制寄存器 PCON 的格式如下：

PCON	D7	D6	D5	D4	D3	D2	D1	D0
位名称	SMOD	—	—	—	GF1	GF0	PD	IDL

SMOD：串行口波特率倍增位。串行口为工作方式 1~3 时，若 SMOD=1，则串行口波特率加倍；若 SMOD=0，则波特率不加倍。系统复位时，SMOD=0。

其他各位用于电源管理，本书不再赘述。

二、串行口工作方式

8051 单片机串行通信共有 4 种工作方式，它们分别是工作方式 0、工作方式 1、工作方式 2 和工作方式 3，由串行控制寄存器 SCON 中的 SM0、SM1 决定，如表 9.2 所示。

1. 工作方式 0

在工作方式 0 下，串行口作为同步移位寄存器使用。此时 SM2、RB8、TB8 均应设置为 0。

（1）发送：TI=0 时，向 SBUF 写入 8 位数据，并以此来启动串行发送，8 位数据由低位到高位从 RXD 端送出，TXD 端发送同步脉冲。8 位数据发送完后，由硬件置位 TI。

（2）接收：RI=0，REN=1 时启动接收，数据从 RXD 端输入，TXD 端输出同步脉冲。8 位数据接收完后，由硬件置位 RI。可通过读取 SBUF 语句读取接收到的数据。

应当指出：工作方式 0 并非同步通信方式，它的主要用途是外接同步移位寄存器，以扩展并行 I/O 口。

2. 工作方式 1

工作方式 1 是数据帧为 10 位的异步串行通信方式，包括 1 个起始位（0）、8 个数据位和一个停止位（1），其帧格式如下：

0	D0	D1	D2	D3	D4	D5	D6	D7	1
起始位	数据位								停止位

1）数据发送

当 TI=0 时，向 SBUF 写入 8 位数据，并以此来启动串行发送，由硬件自动加入起始位和停止位，构成一帧数据，然后由 TXD 端串行输出。发送完后，TXD 端输出线维持在"1"状态，并将 SCON 中的 TI 置 1，表示一帧数据发送完毕。

2）数据接收

RI=0，REN=1 时，接收电路以波特率的 16 倍的速率采样 RXD 端电平，当采样电平由"1"到"0"跳变时，认为有数据正在发送。

在接收到第 9 位（停止位）数据时，必须同时满足以下两个条件：①RI=0，②SM2=0 或接收到的停止位为"1"，才把接收到的数据存入 SBUF 中，停止位存入 RB8 中，同时置位 RI。若上述条件不满足，接收到的数据不存入 SBUF，被舍弃。

3. 工作方式 2 和方式 3

工作方式 2 和工作方式 3 都是 11 位异步收发串行通信方式，两者的差异仅在波特率上有所不同。

工作方式 2 和工作方式 3 下，数据帧包括 1 个起始位（0）、8 个数据位、1 个可编程的奇偶校验位和一个停止位（1），其帧格式如下：

0	D0	D1	D2	D3	D4	D5	D6	D7	0/1	1
起始位				数据位					奇偶校验位	停止位

1）数据发送

TI=0，发送数据前，先由软件设置 TB8（TB8 存放要发送的第 9 位数据），可使用如下语句完成：

```
TB8=1;  //将 TB8 位置 1
TB8=0;  //将 TB8 位置 0
```

然后向 SBUF 写入 8 位数据，并以此来启动串行发送。一帧数据发送完毕后，CPU 自动将 TI 置 1，其过程与工作方式 1 相同。

2）数据接收

REN=1，RI=0 时，启动接收。

（1）若 SM2=0，将接收到的 8 位数据送至 SBUF，将第 9 位数据送至 RB8。

（2）若 SM2=1，接收到的第 9 位数据为 0，不将数据送至 SBUF；接收到的第 9 位数据为 1，将数据送至 SBUF，将第 9 位数据送至 RB8。

三、波特率设置

串行口四种工作方式中，工作方式 0 与工作方式 2 下波特率固定不变。工作方式 1 与工作方式 3 下波特率相同，是可变的，由定时器 T1 的溢出率决定。

1. 工作方式 0 和工作方式 2 下波特率设置

工作方式 0 下，波特率为 $f_{osc}/12$（f_{osc} 为晶振频率）固定不变。

工作方式 2 下，波特率计算公式为

$$波特率 = 2^{SMOD} \times f_{osc} / 64$$

2. 工作方式 1 和工作方式 3 下波特率设置

在工作方式 1 和工作方式 3 下，波特率由定时器 T1 的溢出率和 SMOD 共同决定，即

$$波特率 = 2^{SMOD} \times (T1 的溢出率) / 32$$

其中 T1 的溢出率取决于单片机定时器 T1 的计数速率和定时器的预置值。当定时器 T1 设置在定时方式时，定时器 T1 的溢出率=（T1 的计数速率）/（产生溢出所需的机器周期数），

T1 的计数速率=f_{osc}/12,产生溢出所需的机器周期数=定时器最大计数值 M-计数初值 X,所以串行口工作在工作方式 1 和工作方式 3 下波特率的计算公式如下:

$$波特率 = \frac{2^{SMOD} \times f_{osc}}{32 \times 12 \times (M-X)}$$

当定时器 T1 作为波特率发生器使用时,通常设置为工作方式 2,即被设置成一个自动重装初值的 8 位定时器,TL1 计数,初值在 TH1 中,此时定时器最大计数值 M 为 256。

对波特率需要说明的是,当串行口工作在工作方式 1 或工作方式 3,且要求波特率按规范取 1200、2400、4800、9600 等时,若采用频率为 12MHz 和 6MHz 的晶振,按上述公式算出的 T1 定时初值将不是一个整数,因此会产生波特率误差而影响串行通信的同步性能。串行通信使用晶振的频率为 11.0592MHz,这样可使计算出的 T1 定时初值为整数。表 9.3 列出了串行工作方式 1 或工作方式 3 下不同频率晶振的常用波特率和误差。

表 9.3 常用波特率和误差

晶振频率 (MHz)	波特率 (bit/s)	SMOD	T1 工作方式 2 定时初值	实际波特率	误差（%）
12	9600	1	0xF9	8923	7
12	4800	0	0xF9	4460	7
12	2400	0	0xF3	2404	0.16
12	1200	0	0xE6	1202	0.16
11.0592	19200	1	0xFD	19200	0
11.0592	9600	0	0xFD	9600	0
11.0592	4800	0	0xEA	4800	0
11.0592	2400	0	0xF4	2400	0
11.0592	1200	0	0xE8	1200	0

四、多机通信

双机通信时,两个单片机的地位是平等的,此时,两个单片机的串行口均可工作于工作方式 1。多机通信是指一个主机和多个从机之间的通信。而在多机通信中,有主机和从机之分。多机通信时,主机发送的信息可以传送到各个从机,而各个从机发送的信息只能被主机接收,其中的主要问题是怎样识别地址和怎样维持主机与指定从机之间的通信。

1. 多机通信连接电路

在串行工作方式 2 或工作方式 3 下,可实现一个主机和多个从机之间的通信,其连接电路如图 9.10 所示。

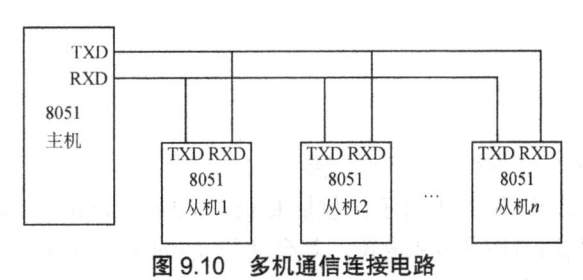

图 9.10 多机通信连接电路

2. 多机通信原理

多机通信时，主机向从机发送的信息分为地址帧和数据帧两类，以第 9 位 TB8 作区分标志，TB8=0 表示数据；TB8=1 表示地址。多机通信充分利用了 AT89C51 串行控制寄存器 SCON 中的多机通信控制位 SM2 的特性。当 SM2=1 时，CPU 接收的前 8 位数据是否送入 SBUF 取决于接收的第 9 位 RB8 的状态：若 RB8=1，将接收到的前 8 位数据送入 SBUF，并置位 RI，产生中断请求；若 RB8=0，则将接收到的前 8 位数据丢弃。即当从机 SM2=1 时，从机只能接收主机发送的地址帧（RB8=1），对数据帧（RB8=0）不予理睬。当从机 SM2=0 时，从机可接收主机发送的所有信息。

通信开始时，主机首先发送地址帧。由于各从机的 SM2=1 和 RB8=1，所以各从机分别发出串行接收中断请求，通过串行中断服务程序来判断主机发送的地址与本从机地址是否相符。如果相符，则把自身的 SM2 清零，以准备接收随后传送来的数据帧。其余从机由于地址不符，则仍保持 SM2=1 状态，因而不能接收主机传送来的数据帧。这就是多机通信中主、从机一对一的通信情况。这种通信只能在主、从机之间进行，如果想在两个从机之间通信，则要通过主机作中介才能实现。

3. 多机通信过程

（1）主、从机工作于工作方式 2 或工作方式 3，主机设置为 SM2=0，REN=1；从机设置为 SM2=1，REN=1。

（2）主机的 TB8=1，向从机发送寻址地址帧，各从机因满足接收条件（SM2=1，RB8=1），接收到主机发来的地址，并与本机地址进行比较。

（3）地址一致的从机（被寻址机）将 SM2 清零，并向主机返回地址，供主机核对。地址不一致的从机（未被寻址机）保持 SM2=1。

（4）主机核对返回的地址，若与此前发出的地址一致，则准备发送数据；若不一致，则返回（2）重新发送地址帧。

（5）主机向从机发送数据，此时主机的 TB8=0，只有被选中的那个从机能接收到该数据。其他从机则舍弃该数据。

（6）本次通信结束后，从机重新置 SM2=1，等待下次通信。

在实际应用中，多机通信因受单片机功能和通信距离等的限制，很少被采用。在一些较大的测控系统中，常将单片机作为从机（下位机）直接用于被控对象的数据采集与控制，而把 PC 作为主机（上位机）用于数据处理和对从机的管理，它们之间的信息交换主要采用串行通信总线结构。

任务实施

一、源程序设计

1. 从机源程序

编写从机控制程序，使其实现从机功能要求。

从机参考源程序结构如图 9.11 所示，包括 lcd.c、lcd.h、delay.c、delay.h 和 main.c 文件。lcd.c 文件中数据及控制端口按图 9.8 设置，其余部分及 delay.c、lcd.h、delay.h 同项目五任务一参考源程序。本任务仅给出 main.c 文件参考内容。

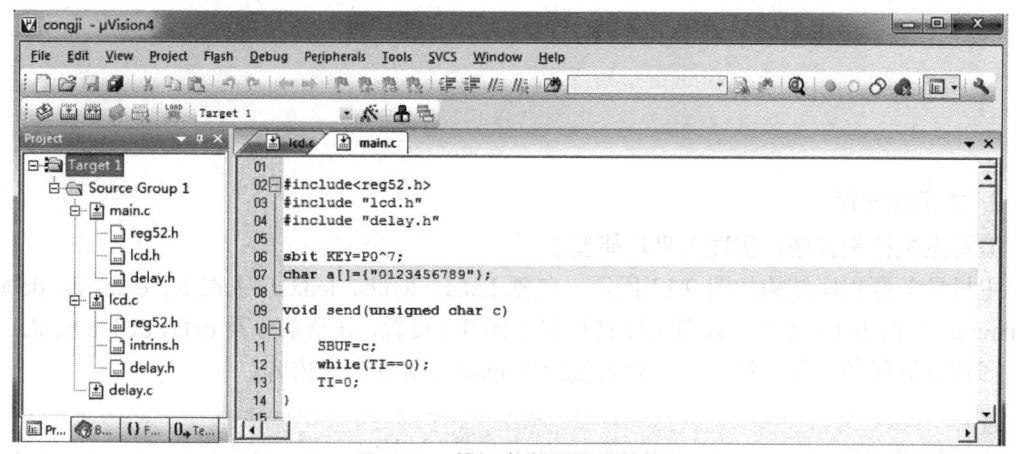

图 9.11 从机参考源程序结构

```c
#include<reg52.h>
#include "lcd.h"
#include "delay.h"
sbit Key=P0^7;
char a[]={"0123456789"};
void send(unsigned char c)
{
    SBUF=c;
    while(TI==0);
    TI=0;
}
main( )
{
    unsigned char Key_Flag;              //键按下标志
    unsigned char Dis_H,Dis_L;           //显示的客户号码的十位数和个位数
    unsigned char Num;                   //叫号号码
    SCON=0x50;
    TMOD=0x20;
    PCON=0x00;
    TH1=0xfd;
    TL1=0xfd;
    TI=0;
    TR1=1;
    LCD_Init();
    delay_ms(10);
    LCD_Clear();
    LCD_Write_String(0,0,"Welcome");
    while(1)
    {
        Key=1;
        if(Key==0)
            Key_Flag=1;
        if((Key==1)&&(Key_Flag==1))
        {
            Key_Flag=0;
            ++Num;
            Dis_H=Num/10;
            Dis_L=Num%10;
            LCD_Write_String(0,0," Your NO.is ");
            LCD_Write_Char(13,0,a[Dis_H]);
```

```
            LCD_Write_Char(14,0,a[Dis_L]);
        }
        send(Num);
    }
}
```

2. 主机源程序

编写主机控制程序,实现主机功能要求。

主机参考源程序结构如图9.12所示,包括lcd.c、lcd.h、lcd2.c、lcd2.h、delay.c、delay.h和main.c文件。lcd.c文件中数据及控制端口按图9.8设置,其余部分及delay.c、lcd.h、delay.h文件同项目五任务一参考源程序。此处仅给出main.c文件参考内容。

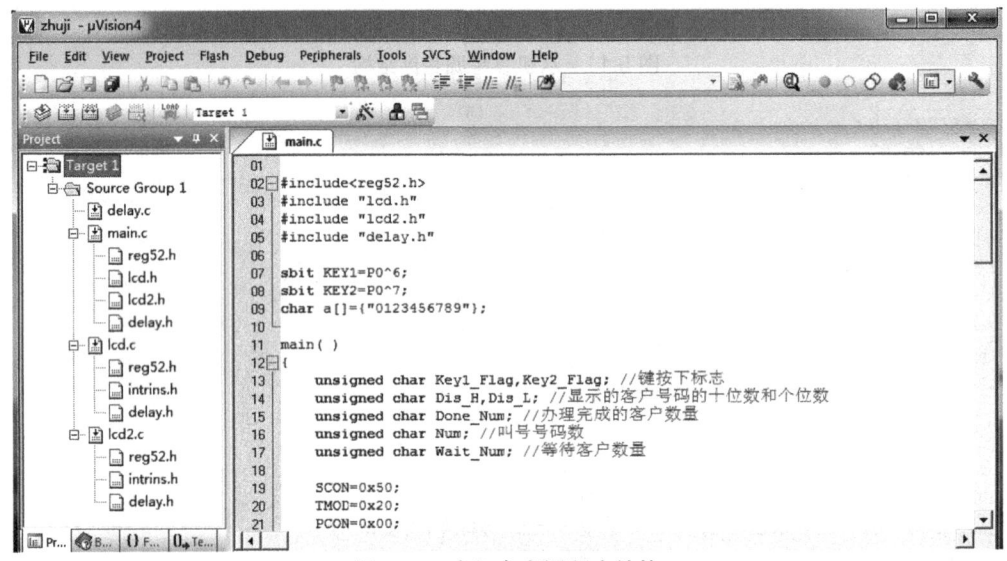

图9.12 主机参考源程序结构

```c
#include<reg52.h>
#include "lcd.h"
#include "lcd2.h"
#include "delay.h"
sbit Key1=P0^6;
sbit Key2=P0^7;
char a[]={"0123456789"};
main( )
{
    unsigned char Key1_Flag,Key2_Flag;       //键按下标志
    unsigned char Dis_H,Dis_L;               //显示的客户号码的十位数和个位数
    unsigned char Dis_Num=0;                 //显示的客户号码
    unsigned char Num=0;                     //叫号号码
    SCON=0x50;
    TMOD=0x20;
    PCON=0x00;
    TH1=0xfd;
    TL1=0xfd;
    RI=0;
    TR1=1;
    LCD_Init();
    delay_ms(10);
```

```
LCD_Clear();
LCD_Write_String(0,0,"   Hello");
LCD2_Init();
delay_ms(10);
LCD2_Clear();
LCD2_Write_String(0,0,"   Hello");
while(1)
{
    if(RI)
    {
        RI=0;
        Num=SBUF;
    }
    Wait_Num=Num-Dis_Num;
    if(Wait_Num>0)       //有等待客户
    {
        Key1=1;
        if(Key1==0)
            Key1_Flag=1;
        if((Key1==1)&&(Key1_Flag==1))
        {
            Key1_Flag=0;
            --Num;
            ++Dis_Num;
            Dis_H=Dis_Num/10;
            Dis_L=Dis_Num%10;
            LCD_Write_String(0,0," NO   goes to");
            LCD_Write_String(0,1,"Window 1 please");
            LCD_Write_Char(4,0,a[Dis_H]);
            LCD_Write_Char(5,0,a[Dis_L]);
        }
        Key2=1;
        if(Key2==0)
            Key2_Flag=1;
        if((Key2==1)&&(Key2_Flag==1))
        {
            Key2_Flag=0;
            --Num;
            ++Dis_Num;
            Dis_H=Dis_Num/10;
            Dis_L=Dis_Num%10;
            LCD2_Write_String(0,0," NO   goes to");
            LCD2_Write_String(0,1,"Window 2 please");
            LCD2_Write_Char(4,0,a[Dis_H]);
            LCD2_Write_Char(5,0,a[Dis_L]);
        }
    }
}
```

二、仿真分析

为叫号排队系统电路中的主机和从机分别加载主机目标程序和从机目标程序,仿真运行。

(1) 叫号排队系统初始仿真界面如图 9.13 所示,主机控制的 LCD1 与 LCD2 显示"Hello",从机控制的 LCD3 显示"Welcome"。

（2）顾客取号仿真界面如图 9.14 所示，此时已有 6 位顾客取号等待。

（3）窗口工作人员处理业务仿真界面如图 9.15 和图 9.16 所示，图 9.15 为 1#窗口工作人员处理 2 号顾客业务仿真界面，图中 9.16 为 2#窗口工作人员处理 3 号顾客业务仿真界面。

图 9.13　叫号排队系统初始仿真界面

图 9.14　顾客取号仿真界面

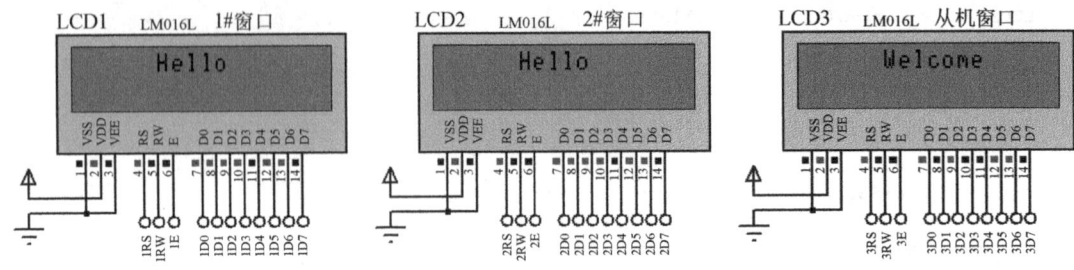

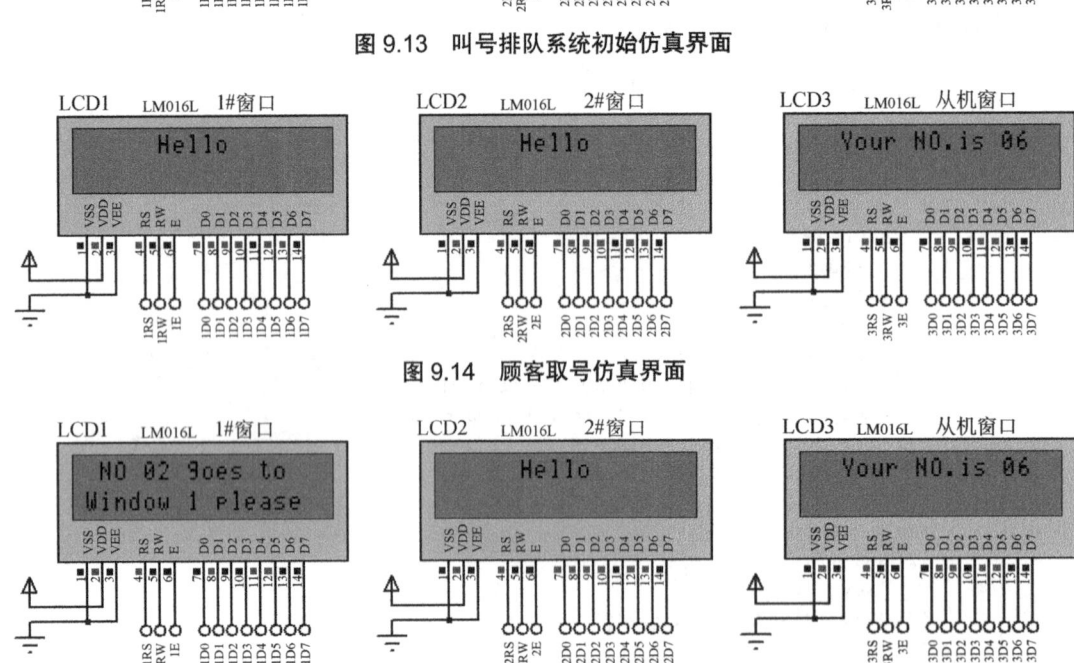

图 9.15　1#窗口工作人员处理 2 号顾客业务仿真界面

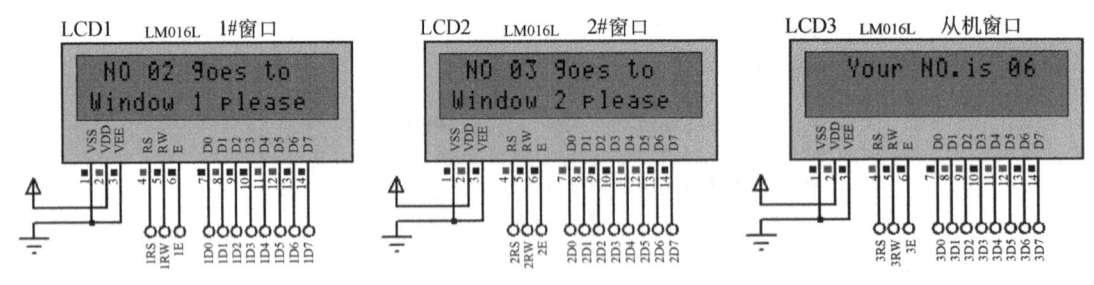

图 9.16　2#窗口工作人员处理 3 号顾客业务仿真界面

思考与练习题 9

一、填空题

1. 串行通信按同步方式可分为_____通信和_____通信两种基本通信方式。

2. 8051 单片机的串行接口有_____种工作方式。其中方式_____为多机通信方式。
3. 单片机异步通信中数据帧由_____、_____、_____、_____组成，其中_____可以没有。
4. 串行通信采用工作方式 2 以 9600bit/s 速度进行数据传送，假设数据帧连续传送（无空闲位），则数据帧的实际传输速率为_____。
5. 串行通信按照数据传送方向可分为三种制式：_____、_____和_____。
6. 串行通信过程中常用的对数据差错进行校验的方法有_____、_____和_____等。
7. 用串行口扩并行口时，串行口工作方式应选为工作方式_____。
8. 串行口工作在工作方式 0 时，串行数据从_____输入，从_____输出。
9. 串行通信工作方式设置为工作方式 1 时，数据帧为_____位，包括_____个数据位、_____个起始位、_____个停止位。
10. 单片机串行通信使用的晶振的频率为_____Hz。

二、单项选择题
1. 数据帧数据位的位数没有严格的限制，但不可以是_____。
A. 4 位　　　　B. 6 位　　　　C. 7 位　　　　D. 8 位
2. 数据帧的停止位表示传送一帧信息的结束，停止位不可以是_____。
A. 1/2 位　　　B. 1 位　　　　C. 2 位　　　　D. 3 位
3. 控制串行口工作方式的特殊功能寄存器是_____。
A. TCON　　　B. PCON　　　C. SCON　　　D. TMOD
4. 以下不属于串行控制寄存器中 TB8 位的作用的是_____。
A. 在工作方式 1 中存放要发送的第 9 位数据
B. 在工作方式 2 中存放要发送的第 9 位数据
C. 在工作方式 3 中存放要发送的第 9 位数据
D. 多机通信中，以 TB8 位的状态表示主机发送的是地址还是数据
5. 可通过设置特殊功能寄存器_____的某一位使串行通信波特率加倍。
A. TCON　　　B. PCON　　　C. SCON　　　D. TMOD
6. 在串行口的工作方式_____中，串行控制寄存器中 RB8 位未用到。
A. 0　　　　　B. 1　　　　　C. 2　　　　　D. 3
7. 串行口工作在工作方式 1 下，在接收到第 9 位数据时，下列_____情况下，接收到的数据不存入 SBUF，被舍弃。
A. RI=0 和 SM2=0
B. RI=0 和 SM2=1
C. RI=0，接收到的停止位为"1"，SM2=1
D. RI=0，接收到的停止位为"1"，SM2=0
8. 串行口工作在工作方式 2 和工作方式 3 下，数据接收过程不正确的是_____。
A. 若 SM2=0，接收到的前 8 位数据送 SBUF，第 9 位数据送至 RB8
B. 若 SM2=1，接收到的第 9 位数据为 0，数据不送至 SBUF
C. 若 SM2=1，接收到的第 9 位数据为 0，数据送至 SBUF，第 9 位送至 RB8
D. 若 SM2=1，接收到的第 9 位数据为 1，数据送至 SBUF，第 9 位送至 RB8

9. 当采用定时器T1作为串行口波特率发生器使用时,通常定时器工作在工作方式_____。
A. 0 B. 1 C. 2 D. 3

10. 多机通信时,串行通信方式为_____。
A. 工作方式1 B. 工作方式2 C. 工作方式3 D. 工作方式2或3

三、简答题

1. 串行通信和并行通信有什么区别？各有什么优点？
2. 8051单片机四种工作方式的波特率应如何确定？
3. 串行口工作在工作方式1和工作方式3时,设f_{osc}=6MHz,现利用定时器T1在工作方式2下产生的波特率为110bit/s。试计算定时器的初值。
4. 串行口接收与发送数据都用SBUF,如果同时接收和发送数据,是否会冲突？为什么？
5. 简述多机通信过程。

四、设计题

编程实现甲乙两个单片机进行点对点通信,甲机每隔1s发送一次"A"字符,乙机接收该字符以后,在LCD1602上能够显示出来。

项目十
简易终端数据上传系统的设计

项目说明

设计以 PC 为上位机、单片机为终端下位机的简易终端数据上传系统，图 10.1 为其结构框图，单片机、按键与 LCD1602 组成下位机系统。按下"上传"键，下位机数据开始上传，LCD1602 与 PC 端显示上传数据。数据上传完成，PC 发送应答信号至下位机，下位机接收到该信号后，通过 LCD1602 显示"Finish"指示上传完成。

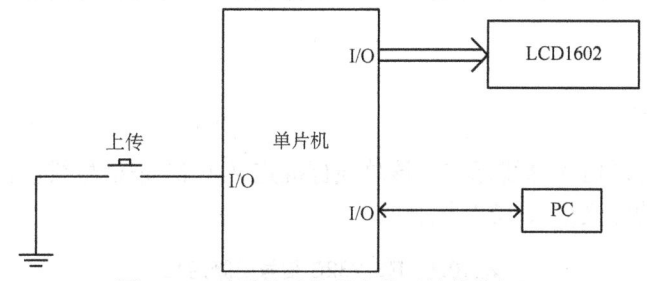

图 10.1 简易终端数据上传系统结构框图

通过对简易终端数据上传系统的设计与仿真调试，让读者学习单片机和 PC 的串行通信方法、电平转换技术，以及单片机和 PC 通信程序的设计方法；学习虚拟串口软件和串口调试助手的使用等内容。

简易终端数据上传系统项目由单片机与 PC 的通信电路设计和简易终端数据上传系统的软件设计两个任务组成。

任务一 单片机与 PC 的通信电路设计

任务要求

设计单片机与按键及 LCD1602 的接口电路，设计单片机与 PC 的通信电路。
能力目标：
能设计单片机与 PC 的通信电路。
知识目标：
了解 TTL 信号、RS-232 信号和 RS-485 信号的定义；

熟悉 RS-232C 总线标准；

熟悉 RS-232C 及 RS-485 总线接口电路的设计方法。

知识储备——单片机与 PC 通信

在智能仪器仪表、数据采集、嵌入式自动控制等领域，普遍应用单片机作为核心控制部件。但当需要处理较复杂数据或要对采集的多个数据进行综合处理以及需要进行集散控制时，单片机的算术运算和逻辑运算能力都显得不足，这时往往需要借助 PC 系统，将单片机采集的数据通过串行口（简称串口）传送给 PC，由 PC 高级语言或数据库语言对数据进行处理，或者实现 PC 对远端单片机的控制。因此，实现单片机与 PC 之间的远程通信具有实际意义。

单片机中的数据信号电平都是 TTL 电平，这种电平采用正逻辑标准，即约定电平大于或等于 2.4V 表示逻辑 1，而电平小于或等于 0.5V 表示逻辑 0，这种信号只适用于通信距离很短的场合，若用于远距离传输，必然会导致信号衰减和畸变。因此，在实现 PC 与单片机之间通信或单片机与单片机之间远距离通信时，通常采用标准串行总线通信接口，如 RS-232C 接口、RS-422 接口、RS-423 接口、RS-485 接口等。RS-232C 是在异步串行通信中应用最广的总线标准，它适用于近距离或带调制解调器的通信场合。

PC 与单片机通信时，单片机可选择串行通信方式 1、串行通信方式 2、串行通信方式 3 中的一种。

一、RS-232C

RS-232C 是串行通信的总线标准，该总线标准定义了 25 条信号线，使用 25 个引脚的连接器。各信号引脚的定义如表 10.1 所示。

表 10.1 RS-232C 信号引脚定义

引脚	定义（助记符）	引脚	定义（助记符）
1	保护地（PG）	14	辅助通道发送数据（STXD）
2	发送数据（TXD）	15	发送时钟（TXC）
3	接收数据（RXD）	16	辅助通道接收数据（SRXD）
4	请求发送（RTS）	17	接收时钟（RXC）
5	清除发送（CTS）	18	未定义
6	数据准备好（DSR）	19	辅助通道请求发送（SRTS）
7	信号地（GND）	20	数据终端准备就绪（DTR）
8	接收线路信号检测（DCD）	21	信号质量检测
9	未定义	22	振铃指示（RI）
10	未定义	23	数据信号速率选择
11	未定义	24	未定义
12	辅助通道接收线路信号检测（SDCD）	25	未定义
13	辅助通道允许发送（SCTS）		

除信号引脚定义外，RS-232C 的其他规定还有：

（1）RS-232C 是一种电压型总线标准，在 TXD 和 RXD 控制线上采用负逻辑定义：3~25V 表示逻辑 0；-15~-3V 表示逻辑 1。在 RTS、CTS、DSR、DTR、DCD 等控制线上，采用正逻辑定义：3~15V 表示信号有效，-15~-3V 表示信号无效。

（2）标准数据传输速率有 50bit/s、75 bit/s、110bit/s、150bit/s、300bit/s、600bit/s、1200bit/s、2400bit/s、4800bit/s、9600bit/s、19200bit/s。

（3）采用标准的 25 针插头座（DB-25）进行连接，因此该插头座也称为 RS-232C 连接器。

RS-232C 标准中许多信号是为通信业务或信息控制而定义的，在计算机串行通信中主要使用了如下 4 类共 9 种信号：

（1）数据传送信号：发送数据（TXD）、接收数据（RXD）。

（2）调制解调器控制信号：请求发送（RTS）、清除发送（CTS）、数据准备好（DSR）、数据终端准备就绪（DTR）。

（3）定位信号：接收时钟（RXC）、发送时钟（TXC）。

（4）信号地 GND。

计算机串行通信中采用如图 10.2 所示的 9 针 D 形串口连接器(CONN-9)进行连接，图中给出了各插头的定义。

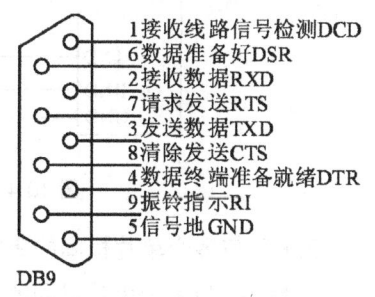

图 10.2 9 针 D 形串口连接器

二、RS-232C 接口电路

由于 RS-232C 信号电平与 8051 单片机信号电平不一致，因此必须进行信号电平转换。实现这种电平转换的电路称为 RS-232C 接口电路。RS-232C 接口电路一般有两种形式：一种是采用运算放大器、晶体管、光电隔离器等器件组成的电路来实现；另一种是采用专用集成芯片（如 MC1488、MC1489、MAX232 等）来实现。下面介绍由专用集成芯片 MAX232 构成的接口电路。

1. MAX232 接口电路

MAX232 芯片是具有两路接收器和驱动器的 IC 芯片，其内部有一个电源电压变换器，可以将输入的+5V 电压变换成±12V 电压。所以采用这种芯片来实现接口电路特别方便，只需单一的+5V 电源即可。

MAX232 芯片的引脚结构如图 10.3 所示。其中引脚 1~6（C1+、VS+、C1-、C2+、C2-、VS-）用于电源电压转换，只要在外部接入相应的电解电容即可；引脚 7~10 和引脚 11~14 构成两组 TTL 信号电平与 RS-232 信号电平的转换电路，对应引脚可直接与单片机串口的 TTL 电平引脚和 PC 的 RS-232 电平引脚相连。具体连线如图 10.4 所示。

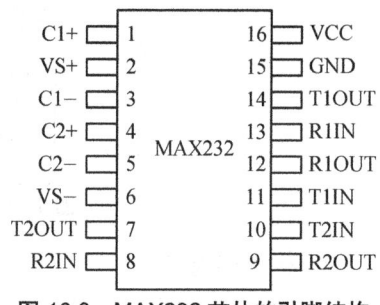

图 10.3 MAX232 芯片的引脚结构

2. PC 与 8051 单片机的串行通信电路

用 MAX232 芯片实现 PC 与 8051 单片机串行通信的典型电路如图 10.4 所示。图 10.4 中外接电解电容 C1、C2、C3、C4 用于电源电压转换，它们可取相同容量的电容，一般取 1.0μF/16V。电容 C5 的作用是对+5V 电源的噪声干扰进行滤波，一般取 0.1μF。选用两组电平转换电路中的任意一组实现串行通信，如图 10.3 中 T1IN 引脚、R1OUT 引脚分别与 8051 单片机的 TXD 引脚、RXD 引脚相连，T1OUT 引脚、R1IN 引脚分别与 PC 中的 RXD 引脚、TXD 引脚相连。这种发送与接收的对应关系不能接错，否则将不能正常工作。

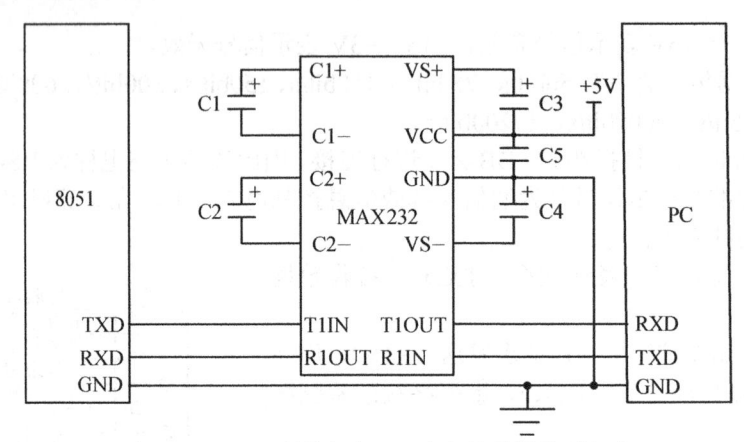

图 10.4　8051 单片机与 PC 串行通信的典型电路

3. PC 与多个单片机间的串行通信

一台 PC 与多个单片机间的串行通信电路如图 10.5 所示。这种通信系统一般为主从结构，PC 为主机，单片机为从机。主从机间的信号电平转换由 MAX232 芯片实现。

这种小型分布式控制系统，充分发挥了单片机体积小、功能强、抗干扰性好、面向被控对象等优点，将单片机采集到的数据传送给 PC。同时利用了 PC 数据处理能力强的特点，可将多个控制对象的信息加以综合分析、处理，然后向各单片机发出控制信息，以实现集中管理和最优控制，还能将各种数据信息显示和打印出来。

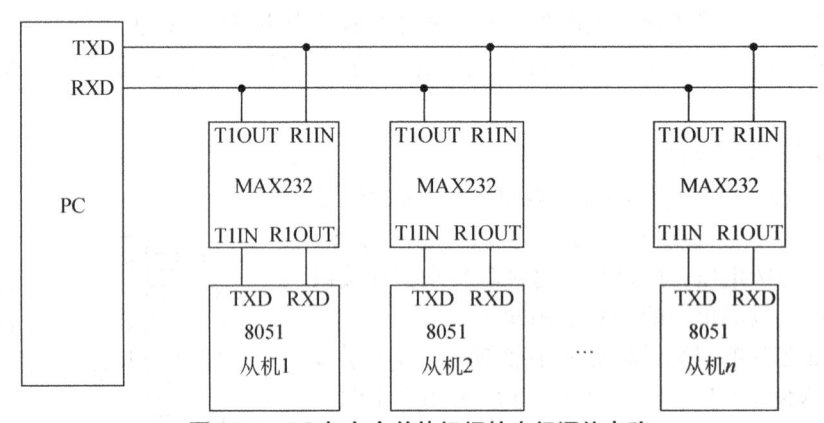

图 10.5　PC 与多个单片机间的串行通信电路

4. RS-485 接口

RS-232C 接口出现较早，难免会有不足之处：

（1）接口的信号电平值较高，易损坏接口电路的芯片；

（2）传输速率较低，在异步传输时，波特率最大为 20kbit/s；

（3）接口使用一根信号线和一根信号返回线来构成共地的传输形式，这种共地传输容易产生共模干扰；

（4）传输距离有限，实际最大传输距离为 15m 左右。

RS-485/422 接口采用不同的方式：每个信号都采用双绞线传送，两根线间的电压差用于表示数字信号。例如，将双绞线中的一根标为 A（正），另一根标为 B（负），A 为正电压（通常为+5V）、B 为负电压（通常为 0），表示信号 1；反之，A 为负电压、B 为正电压表示信号

0。RS-485/422 接口允许通信距离达到 1.2km，采用合适的电压可达到 10Mbit/s 的传输速率。

RS-422 与 RS-485 采用相同的通信协议，但有所不同。RS-422 通常作为 RS-232 通信的扩展，它采用两对双绞线，数据可以同时双向传送（全双工）。RS-485 则采用一对双绞线，输入和输出不能同时进行（半双工）。

RS-485 总线标准以差分平衡方式传输信号，具有很强的抗共模干扰能力；逻辑"1"以两根线间的电压差为 2～6V 表示，逻辑"0"以两根线间的电压差为-6～-2V 表示；接口信号电平比 RS-232C 降低了，不容易损坏接口电路芯片。

RS-485 总线标准可采用 MAX485 芯片实现电平转换。MAX485 芯片的引脚排列及与单片机的连接如图 10.6 所示。

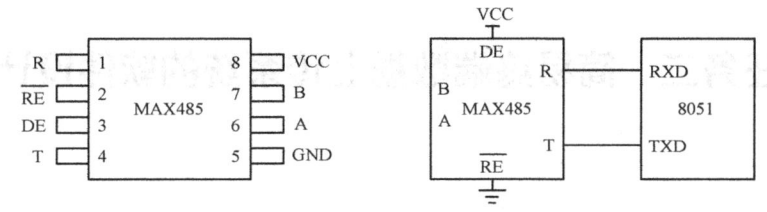

图 10.6　MAX485 芯片的引脚排列及与单片机的连接

MAX485 输入信号和输出信号不能同时进行（半双工），其发送和接收功能的转换是由芯片的 RE 端和 DE 端控制的。RE=0 时，允许接收；RE=1 时，接收端 R 呈高阻状态。DE=1 时，允许发送；DE=0 时，发送端 A 和 B 呈高阻状态。在单片机系统中常把 RE 端和 DE 端接在一起，用单片机的一个 I/O 线控制收发。

任务实施

硬件电路设计方案：单片机与 PC 的通信距离小于 30m，单片机与 PC 之间的通信采用 RS-232C 总线标准，使用 MAX232 芯片实现电平转换。

根据硬件电路设计方案与任务要求设计简易终端数据上传系统电路图，其参考电路如图 10.7 所示，参考电路中元器件列表如表 10.2 所示。

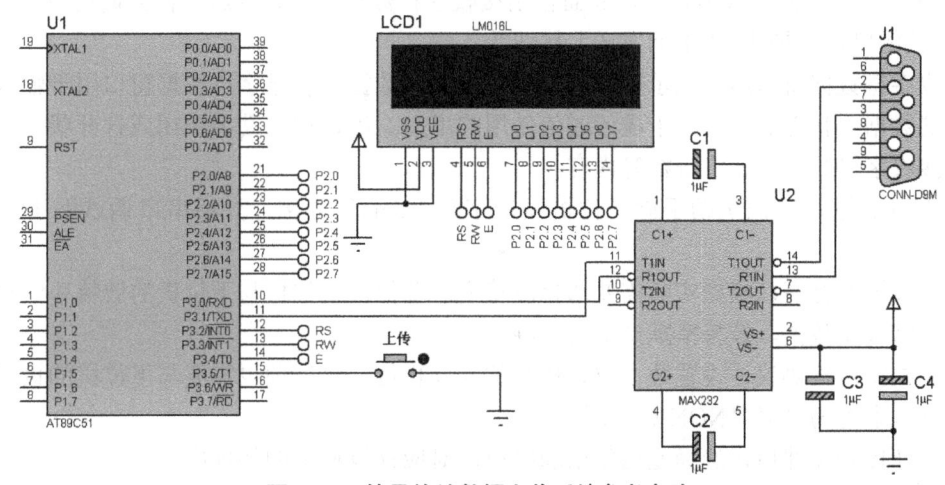

图 10.7　简易终端数据上传系统参考电路

表 10.2　简易终端数据上传系统参考电路中元器件列表

元器件名称	关键字	参数	数量
单片机	AT89C51		1
电解电容	CAP-ELEC	1μF/16V	4
LCD1602	LM016L		1
按键	BUTTON		1
电平转换芯片	MAX232		1
9 针 D 形连接器	CONN-D9M	阳座	1

任务二　简易终端数据上传系统的软件设计

任务要求

编写简易终端数据上传系统的控制程序，实现：按下"上传"按键，数据"Data upload"开始上传，LCD1602 首行居中显示"Data upload"，PC 端接收到该数据后显示该数据。数据上传完成，PC 发送应答信号"ack"至单片机，单片机接收到该信号后，通过 LCD1602 第二行居中显示"Finish"指示上传完成。

能力目标：
能设计单片机与 PC 通信的程序。
知识目标：
熟悉串口调试助手与虚拟串口软件的使用方法。

知识储备——串口调试助手

串口调试助手是一种串口调试软件，可向串口发送数据，也可接收来自串口的数据。串口调试助手界面如图 10.8 所示，该界面包括接收字符数据窗口、发送字符数据窗口、状态显示栏、"关闭串口"按钮、"手动发送"按钮等。

接收字符数据窗口用于显示接收到的来自串口的数据，发送字符数据窗口用于输入发送至串口的数据。状态显示栏用于显示通信使用的串口、串口调试助手关闭或打开状态、数据格式、接收字符数、发送字符数等内容。

下面以通过串口调试助手向下位机发送字符"data"为例，介绍串口调试助手的使用方法。

（1）设置波特率，根据实际需要选择波特率，要保证上位机与下位机的波特率一致，否则无法正常收发数据，波特率默认值为 9600。

（2）根据传输协议，设置数据位、校验位、停止位，这三项也需要与下位机的设置保持一致，默认设置为"8""NONE""1"。

（3）连接好硬件后，选择通信使用的串口，对应计算机上的物理串口。

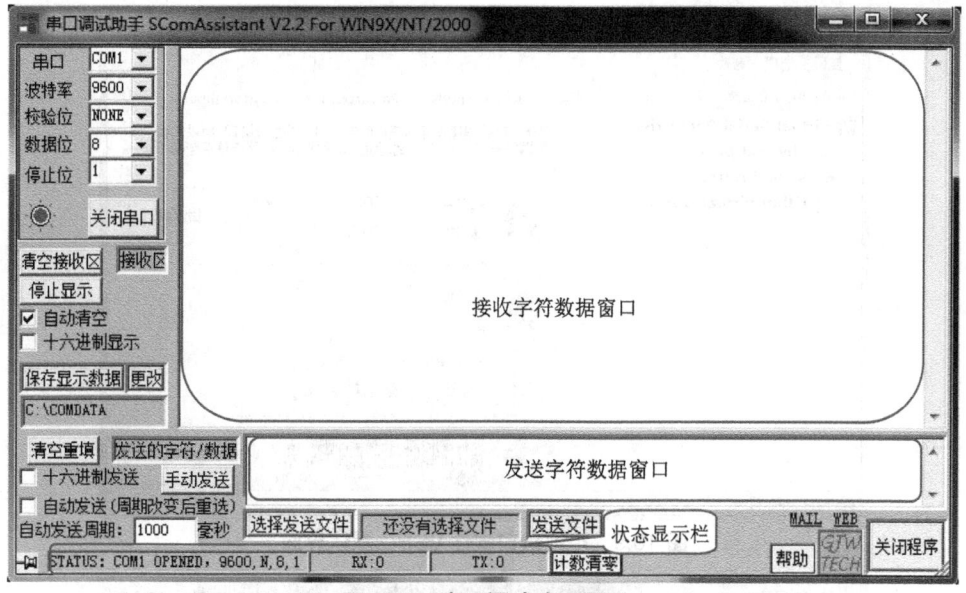

图 10.8　串口调试助手界面

（4）设置数据收发模式，接收区勾选"自动清空"复选框。
（5）在发送字符数据窗口输入待发送字符"data"，单击"手动发送"按钮，即可发送字符。
（6）状态显示栏中，TX 项显示发送字符位数。

知识储备——虚拟串口软件 VSPD

在进行串口仿真调试时，可采用虚拟串口软件来虚拟 PC 串口，虚拟串口支持所有的设置和信号线。VSPD（Virtual Serial Ports Driver）是一种可虚拟 PC 串口的软件。

打开虚拟串口软件 VSPD，其默认界面如图 10.9 所示。VSPD 会自动识别本台 PC 上有几个物理串口，并在"Physical ports"项下显示，本机没有物理串口，因此"Physical ports"项下没有显示串口。若本机有一个物理串口，则"Physical ports"项下显示 COM1。

在右侧端口管理的分页中，添加虚拟串口。虚拟串口是成对出现的，如 COM1 和 COM2，COM3 和 COM4 等，其编号是由 VSPD 检测本机物理串口资源后，自动为虚拟串口编制的，若本机有一个物理串口，则虚拟串口从 COM2 编号，COM2 与 COM3 为一对。单击"添加端口"按钮为 PC 添加虚拟串口，如图 10.10 所示，在虚拟串口"Virtual ports"项下显示添加的虚拟串口 COM1 与 COM2，图 10.10 中 COM1 与 COM2 左侧的蓝线表示二者已连接，可互相收发数据。

添加的虚拟串口 COM1 与 COM2 可在 PC 设备管理器中查看（见图 10.11）。继续单击"添加端口"按钮可继续添加串口 COM3 与 COM4。单击"删除端口"按钮可将添加的虚拟串口删除。

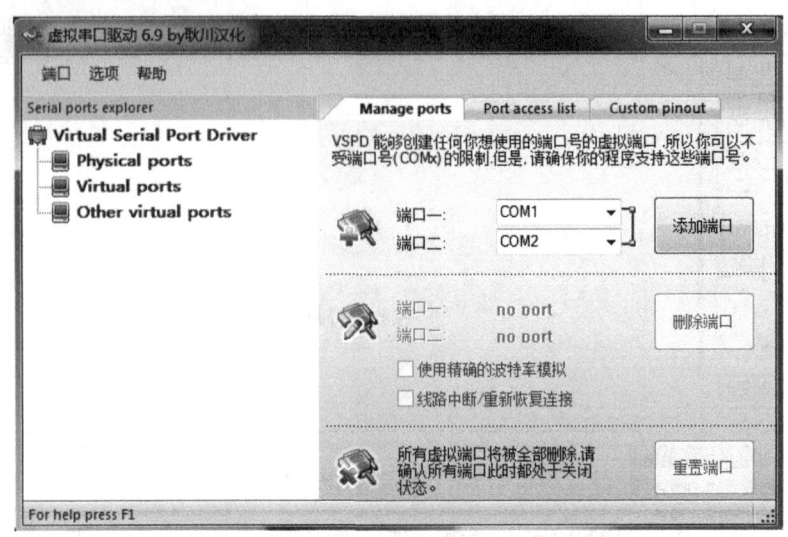

图 10.9　虚拟串口软件 VSPD 默认界面

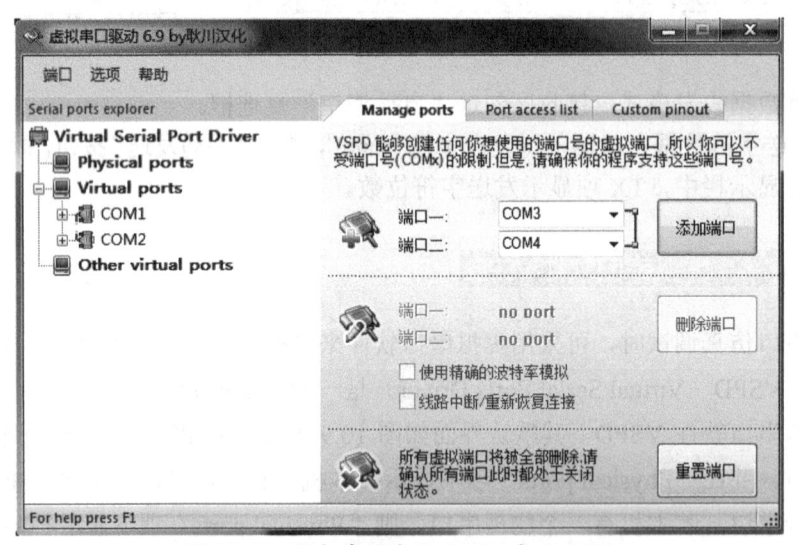

图 10.10　添加虚拟串口 COM1 与 COM2

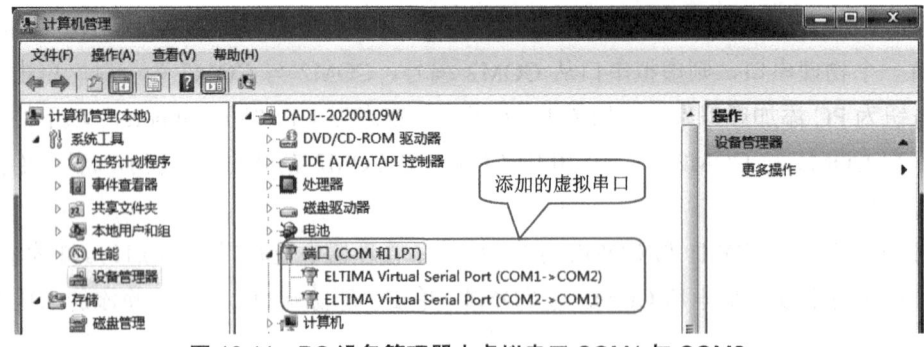

图 10.11　PC 设备管理器中虚拟串口 COM1 与 COM2

展开虚拟串口 COM1 与 COM2，可以看到虚拟串口的状态如图 10.12 所示，当前虚拟串口未使用，处于关闭状态"Port closed"，两个虚拟串口累计发送（Sent）和接收（Received）字符数据均为 0 位。

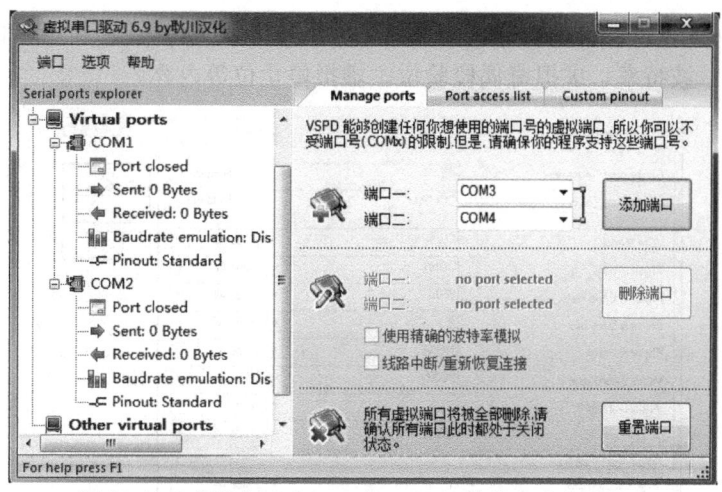

图 10.12　虚拟串口 COM1 与 COM2 的状态（未使用）

可通过两个串口调试助手测试虚拟串口 COM1 和 COM2 能否正常通信，具体方法如下：

（1）打开两个串口调试助手，分别记为 1#串口调试助手与 2#串口调试助手，将 1#串口调试助手与 2#串口调试助手的串口分别配置为虚拟串口 COM1 与 COM2。

（2）使两个串口调试助手的波特率与数据格式配置一致。

（3）使用 1#串口调试助手发送字符 "data"，在 2#串口调试助手接收区显示字符 "data"。

虚拟串口 COM1 与 COM2 通信测试状态如图 10.13 所示，COM1 被 1#串口调试助手使用，COM2 被 2#串口调试助手使用，COM1 发送了 4 位数据，COM2 接收了 4 位数据，这表明通信成功。

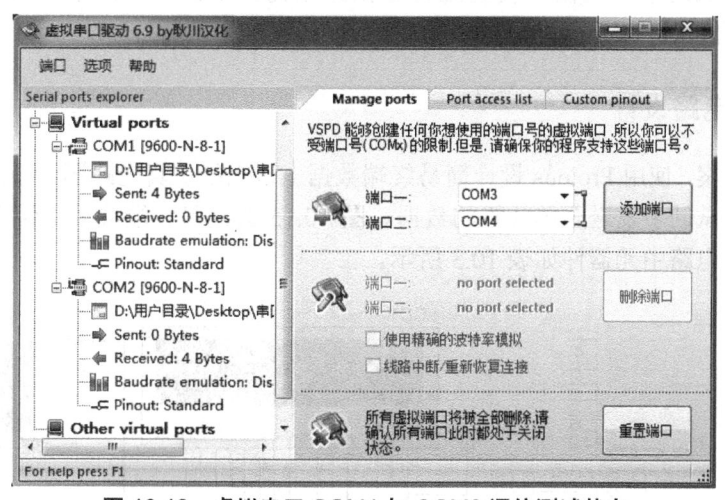

图 10.13　虚拟串口 COM1 与 COM2 通信测试状态

任务实施

一、确定设计方案

Proteus 的 RS-232 接口模型 COMPIM 组件内部自带 RS-232 接口与 TTL 之间的电平转换功能，不需要使用电平转换芯片，即可通过 COMPIM 组件实现单片机与计算机的通信。通信时，需对 COMPIM 组件进行设置，其设置对话框如图 10.14 所示，包括串口选择、虚拟串行通信数据位数、波特率、虚拟奇偶校验位、虚拟停止位等内容。

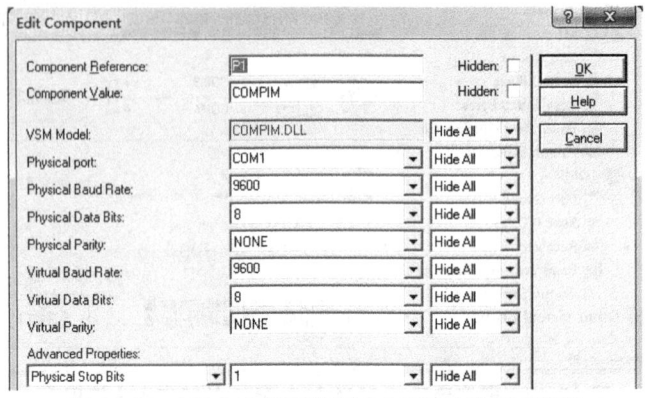

图 10.14 RS-232 接口模型 COMPIM 设置对话框

把 COMPIM 组件放在仿真电路中，实现单片机与计算机（串口调试助手）的通信，仿真简易终端数据上传系统。实现方法如下：使用虚拟串口软件 VSPD 虚拟串口 COM1 与 COM2（本计算机无串口），COMPIM 组件的通信串口设置为 COM1，串口调试助手的通信串口设置为 COM2。仿真运行时，单片机发送到 COMPIM 组件的 TX 引脚的串行数据，通过 COM1 输出，再经 COM2 由串口调试助手接收显示。串口调试助手发送串行数据至 COMPIM 组件，然后经 RX 引脚发送至单片机。

终端数据上传路径为：单片机的 TXD 引脚→COMPIM 组件的 TX 引脚→COM1→COM2→串口调试助手。上位机发送应答数据路径为：串口调试助手→COM2→COM1→COMPIM 组件的 RX 引脚→单片机的 RXD 引脚。

二、硬件电路设计

根据设计方案，使用 Proteus 设计简易终端数据上传系统仿真电路图，仿真时可使用虚拟终端显示串口调试助手发送至单片机的数据。图 10.15 为简易终端数据上传系统参考仿真电路图，参考仿真电路中元器件如表 10.3 所示。

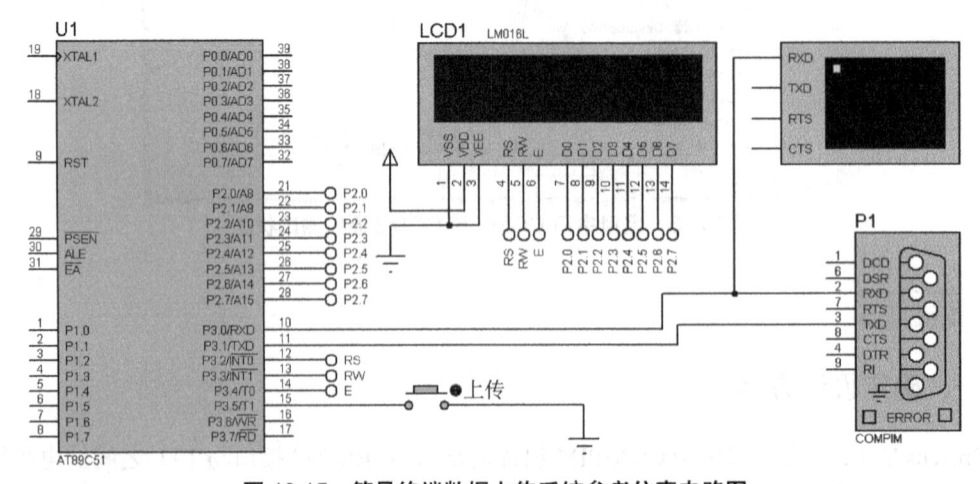

图 10.15 简易终端数据上传系统参考仿真电路图

表 10.3　简易终端数据上传系统参考仿真电路中元器件列表

元器件名称	关键字	参数	数量
单片机	AT89C51		1
按键	BUTTON		1
LCD1602	LM016L		1
RS-232 接口模型	COMPIM	RS-232 接口转 TTL	1
虚拟终端	—		1

三、串口配置

使用虚拟串口软件 VSPD 虚拟一对串口 COM1 与 COM2（本计算机无串口），为 RS-232 接口模型 COMPIM 组件配置串口 COM1，为串口调试助手配置串口 COM2。COMPIM 组件的其他配置如图 10.14 所示，串口调试助手的其他配置如图 10.8 所示。

四、源程序设计

编写单片机控制程序，实现任务功能要求。

参考源程序结构如图 10.16 所示，包括 lcd.c、lcd.h、delay.c、delay.h 和 main.c 文件。lcd.c 文件中数据及控制端口按图 10.7 设置，其余部分及 delay.c、lcd.h、delay.h 同项目五任务一参考源程序。本任务仅给出 main.c 文件参考内容。

图 10.16　简易终端数据上传系统参考源程序结构

main.c 文件参考内容如下：

```
#include<reg52.h>
#include"lcd.h"
#include"delay.h"
sbit KEY=P3^5;
void main ( )
{
    unsigned char s[]="Data upload";
    bit flag;
    unsigned char i;
    SCON=0x50;
```

```
TMOD=0x20;
TH1=0xFD;        // TH1: 重装值, 晶振频率为 11.0592MHz
TR1=1;
LCD_Init();
DelayMs(10);
LCD_Clear();
while (1)
{
    KEY=1;
    if(KEY==0)
    {
        while(s[i]!='\0')
        {
            SBUF=s[i];
            while(TI==0);
                TI=0;
                i++;
                flag=1;
        }
        LCD_Write_String(4,0,"Data upload");
    }
    if(RI==1&&flag==1)
    {
        RI=0;
        flag=0;
        LCD_Write_String(6,1,"Finish");
    }
}
```

五、仿真分析

为简易终端数据上传系统仿真电路中单片机加载目标程序，仿真运行。

（1）按下"上传"键，数据"Data upload"上传，下位机 LCD1602 首行居中显示上传数据（见图 10.17），上位机接收到该数据后显示该数据（见图 10.18），图 10.18 中状态栏中的 RX 后面的数据为 11，即接收到 11 个字符数据（含空格）。

（2）数据上传完成后，PC 发送应答信号"ack"（见图 10.19），单片机接收到该应答信号后，虚拟终端显示"ack"（见图 10.20），LCD1602 第二行居中显示"Finish"（见图 10.21）。图 10.19 所示状态栏中的 TX 后面的数据为 3，即发送了 3 个字符数据。

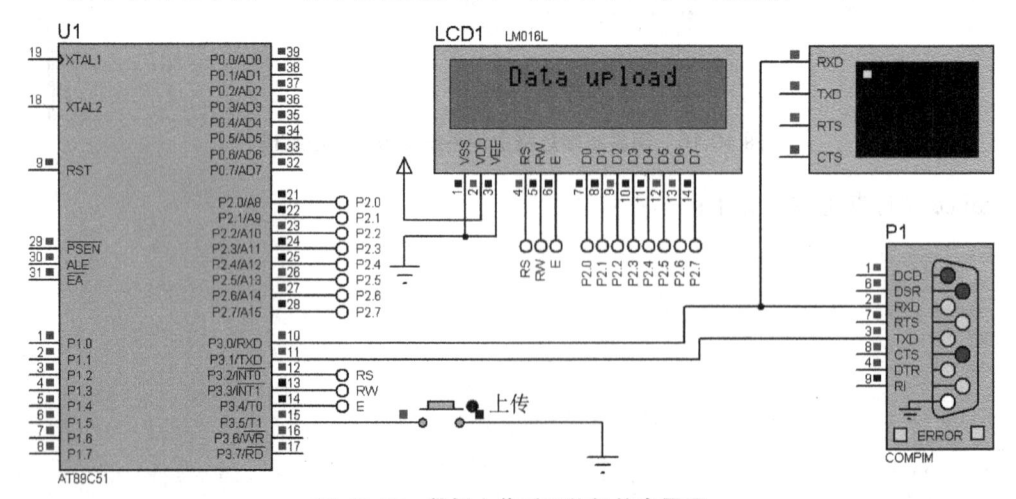

图 10.17　数据上传后下位机仿真界面

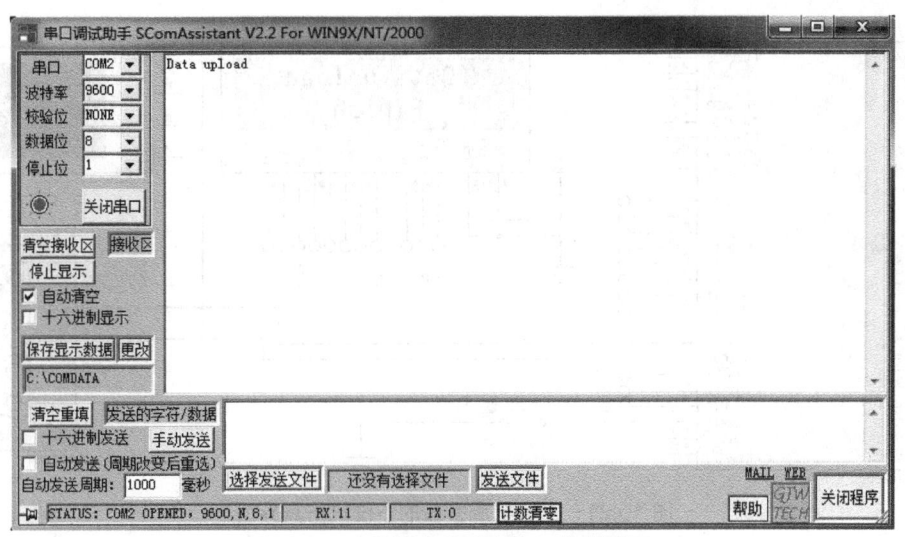

图 10.18　数据上传后上位机仿真界面

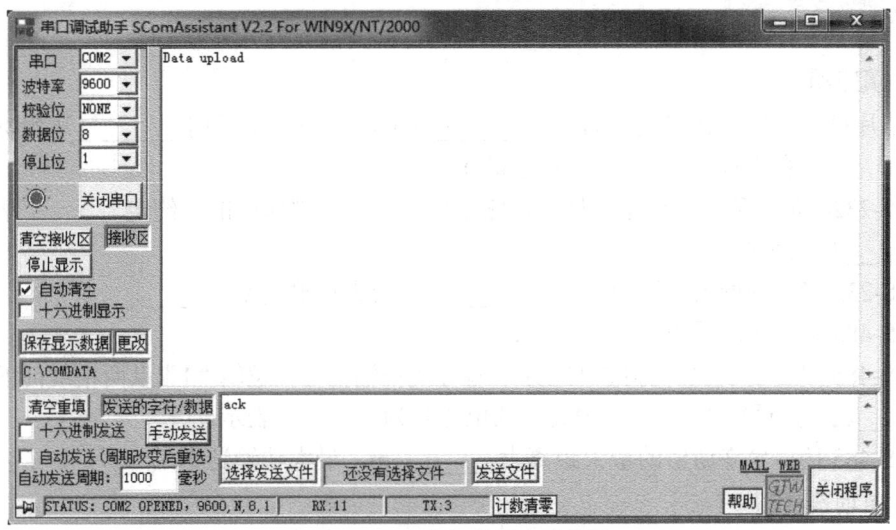

图 10.19　上位机发送应答信号

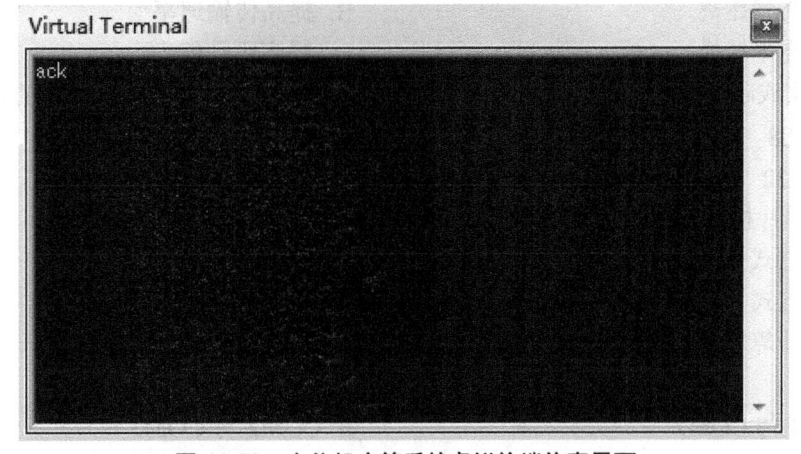

图 10.20　上位机应答后的虚拟终端仿真界面

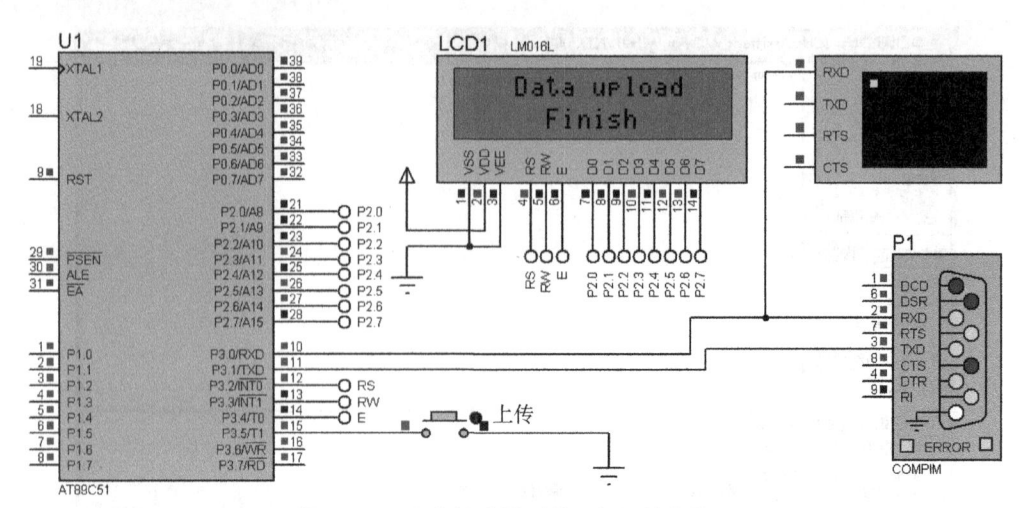

图 10.21 上位机应答后的下位机仿真界面

思考与练习题 10

一、填空题

1. 单片机中的数据信号电平都是_____电平，这种电平采用_____逻辑标准，约定_____表示逻辑1，_____表示逻辑0。

2. RS-232C 是一种电压型总线标准，它采用_____逻辑标准，约定_____表示逻辑0，_____表示逻辑1。

3. RS-232 接口的最大传输距离为_____m，最大传输速率为_____。

4. RS-485 数据传送采用_____制式。

5. RS-485 串行总线接口标准以差分平衡方式传输信号，逻辑"1"以两根线间的电压差为_____表示；逻辑"0"以两根线间的电压差为_____表示。

6. RS-485 接口允许通信的最大距离为_____m，最大传输速率为_____。

二、单项选择题

1. 单片机和 PC 连接时，往往要采用 RS-232 接口芯片，其主要作用是_____。
A. 提高传输距离　　　　　　　　　B. 提高传输速率
C. 进行电平转换　　　　　　　　　D. 提高驱动能力

2. 下列集成芯片，不能实现 RS-232C 信号电平与 8051 单片机信号电平转换的是_____。
A. MC1488　　　　　　　　　　　　B. MC1489
C. MAX232　　　　　　　　　　　　D. MAX485

3. PC 与单片机通信时，单片机可选择的串行通信方式是_____。
A. 工作方式1　　　　　　　　　　　B. 工作方式2
C. 工作方式3　　　　　　　　　　　D. 以上均可以

4. 已知计算机的物理串口有两个，使用虚拟串口软件 VSPD 虚拟的第一对串口编号为_____。
A. COM1 与 COM2　　　　　　　　　B. COM2 与 COM3
C. COM3 与 COM4　　　　　　　　　D. COM4 与 COM5

三、简答题

1. RS-232C 标准的规定有哪些？
2. 在计算机串行通信中主要使用的 9 种 RS-232C 标准信号有哪些？

四、设计题

本项目所设计的简易终端数据上传系统中，若串行通信数据含有奇偶校验位，试编写控制程序，实现功能。

项目十一

IC 卡水表的设计

扫一扫看
IC 卡水表
仿真视频

项目说明

设计一 IC 卡水表，基本功能要求如下：

（1）IC 卡由 EEPROM 24C02 组成，EEPROM 24C02 用来存储取水金额，IC 卡配有与单片机的接口；

（2）取水时，IC 卡金额随着取水量的增多而减少，LCD1602 实时显示 IC 卡余额；

（3）"充值"、"增加"、"减小"和"确定"按键组成充值系统，用来给 IC 卡充值，LCD1602 显示充值金额。

图 11.1 为 IC 卡水表的结构框图。

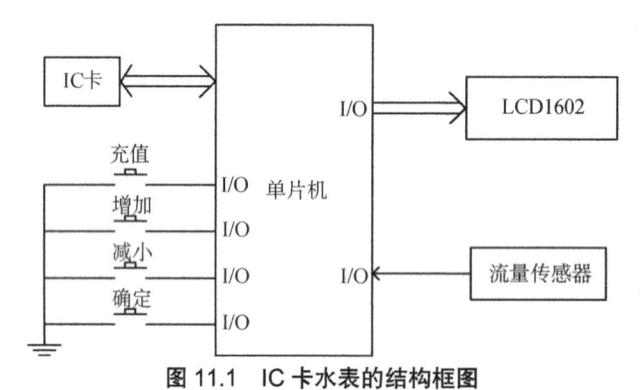

图 11.1 IC 卡水表的结构框图

通过对 IC 卡水表的设计与仿真调试，让读者学习 I²C 总线的配置、I²C 总线协议的内容、I²C 总线中数据传输的过程；学习单片机与片外 EEPROM 24C02 的接口电路的设计及编程操作方法。

IC 卡水表的设计项目由片外 EEPROM 与单片机的接口电路设计和 IC 卡水表的整体设计两个任务组成。

任务一 片外 EEPROM 与单片机的接口电路设计

任务要求

设计 EEPROM 24C02 与单片机的接口电路，编写程序检测 24C02 的性能。

能力目标：

能设计 24C02 与单片机的接口电路；

能对 24C02 编写控制程序，实现 24C02 中数据的存储与读取。

知识目标：

熟悉 I²C 总线的配置、I²C 总线协议的内容和 I²C 总线中数据传输的过程；

熟悉 24C02 的引脚功能。

知识储备——EEPROM 24 C02

24C02 是一个串行 CMOS EEPROM，内部有 256 字节，每页 8 字节，共 32 页；编程/擦除寿命达 100 万次；数据能保存 100 年以上。该器件通过 I²C（Inter IC）总线接口进行操作，有写保护功能。

一、引脚配置

24C02 的引脚分布如图 11.2 所示。各引脚的功能说明如下。

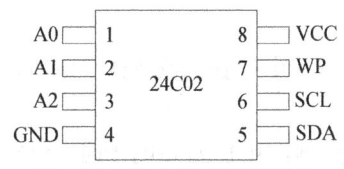

```
A0  ─┤1      8├─ VCC
A1  ─┤2      7├─ WP
A2  ─┤3 24C02 6├─ SCL
GND ─┤4      5├─ SDA
```

图 11.2 24C02 的引脚分布

VCC：电源引脚。接+1.8～+6.0V 直流电源，典型值为+5V。

GND：接地引脚。

SCL：串行时钟输入引脚。在时钟的上升沿把数据写入 24C02；在时钟的下降沿把数据从 24C02 中读出。

SDA：串行数据引脚，用于输入和输出串行数据。这个引脚是漏极开路的端口，故可与其他漏极开路输出组成"线或"结构。

A0、A1、A2：芯片地址输入引脚，共 8 种不同输入组合，因此总线上最多可同时级联 8 片 24C02。

WP：写保护引脚。这个引脚提供了硬件数据保护。当把 WP 接地时，允许芯片执行一般的读写操作；当把 WP 接 VCC 时，对芯片实施写保护。

二、I²C 总线

1. I²C 总线配置

24C02 支持 I²C 总线传输协议。I²C 总线是飞利浦公司推出的芯片间串行传输总线，通过串行数据线 SDA 和串行时钟线 SCL 实现完善的全双工同步数据传送，可以方便地构成多机系统和外围器件扩展系统。串行数据线 SDA 和串行时钟线 SCL 都必须通过一个上拉电阻接到电源。典型的 I²C 总线配置如图 11.3 所示。

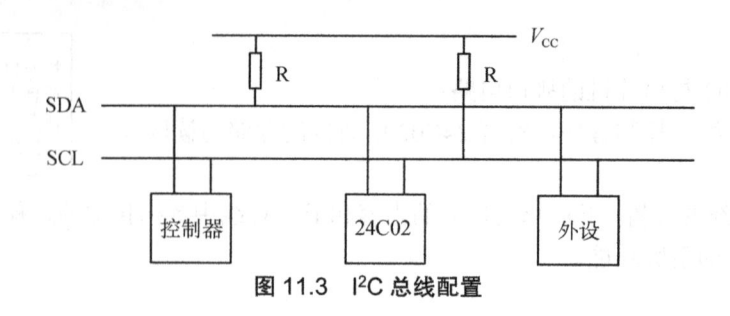

图 11.3 I²C 总线配置

I²C 总线采用了器件地址的硬件设置方法，24C02 中根据引脚 A0～A2 的输入电平状态设定自身的地址，通过软件寻址完全避免了器件的片选寻址，从而使硬件系统具有简单灵活的扩展方法。

I²C 总线上发送数据的器件称为发送器，接收数据的器件称为接收器。控制信息交换的器件称为主器件，受主器件控制的器件称为从器件。主、从器件均既可作为发送器，又可作为接收器。主器件产生串行时钟信号 SCL，控制总线的访问状态，产生起始信号和停止信号。24C02 在 I²C 总线中作为从器件工作，单片机在 I²C 总线中为主器件。

2. I²C 总线协议

I²C 总线协议规定：

（1）只有当总线处于空闲状态（串行数据线 SDA 和串行时钟线 SCL 都为高电平）时才可以启动数据传输。

（2）每个时钟脉冲传送一位数据，SCL 为高电平时，SDA 必须保持稳定，因为此时 SDA 的改变被认为是起始或停止信号。SCL 为低电平时，允许数据改变。图 11.4 为 I²C 总线上位传输示意图。

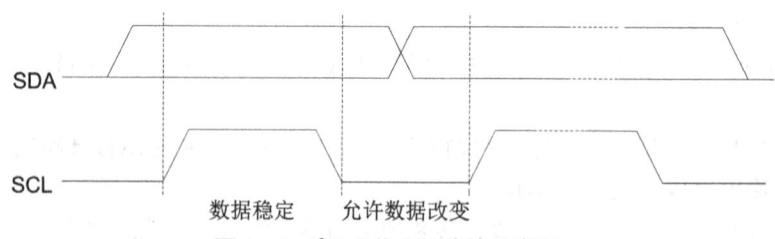

图 11.4 I²C 总线上位传输示意图

I²C 总线在传送数据过程中共有三种类型信号：起始信号、停止信号和应答信号。

（1）起始信号和停止信号。

起始信号和停止信号的定义如图 11.5 所示：SCL 为高电平时 SDA 的下降沿称为起始信号（START），SCL 为高电平时 SDA 的上升沿称为停止信号（STOP）。起始信号和停止信号的定义程序参考本任务中 i2c.c 文件中的 IIC_Start( ) 与 IIC_Stop( )函数。

图 11.5 起始信号和停止信号的定义

每次数据传输均开始于起始信号，结束于停止信号。起始信号和停止信号之间的数据字节数是没有限制的，由总线上的主器件决定。

（2）应答信号。

数据以字节为单位传输，首先传送数据最高位，传送一字节数据后，主器件发送的第 9 个脉冲到来时由接收器产生应答信号，该脉冲即应答脉冲。

应答信号定义如图 11.6 所示。接收器拉低串行数据线 SDA 表示应答，并在应答脉冲期间保持稳定的低电平。当主器件作接收器时，必须发出数据传输结束的信号给发送器，即它在最后一字节之后的应答脉冲期间不会产生应答信号（不拉低串行数据线 SDA）。这种情况下，发送器必须释放串行数据线 SDA 为高电平，以便主器件产生停止条件。应答信号定义程序参考本任务中 i2c.c 文件中的 IIC_Ack( ) 函数。

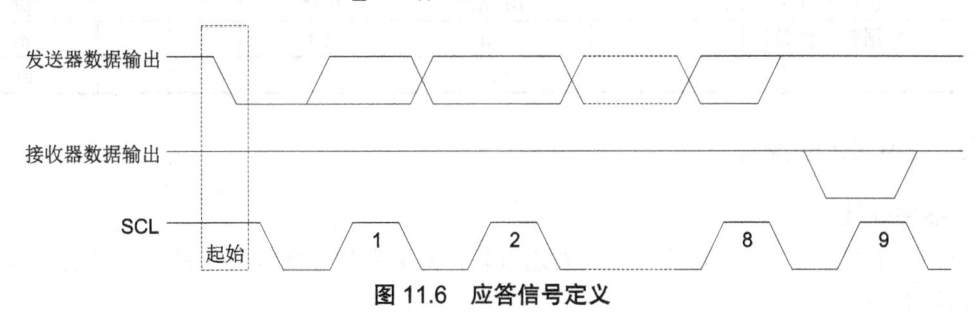

图 11.6 应答信号定义

3. I²C 总线时序

图 11.7 为 I²C 总线时序，图 11.8 为写周期时序，对应的交流电气参数如表 11.1 所示（测试条件为 V_{CC}=+5V）。

图 11.7 I²C 总线时序

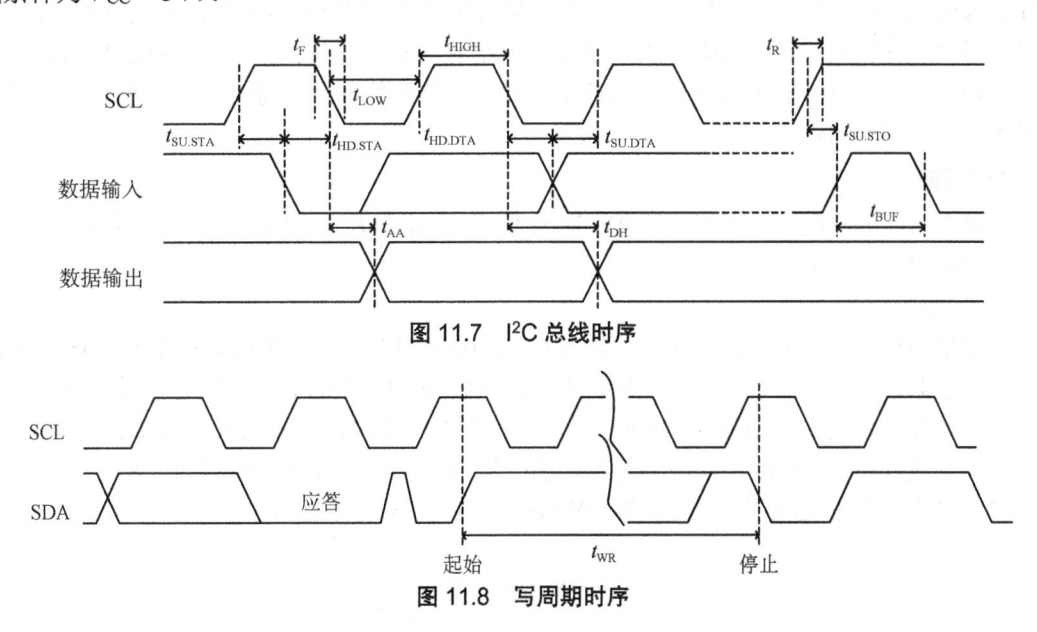

图 11.8 写周期时序

表 11.1 交流电气参数

参数	符号	最小值	最大值	单位
时钟频率	f_{scl}	—	1000	kHz
时钟脉冲低电平宽度	t_{LOW}	0.6	—	μs

续表

参数	符号	最小值	最大值	单位
时钟脉冲高电平宽度	t_{HIGH}	0.4	—	μs
时钟下降沿到数据有效输出的间隔时间	t_{AA}	0.05	0.55	μs
总线释放时间	t_{BUF}	0.5	—	μs
起始信号保持时间	$t_{HD.STA}$	0.25	—	μs
起始信号建立时间	$t_{SU.STA}$	0.25	—	μs
数据输入保持时间	$t_{HD.DAT}$	0	—	μs
数据输入建立时间	$t_{SU.DAT}$	100	—	ns
输入上升时间	t_R	—	300	ns
输入下降时间	t_F	—	100	ns
停止信号建立时间	$t_{SU.STO}$	0.25	—	μs
数据输出保持时间	t_{DH}	50	—	ns
写周期	t_{WR}	—	5	ms

三、24C02 的操作

1. 器件寻址

主器件通过发送一个起始信号启动发送过程，然后发送它所要寻址的从器件的地址。从器件 8 位地址定义如下：

1	0	1	0	A2	A1	A0	R/W

地址的高 4 位固定为 1010，接下来的 3 位（A2、A1、A0）为从器件的地址位，必须与硬件输入引脚保持一致。从器件 8 位地址的最低位为读/写选择位（R/W），最低位为"1"表示对从器件进行读操作，最低位为"0"表示对从器件进行写操作。在主器件发送起始信号和从器件地址后，24C02 监视总线并当其地址与发送的从器件地址相符时响应一个应答信号。如果不相符，则返回待机状态。

2. 写操作

24C02 地址中的读/写选择位（R/W）应为"0"。写操作方式有以下两种：字节写和页写。内部写周期最大为 5ms。

1）字节写

在字节写模式下，主器件发送起始信号和 24C02 地址信息给 24C02，在 24C02 产生应答信号后，主器件发送目的存储单元地址，主器件在收到 24C02 的另一个应答信号后，再发送数据到目的存储单元中，24C02 再次应答，并在主器件产生停止信号后开始内部数据的擦写。在内部擦写过程中，24C02 不再应答主器件的任何请求。字节写过程如图 11.9 所示，字节写程序段参考本任务中 i2c.c 文件中的 IIC_Write( )函数的 for 循环语句。

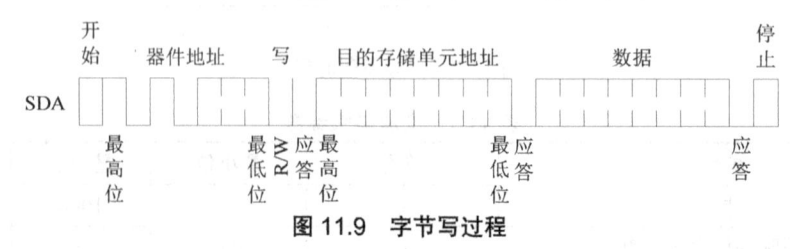

图 11.9 字节写过程

2）页写

24C02 按 8 字节/页执行页写操作，页写操作的初始化和字节写一样，不同之处在于传送了一字节数据后并不产生停止信号，主器件被允许再发送 7 字节数据。每发送一字节数据后，24C02 产生一个应答信号，主器件必须以停止信号终止页写入。页写过程如图 11.10 所示。

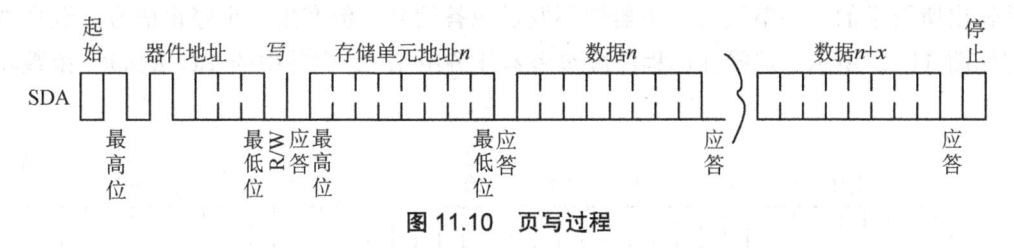

图 11.10 页写过程

接收到每个数据后，字地址的低 3 位内部自动加 1，字地址的高位不变，维持在当前页内。当内部产生的字地址达到该页边界地址时，随后的数据将写入该页的页首。如果将超过 8 字节的数据传送给 24C02，字地址将回转到该页的首字节，先前的字节将会被覆盖。

接收到 8 字节数据和主器件发送的停止信号后，24C02 启动内部写周期将数据写到数据区。所有接收的数据在一个写周期内写入。

3）应答查询

可以利用内部写周期时禁止数据输入这一特性进行应答查询。一旦主器件发送停止信号指示主器件操作结束，24C02 启动内部写周期，应答查询立即启动，包括发送一个起始信号和进行写操作的从器件地址。如果 24C02 正在进行内部写操作，则不会发送应答信号。如果 24C02 已经完成了内部写周期，将发送一个应答信号，主器件可以继续进行下一次读/写操作。

3. 读操作

读操作初始化与写操作相同，只是 24C02 地址中的读/写选择位（R/W）应为 "1"。读操作有三种不同的方式：当前地址读、选择性读和连续读。

1）当前地址读

内部地址计数器中的内容为最后操作的存储单元的地址加 1，即如果上次读写操作的存储单元地址为 N，则当前地址读的存储单元地址从 $N+1$ 开始。如果 $N=255$，则计数器将翻转到 0 且继续输出数据。

24C02 接收到从器件地址信号后（R/W 位置 "1"），它首先发送一个应答信号，然后发送一字节数据。主器件不需要发送应答信号，但要产生一个停止信号。当前地址读过程如图 11.11 所示，当前地址读程序段参考本任务中 i2c.c 文件中的 IIC_Read( ) 函数相关语句。

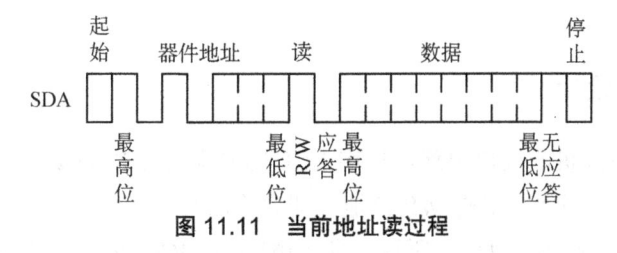

图 11.11 当前地址读过程

2）选择性读

选择性读操作允许主器件对 24C02 的任意存储单元进行读操作。主器件首先通过发送起始信号、从器件地址和它想读取的存储单元地址执行一个伪写操作。在 24C02 应答之后，主器件重新发送起始信号和从器件地址，此时 R/W 位置"1"，24C02 响应并发送应答信号，然后输出所要求的一字节数据，主器件不发送应答信号，但产生一个停止信号。选择性读过程如图 11.12 所示，选择性读程序段参考本任务中 i2c.c 文件中的 IIC_Read( )函数相关语句。

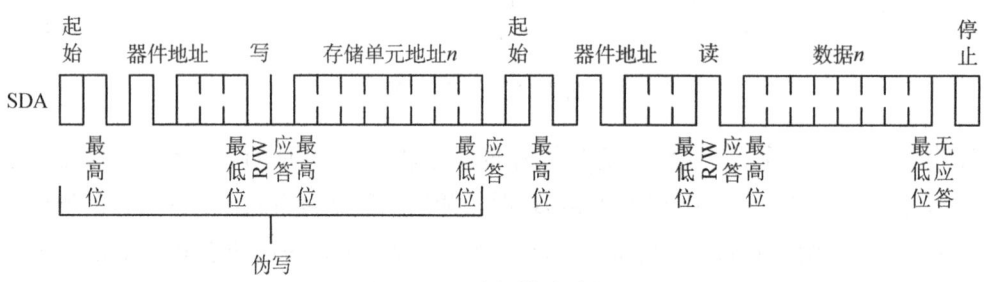

图 11.12　选择性读过程

3）连续读

连续读操作可通过当前地址读或选择性读操作启动。在 24C02 发送完一字节数据后，主器件发送一个应答信号来响应，告知 24C02 主器件需要更多的数据，对应主器件发送的每个应答信号，24C02 将发送一字节数据。当主器件不发送应答信号而发送停止信号时结束此操作，连续读过程如图 11.13 所示。本任务中 i2c.c 文件中的 IIC_Read( )函数即连续读程序。

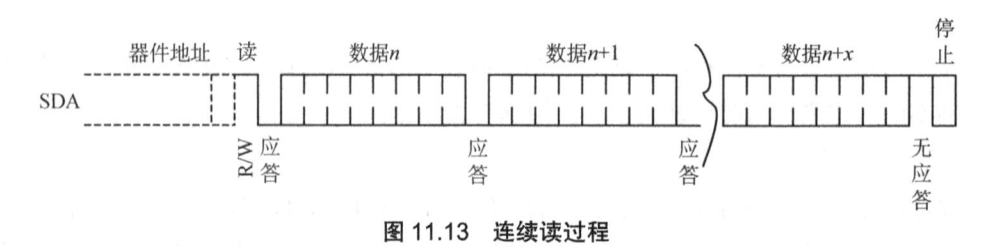

图 11.13　连续读过程

从 24C02 输出的数据按顺序由 N 到 $N+1$ 输出。读操作时地址计数器在 24C02 整个地址范围内增加，这样整个存储器区域可在一个读操作内全部读出。当读取的字节数超过 255 时，地址计数器将翻转到 0 并输出对应字节的数据。

任务实施

一、硬件电路设计

设计 24C02 与单片机的接口电路，使用 LCD1602 显示 24C02 数据。24C02 地址输入引脚 A0～A2 接高电平。写保护引脚 WP 接地，即允许芯片执行一般读写操作。24C02 与单片机的接口及测试参考电路如图 11.14 所示。参考电路中 24C02 的关键字是 24C02C。

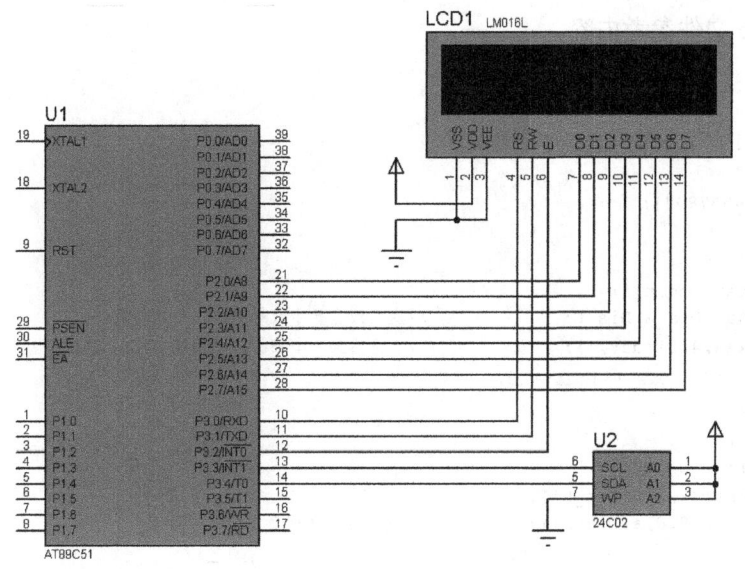

图 11.14 24C02 与单片机的接口及测试参考电路

二、24C02 性能测试

1. 确定测试方案

测试 24C02 的方案：单片机上电后读取 24C02 数据并通过 LCD1602 显示该数据，然后在程序中改变该数据，并实时写入 24C02 中。单片机掉电再次上电后重新从 24C02 中调入数据，并通过 LCD1602 显示。观察是否与上次读取的数据不同，若不同，观察数据是否按程序设定的方式发生改变。

2. 参考源程序

参考源程序结构如图 11.15 所示，包括 main.c、i2c.c、lcd.c、delay.c、i2c.h、lcd.h 和 delay.h 文件。lcd.c 文件中数据及控制端口按图 11.14 设置，其余部分及 delay.c、lcd.h、delay.h 同项目五任务一。本任务给出 main.c、i2c.c 与 i2c.h 文件参考内容。

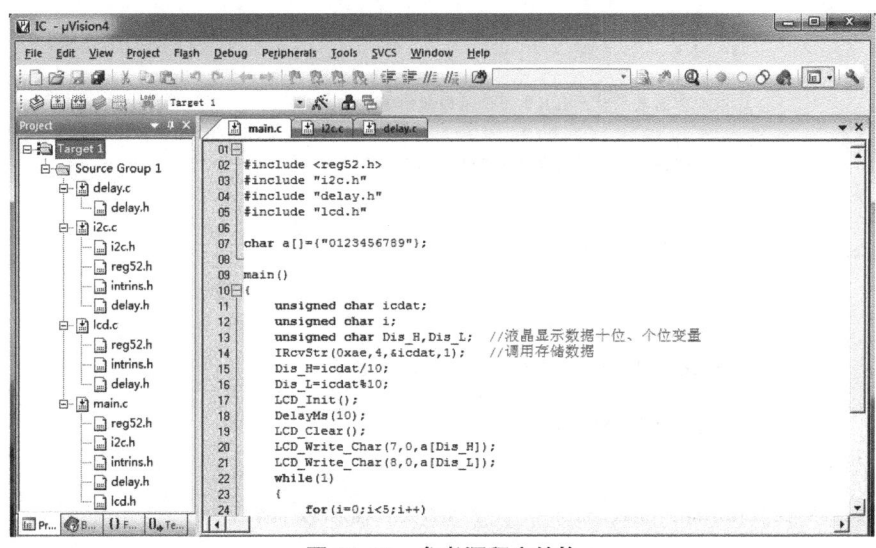

图 11.15 参考源程序结构

(1) main.c 文件参考内容。

```c
#include <reg52.h>
#include "i2c.h"
#include "delay.h"
#include "lcd.h"
char a[]={"0123456789"};
main()
{
    unsigned char icdat,i;
    unsigned char Dis_H,Dis_L;              //定义液晶显示数据十位、个位变量
    IIC_Read(0xae,4,&icdat,1);              //上电后第一个扫描周期读取24C02数据
    Dis_H=icdat/10;  Dis_L=icdat%10;
    LCD_Init();
    DelayMs(10);
    LCD_Clear();
    LCD_Write_Char(7,0,a[Dis_H]);
    LCD_Write_Char(8,0,a[Dis_L]);           //第1行第7列显示读取的数据
    while(1)
    {
        for(i=0;i<5;i++)  DelayMs(200);
        icdat++;                            //1s变量自加1,改变值后存储到24C02
        IIC_Write(0xae,4,&icdat,1);         //写入24C02,每个扫描周期写入一次
    }
}
```

(2) i2c.c 文件参考内容。

```c
#include "i2c.h"
#include "delay.h"
#include<intrins.h>
bit ack;                //应答标志位
sbit SDA=P1^1;
sbit SCL=P1^0;
void IIC_Start()        /*起始信号定义函数*/
{
    SDA=1;              //发送起始条件的数据信号
    _nop_();
    SCL=1;
    _nop_();
    SDA=0;              //SCL为高电平时,SDA的下降沿即起始信号
    _nop_();
    SCL=0;              //SCL拉低,准备发送或接收数据
    _nop_();
}
void IIC_Stop()         /*停止信号定义函数*/
{
    SDA=0;
    _nop_();
    SCL=1;              //结束条件建立时间大于4μs
    _nop_();
    SDA=1;              //发送I²C总线结束信号
    _nop_();
}
void  IIC_WriteByte(unsigned char dat)     /*字节数据/地址写入函数*/
{
```

```c
    unsigned char i;
    for(i=0;i<8;i++)                    //要写入的数据长度为 8
    {
        if((dat<<i)&0x80)   SDA=1;      //写入位为 1,此时 SCL 为低电平
        else    SDA=0;                  //写入位为 0,此时 SCL 为低电平
        _nop_();
        SCL=1;                          //位传送时,SCL 必须稳定为高电平
        _nop_();
        SCL=0;
    }
    _nop_();
    SDA=1;      //8 位发送完后释放数据线,准备接收应答位
    _nop_();
    SCL=1;      //SCL 第 9 个脉冲时器件接收应答信号
    _nop_();
    if(SDA==1)     ack=0;               //判断是否接收到应答信号
    else    ack=1;
    SCL=0;      //SCL 为低电平时允许数据改变
    _nop_();
}
unsigned char IIC_ReadByte()        /*字节数据读取函数*/
{
    unsigned char dat;
    unsigned char i;
    dat=0;
    SDA=1;      //设置数据线为输入方式
    for(i=0;i<8;i++)
    {
        _nop_();
        SCL=0;      //SCL 为低电平时允许数据改变
        _nop_();
        SCL=1;      //位传送时,SCL 必须稳定为高电平
        _nop_();
        dat=dat<<1;
        if(SDA==1)     dat=dat+1;       //读取数据为 1
        _nop_();
    }
    SCL=0;
    _nop_();
    return(dat);
}
void IIC_Ack(void)          /*应答函数*/
{
    SDA=0;
    _nop_();
    SCL=1;      //SCL 为高电平
    _nop_();
    SCL=0;      //释放时钟线
    _nop_();_nop_();
}
void IIC_NoAck(void)        /*非应答函数*/
{
    SDA=1;
    _nop_();
    SCL=1;
```

```c
        _nop_();
        SCL=0;
        _nop_();
}
bit IIC_Write(unsigned char addr,unsigned char unit,unsigned char *s,unsigned char num)
{    /*写入函数，形参依次为器件地址、目的存储单元地址、写入数据、目的存储单元数*/
    unsigned char i;
    for(i=0;i<num;i++)
    {
        IIC_Start();                //发送起始信号
        IIC_WriteByte(addr);        //写入 24C02 地址
        if(ack==0)  return(0);      //未接收到应答信号，否则接收到应答信号
        IIC_WriteByte(unit);        //写入目的存储单元地址
        if(ack==0)  return(0);
        IIC_WriteByte(*s);          //写入数据
        if(ack==0)  return(0);
        IIC_Stop();     //发送停止信号
        DelayMs(1);     //等待芯片内部自动写入数据完毕
        s++;
        unit++;         //指向下一个存储单元
    }
    return(1);
}
bit IIC_Read(unsigned char addr,unsigned char unit,unsigned char *s,unsigned char num)
{   /*读取函数，形参依次为器件地址、目的存储单元地址、读取数据、目的存储单元数*/
    unsigned char i;
    IIC_Start();                    //发送起始信号
    IIC_WriteByte(addr);            //写入 24C02 地址
    if(ack==0)  return(0);
    IIC_WriteByte(unit);            //写入目的存储单元地址，为伪写操作
    if(ack==0)  return(0);
    IIC_Start();
    IIC_WriteByte(addr+1);          //写入目的存储单元地址，R/W变为1，进行读操作
    if(ack==0)  return(0);
    for(i=0;i<num-1;i++)
    {
        *s=IIC_ReadByte();          //读取数据
        IIC_Ack();                  //主机发送应答信号，选择性读与当前地址读时，无该语句
        s++;
    }
    *s=IIC_ReadByte();
    IIC_NoAck();                    //主机不发送应答信号
    IIC_Stop();                     //停止信号
    return(1);
}
```

（3）i2c.h 文件参考内容。

```c
#ifndef __I2C_H__
#define __I2C_H__
#include <reg52.h>
#include <intrins.h>
void Start_I2c();
void Stop_I2c();
void SendByte(unsigned char c);
unsigned char  RcvByte();
void Ack_I2c(void);
```

```
void NoAck_I2c(void);
bit ISendByte(unsigned char sla,unsigned char c);
bit ISendStr(unsigned char sla,unsigned char suba,unsigned char *s,unsigned char no);
bit IRcvByte(unsigned char sla,unsigned char *c);
bit IRcvStr(unsigned char sla,unsigned char suba,unsigned char *s,unsigned char no);
#endif
```

三、仿真分析

为 24C02 与单片机的接口及测试电路中的单片机加载本任务的目标程序，仿真运行。

（1）24C02 测试仿真界面如图 11.16（a）所示，此时 LCD1602 显示的 24C02 中的数据为 79。

（2）仿真 5s（数据加 1 五次）后停止仿真（模拟系统断电），然后进行再次仿真（模拟系统再次上电），此时显示 24C02 中的数据为 84，如图 11.16（b）所示。

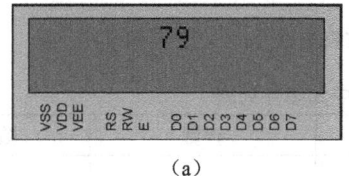

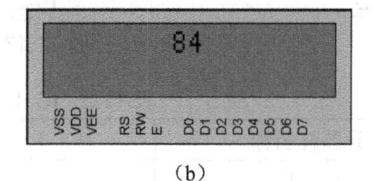

（a）　　　　　　　　　　　　　　（b）

图 11.16　24C02 测试仿真界面

任务二　IC 卡水表的整体设计

任务要求

完成 IC 卡水表的整体设计，要求其工作过程如下：

（1）上电后 LCD1602 第一行居中显示"IC card"，第二行居中显示"rest:××"（"××"为 IC 卡两位数余额）。

（2）取水时，IC 卡余额由当前值递减，递减至"0"则不可继续取水。

（3）按"充值"键，进入充值状态，LCD1602 第一行居中显示"IC card"，第二行居中显示"Recharge:10"（初始充值金额为"10"），按"增加"或"减小"键，充值金额在"10"的基础上增减。设定完成后，按"确定"键，完成充值，LCD1602 显示充值后的余额。

任务实施

一、硬件电路设计

设计方案：使用按键模拟取水过程，按键按下模拟开始取水。水流量传感器由时钟发生器模拟，本任务设 500Hz 与 200Hz 两个时钟发生器，分别模拟不同流量的两路水流，通过单刀双掷开关进行切换。

IC 卡水表参考仿真电路如图 11.17 所示。参考仿真电路所用元器件如表 11.2 所示。

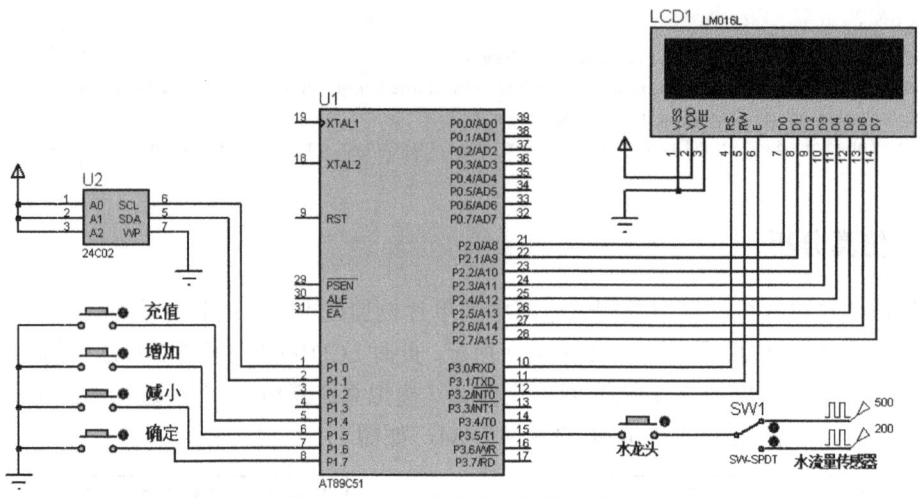

图 11.17 IC 卡水表参考仿真电路

表 11.2 IC 卡水表参考仿真电路中元器件列表

元器件名称	关键字	参数	数量
单片机	AT89C51		1
按键	BUTTON		5
LCD1602	LM016L		1
24C02	24C02C	I^2C ROM	1
单刀双掷开关	SW-SPDT		1

二、源程序设计

IC 卡水表参考源程序结构如图 11.18 所示，包括 main.c、i2c.c、lcd.c、delay.c、i2c.h、lcd.h 和 delay.h 文件。lcd.c 文件中数据及控制端口按图 11.17 设置，其余部分及 delay.c、lcd.h、delay.h 同项目五任务一，i2c.c 与 i2c.h 文件同本项目任务一，本任务只给出 main.c 文件参考内容。

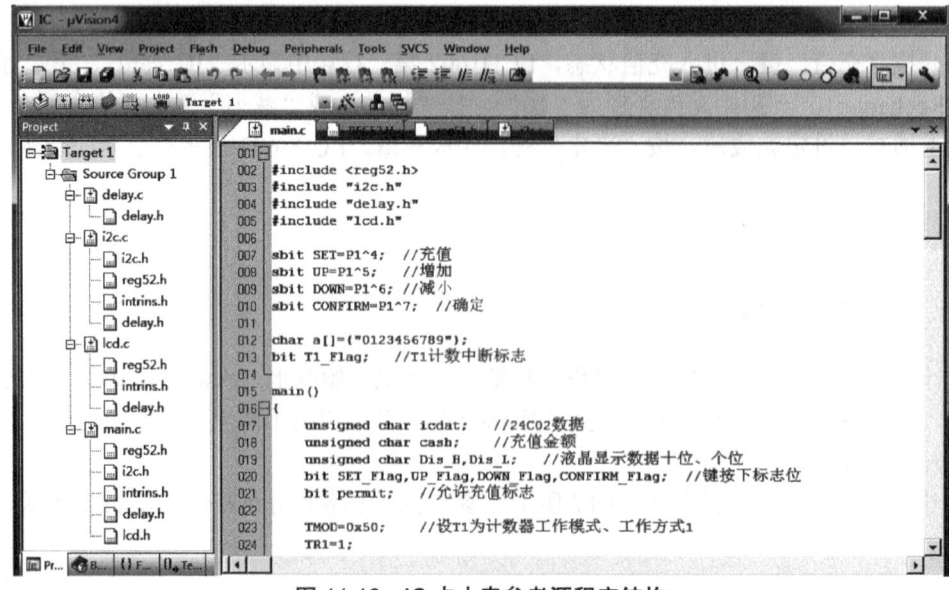

图 11.18 IC 卡水表参考源程序结构

main.c 文件参考内容如下：

```c
#include <reg52.h>
#include "i2c.h"
#include "delay.h"
#include "lcd.h"
sbit SET=P1^4;           //充值
sbit UP=P1^5;            //增加
sbit DOWN=P1^6;          //减小
sbit CONFIRM=P1^7;       //确定
char a[]={"0123456789"};
bit T1_Flag;     //T1 计数中断标志
main()
{
    unsigned char icdat,cash;                        //24C02 数据，充值金额
    unsigned char Dis_H,Dis_L;                       //LCD 显示数据十位、个位
    bit SET_Flag,UP_Flag,DOWN_Flag,CONFIRM_Flag;     //键按下标志位
    bit permit;              //允许充值标志
    TMOD=0x50;
    TR1=1;
    TH1=255; TL1=155;        //计 100 次则计满
    IE=0x88;        //开 T1 中断，因计数脉冲频率高，不可采用查询法
    LCD_Init();
    DelayMs(10);
    LCD_Clear();
    LCD_Write_String(4,0,"IC card");    //LCD1602 首行第 4 列显示 IC card
    while(1)
    {
        if(T1_Flag==1)       //计数满 100，中断服务
        {
            TH1=255; TL1=155;
            T1_Flag=0;
            if(permit==0)
            {
                if(icdat>0) --icdat;
                IIC_Write(0xae,4,&icdat,1);       //写入 24C02
            }
        }
        if(permit==0&&icdat>=0)    //未处于充值状态
        {
            IIC_Read(0xae,4,&icdat,1);           //读取 24C02 数据
            LCD_Write_String(2,1," ");
            LCD_Write_String(11,1," ");          //覆盖充值界面的部分内容
            LCD_Write_String(4,1,"rest:");       //rest 剩余
            Dis_H=icdat/10; Dis_L=icdat%10;
            LCD_Write_Char(9,1,a[Dis_H]);
            LCD_Write_Char(10,1,a[Dis_L]);       //余额显示
        }
        SET=1;
        if(SET==0) DelayMs(10);      //延时 10ms 去抖
        if(SET==0) SET_Flag=1;       //SET 键按下标志位置位
        if(SET==1&&SET_Flag==1)      //松开 SET 键
        {
            permit=1;    //允许充值标志位置位
```

```c
            SET_Flag=0;
            cash=0;
        }
        if(permit==1)      //充值中
        {
            LCD_Write_String(2,1,"Recharge:");       //Recharge 充值
            Dis_H=cash/10;  Dis_L=cash%10;
            LCD_Write_Char(11,1,a[Dis_H]);
            LCD_Write_Char(12,1,a[Dis_L]);            //充值金额显示
            UP=1;
            if(UP==0)   DelayMs(10);
            if(UP==0)   UP_Flag=1;
            if(UP==1&&UP_Flag==1)
            {
                if(cash<99)  ++cash;       //充值金额最高为 99
                UP_Flag=0;
            }
            DOWN=1;
            if(DOWN==0)   DelayMs(10);
            if(DOWN==0)   DOWN_Flag=1;
            if(DOWN==1&&DOWN_Flag==1)
            {
            if(cash>1)  cash--;             //充值金额最低为 1
                DOWN_Flag=0;
            }
            CONFIRM=1;
            if(CONFIRM==0)  DelayMs(10);
            if(CONFIRM==0)  CONFIRM_Flag=1;
            if(CONFIRM==1&&CONFIRM_Flag==1)
            {
                icdat=cash+icdat;              //充值金额+余额
                IIC_Write(0xae,4,&icdat,1);    //写入 24C02
                CONFIRM_Flag=0;
                permit=0;
            }
        }
    }
}
void t1() interrupt 3      /*T1 中断函数*/
{
    T1_Flag=1;           //中断标志位置位,在主程序中中断服务
}
```

三、仿真分析

为 IC 卡水表仿真电路中的单片机加载本任务目标程序,仿真运行。

(1) IC 卡水表初始仿真界面如图 11.19 所示,此时 IC 卡余额为 19。

(2) 按"充值"键,进入图 11.20 所示的 IC 卡充值仿真界面,按"增加"键或"减小"键设置充值金额。

(3) 按"确定"键完成充值,进入充值完成后的仿真界面,如图 11.21 所示,此时余额变为 30(19+11)。

（4）接通水龙头，模拟取水，取水仿真界面如图 11.22 所示，图中 IC 卡实时余额为 8。

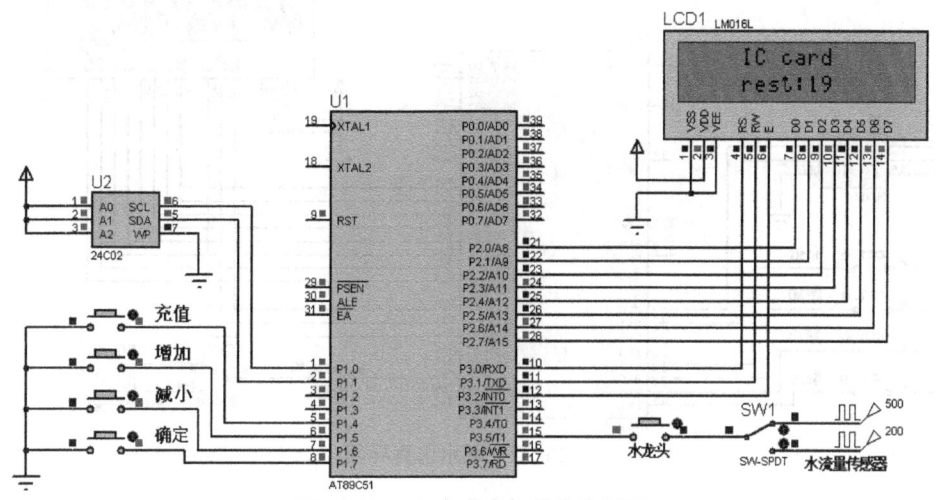

图 11.19 IC 卡水表初始仿真界面

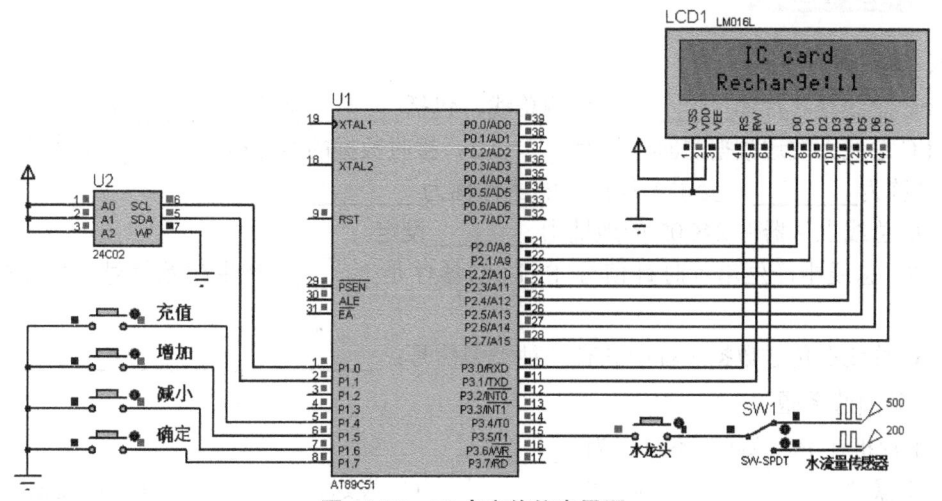

图 11.20 IC 卡充值仿真界面

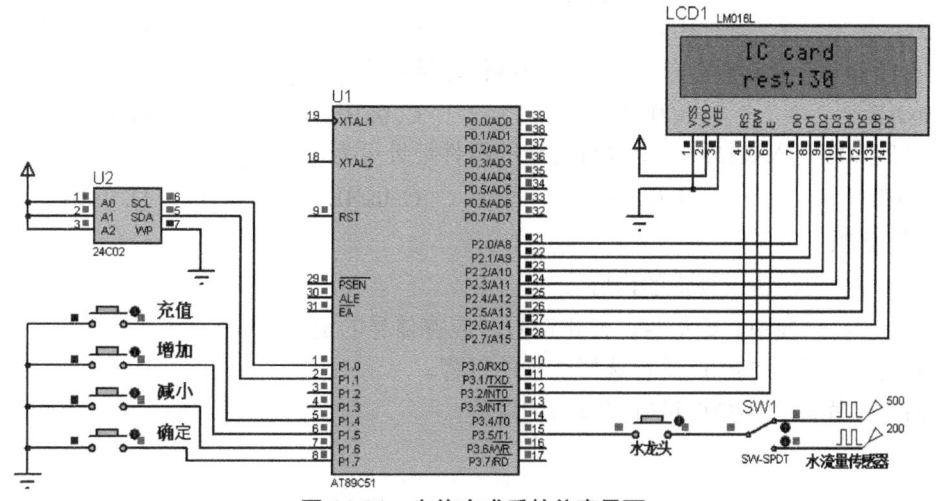

图 11.21 充值完成后的仿真界面

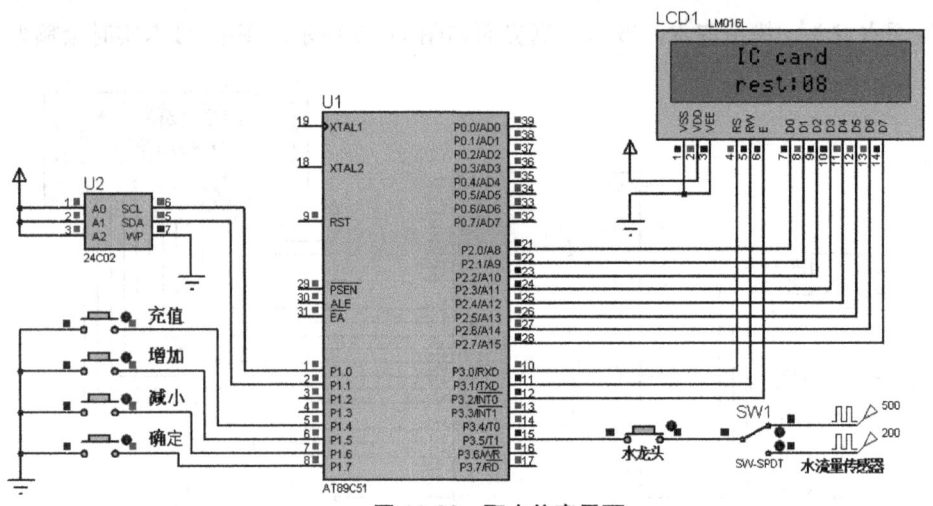

图 11.22 取水仿真界面

思考与练习题 11

一、填空题

1. I²C 总线是芯片间_____行传输总线,包括_____线和_____线。
2. I²C 总线上发送数据的器件称为_____,接收数据的器件称为_____。控制信息交换的器件称为_____,受主器件控制的器件称为_____。
3. I²C 总线上从器件 24C02 的地址由_____设定。
4. I²C 总线中产生串行时钟信号 SCL 的器件是_____。产生起始信号和停止信号的是_____。
5. I²C 总线在传送数据过程中共有三种类型信号:_____、_____和_____。

二、单项选择题

1. 单片机在 I²C 总线中不可作为_____。
   A. 主器件　　　B. 从器件　　　C. 发送器　　　D. 接收器
2. I²C 总线中,最多可配置_____片 24C02。
   A. 5　　　　　B. 6　　　　　C. 7　　　　　D. 不确定
3. 读取 24C02 数据时,单片机发送的器件地址可为_____。
   A. 0xAE　　　B. 0xAF　　　C. 0xBE　　　D. 0xBF
4. 向 24C02 写入数据时,单片机发送的器件地址可为_____。
   A. 0xAE　　　B. 0xAF　　　C. 0xBE　　　D. 0xBF

三、简答题

1. 简述 I²C 总线协议规定的内容。
2. 简述 I²C 总线中起始信号、停止信号、应答信号的定义。
3. 简述单片机对 24C02 进行选择性读的过程。
4. 简述单片机对 24C02 进行字节写的过程。

附录 A
Proteus 常用元器件

元器件名称		关键字	元器件名称		关键字
常用电阻	普通电阻	RES	常用显示器件	共阳数码管	7SEG-COM-AN
	排阻	RESPACK		共阴数码管	7SEG-COM-CAT
	光敏电阻	TORCH_LDR(LDR)		4位一体共阴数码管	7SEG-MPX4-CC
	三引线可调电阻	POT-HG		4位一体共阳数码管	7SEG-MPX4-CA
常用开关	按键	BUTTON		7段BCD码显示器	7SEG-BCD
	单刀单掷开关	SWITCH		8×8点阵	MATRIX-8×8-
	单刀双掷开关	SW-SPDT		无字库LCD12864	AMPIRE128×64
	单刀多掷开关	SW-ROT-3/4/5/6		图形LCD12864	LM3228
	拨码开关	SW-DIP-4/7/8		字符LCD1602	LM016L
常用电容	无极电容	CAP	常用74系列芯片	三态8位缓冲器	74LS244
	有极电容	CAP-POL		三态总线转换器	74LS245
	电解电容	CAP-ELEC		3-8译码器	74LS138
	可调电容	CAP-VAR		4-16译码器	74LS154
常用电感	普通电感	INDUCTOR		三态输出八D锁存器	74LS373
	带铁芯电感	IND-IRON		三态输出八D锁存器	74LS573
	可变电感	SATIND		串入并出移位寄存器	74LS595
	变压器	TRAN-		串入并出移位寄存器	74LS164
常用二极管	普通二极管	DIODE		并入串出移位寄存器	74LS165
	通用沟道二级管	DIODE-TUN	常用逻辑电路	2输入与非门	NAND
	稳压二极管	DIODE-ZEN		2输入或非门	NOR
	肖特基二极管	DIODE-SC		2输入与门	AND
	双向二极管	P1800scrp		2输入或门	OR
	整流桥	BRIDGE		2输入异或门	XOR

续表

元器件名称		关键字	元器件名称		关键字
三极管	NPN 三极管	NPN	继电器	继电器	RELAY
	PNP 三极管	PNP		双刀双掷继电器	RELAY2P
LED	正向黄色反向蓝色	LED-BIBY	常用转换器件	普通继电器	RLY-
	正向黄色反向绿色	LED-BIGY		8 通道 8 位并行 ADC	ADC0808/9
	正向绿色反向红色	LED-BIRG		8 位串行 A/D 转换器	ADC0831
	正向黄色反向红色	LED-BIRY		12 位串行 A/D 转换器	ADC1674
	蓝色	LED-BLUE		8 位并行 D/A 转换器	DAC0831/2
	黄色	LED-YELLOW		10 位串行 D/A 转换器	TLC5615
	红色	LED-RED	电机模型	交流发电机	ALTERNATOR
	绿色	LED-GREEN		直流电动机	MOTOR
	排型 LED	LED-BARGRAPH-		步进电机	MOTOR-BISTEPPER
单片机	AT89 单片机	AT89C51		伺服电机	MOTOR-SERVO
	PIC 单片机	P89LPC920	232 接口模型		COMPIM
传感器	压力传感器	MPX4115	电源	单个电池	CELL
	温度传感器	TCT		电池组	BATTERY
	数字温度传感器	DS18B20		电流源	CSOURCE
	模拟温度传感器	LM50		电压源	VSOURCE
	温湿度传感器	SHT10		逻辑状态源（带锁存）	LOGICSTATE
通信芯片	232	MAX232		逻辑状态源（瞬态）	LOGICTOGGLE
	485	MAX487		正弦波交流电压源	VSINE
	422	MAX1480		正弦波交流电流源	ISINE
稳压器	5V 1A 稳压器	7805	插接件	终端插针	PIN
	5V 100mA 稳压器	78L05		USB 插座	AU-Y1005-R
存储器	I^{2}C ROM	24C02		9 针 D 形阳串口连接器	CONN-D9M
	64KB RAM	6264		9 针 D 形阴串口连接器	CONN-D9F

附录 B
常用的 C51 库函数

1. 标准输入输出函数

在设计 C51 控制程序时会用到标准输入输出函数，其原型声明包含在头文件 stdio.h 中，标准输入输出函数库的函数如表 B.1 所示。

表 B.1 标准输入输出函数库的函数

函数	功能	函数	功能
_getkey	从串口读取一字节并将读到的值返回	vprintf	发送格式化输出到 stdout 中
getchar	从标准输入设备写入一个字符	vsprintf	发送格式化输出到字符串
ungetchar	将输入字符推回输入缓冲区	*gets	从标准输入设备读入一个字符串
putchar	向标准输出设备读出一个字符	scanf	从标准输入设备读入格式化后的数据
printf	向标准输出设备输出格式化字符串	sscanf	读取格式化的字符串中的数据
sprintf	把格式化的数据写入某个字符串缓冲区	puts	向标准输出设备输出一个字符串

2. 数学函数库

数学函数库提供了多个用于数学计算的函数，其原型声明包含在头文件 math.h 中，数学函数库的函数如表 B.2 所示。

表 B.2 数学函数库的函数

函数	功能	函数	功能
cabs	求输出字符型数据的绝对值	sin、cos、tan	计算正弦、余弦、正切
abs	求输出整型数据的绝对值	asin、acos、atan	计算正弦角、余弦角、正切角
labs	求输出长整型数据的绝对值	sinh、cosh、tanh	计算双曲正弦、双曲余弦、双曲正切
fabs	求输出浮点型数据的绝对值	atan2	反正切，返回的是方位角
sqrt	求浮点数 x 的平方根	ceil	求一个不小于 x 的最小正整数
exp	求浮点数 x 的指数	floor	求一个不大于 x 的最小正整数
log	求浮点数 x 的自然对数	modf	将浮点数据的整数部分和小数部分分开
log10	求浮点数 x 的以 10 为底的对数	fmod	求浮点数 x/y 的余数
		pow	进行幂指数运算

3. 绝对地址访问函数库

绝对地址访问函数库提供了一些宏定义的函数用于对存储空间的访问，其原型声明包含在头文件 absacc.h 中，绝对地址访问函数库的函数如表 B.3 所示。

表 B.3 绝对地址访问函数库的函数

函数	功能	函数	功能
CBYTE	访问 CODE 区存储空间的字节	PWORD	访问 PDATA 区存储空间的字
DBYTE	访问 IDATA 区存储空间的字节	XWORD	访问 XDATA 区存储空间的字
PBYTE	访问 PDATA 区存储空间的字节	FVAR	访问 far 存储器区域
XBYTE	访问 XDATA 区存储空间的字节	FARRAY	访问 far 空间的数组类型目标
CWORD	访问 CODE 区存储空间的字	FCARRAY	访问 fconst far 空间的数组类型目标
DWORD	访问 IDATA 区存储空间的字		

4. 内部函数库

内部函数库提供了循环移位和延时等操作函数。内部函数的原型声明包含在头文件 intrins.h 中，内部函数库的常用函数如表 B.4 所示。

表 B.4 内部函数库的常用函数

函数	功能	函数	功能
nop	空语句	_irol_	将整型数据循环左移 n 位
testbit	测试一位	_lrol_	将长整型数据循环左移 n 位
cror	将字符型数据循环右移 n 位	_chkfloat_	检查浮点数的类型
iror	将整型数据循环右移 n 位	_push_	进栈
lror	将长整型数据循环右移 n 位	_pop_	出栈
crol	将字符型数据循环左移 n 位		

参考文献

[1] 郭天祥. 新概念 51 单片机 C 语言教程：入门、提高、开发、拓展全攻略. 北京：电子工业出版社，2009.

[2] 陈静霞. 单片机应用技术（C 语言版）. 4 版. 北京：电子工业出版社，2019.

[3] 丁向荣. 增强型 8051 单片机原理与系统开发 C51 版. 北京：清华大学出版社，2013.

[4] 施晓琴. C 语言学习与应用. 北京：北京邮电大学出版社，2016.

[5] 陈海松. 单片机应用技能项目化教程. 北京：电子工业出版社，2012.

[6] 李红霞. 单片机实战训练. 长春：吉林大学出版社，2017.

[7] 刘建清. 从零开始学单片机 C 语言. 北京：国防工业出版社，2006.

[8] 秦晓梅. 单片机原理实验教程. 北京：电子工业出版社，2019.

[9] 王平. 单片机应用设计与制作：基于 Keil 和 Proteus 开发仿真. 北京：清华大学出版社，2012.

[10] 高松. 单片机应用技术项目化教程. 北京：机械工业出版社，2018.

[11] http://www.51c51.com（51 单片机学习论坛）.

欢迎广大院校师生 **免费** 注册应用

华信SPOC官方公众号

www.hxspoc.cn

华信SPOC在线学习平台
专注教学

- 数百门精品课
- 数万种教学资源
- 教学课件 师生实时同步
- 多种在线工具 轻松翻转课堂
- 电脑端和手机端（微信）使用
- 测试、讨论、投票、弹幕…… 互动手段多样
- 一键引用，快捷开课 自主上传，个性建课
- 教学数据全记录 专业分析，便捷导出

登录 www.hxspoc.cn 检索 华信SPOC 使用教程 获取更多

华信SPOC宣传片

教学服务QQ群： 1042940196
教学服务电话： 010-88254578/010-88254481
教学服务邮箱： hxspoc@phei.com.cn

电子工业出版社　华信教育研究所
PUBLISHING HOUSE OF ELECTRONICS INDUSTRY